网络空间安全丛书

网络空间安全真相：

破除流传已久的行业谬误与偏见

尤金·H. 斯帕福德(Eugene H. Spafford)

[美]　利·梅特卡夫(Leigh Metcalf)　　　　　　著

乔赛亚·戴克斯特拉(Josiah Dykstra)

张　妤　刘海涛　　　　　　　译

U0214842

清华大学出版社

北　京

北京市版权局著作权合同登记号 图字：01-2023-2112

图书在版编目(CIP)数据

网络空间安全真相：破除流传已久的行业谬误与偏见 /(美)尤金·H. 斯帕福德(Eugene H. Spafford)，(美)利·梅特卡夫(Leigh Metcalf)，(美) 乔赛亚·戴克斯特拉(Josiah Dykstra)著；张妤，刘海涛译. —北京：清华大学出版社，2024.5

(网络空间安全丛书)

书名原文：Cybersecurity Myths and Misconceptions: Avoiding the Hazards and Pitfalls that Derail Us

ISBN 978-7-302-66093-4

Ⅰ. ①网… Ⅱ. ①尤… ②利… ③乔… ④张… ⑤刘… Ⅲ. ①计算机网络－网络安全 Ⅳ. ①TP393.08

中国国家版本馆 CIP 数据核字(2024)第 072566 号

责任编辑：王　军
封面设计：孔祥峰
版式设计：思创景点
责任校对：成凤进
责任印制：丛怀宇

出版发行：清华大学出版社
　　　　　网　　　址：https://www.tup.com.cn，https://www.wqxuetang.com
　　　　　地　　　址：北京清华大学学研大厦 A 座　　　　　邮　　编：100084
　　　　　社 总 机：010-83470000　　　　　　　　　　　　邮　　购：010-62786544
　　　　　投稿与读者服务：010-62776969，c-service@tup.tsinghua.edu.cn
　　　　　质 量 反 馈：010-62772015，zhiliang@tup.tsinghua.edu.cn
印 装 者：河北鹏润印刷有限公司
经　　销：全国新华书店
开　　本：170mm×240mm　　印　　张：18　　字　　数：450 千字
版　　次：2024 年 6 月第 1 版　　印　　次：2024 年 6 月第 1 次印刷
定　　价：98.00 元

产品编号：101781-01

序　言

当 Eugene H. Spafford 请我为本书写序言时，我要求先看看这本书的部分内容。首先，我阅读了目录，并被作者介绍误区的有趣方式所吸引和逗乐。然后，我觉得他们应该把书名改为《网络空间安全真相》。本书的前言清晰明了，语言朴实无华，风格独特，自嘲中不失幽默，情感真挚，令人破防，有助于读者接受自己可能已经被误区和对误区的理解所迷惑的事实(好吧，我想这种写作网格可能会过时，但它太吸引人了)。

撇开玩笑不说，这是一本重要的书。网络安全往往与人们在使用哪些软件、采用哪些做法，以及坚持哪些安全信念方面的决定和选择有关。作者清晰地解释了人们可能被误导的原因，这有助于使本书更有效。当他们指出每一个关于网络安全的误区时，让你有一种优越感——"有些人竟有这种愚蠢的想法，真是讽刺！"你会觉得自己永远不会上当受骗，不知何故，这让每个案例都更加令人难忘。

这种风格让人想起 C. S. Lewis 的著名作品《魔鬼的秘密来信》(*The Screwtape Letters*)，在这本书中，一位资深的撒旦诱惑者教导年轻门徒 Wormwood 引导人类远离善良，并使其行为合理化，以证明其正当性。安全上网是一个严肃的问题。互联网和由所有可编程对象组成的更广泛"网络空间"不仅会因为蓄意的恶意行为而变得危险，也会因为程序员、网络运营商和其他人所犯的错误而变得危险。

我一直认为，问责制和管理机构是保持在线、网络空间环境安全的关键。必须能够查明不良行为者并追究责任。这将需要穿透匿名面具的能力和国际合作，因为网络空间与互联网一样，在正常运行过程中会跨越国界。管理机构至关重要。网络空间的参与者必须拥有必要的保护工具，包括追查那些从事有害或犯罪行为的人的法律机制和协议。

批判性思维是最强大的防御工具之一。本书主要介绍如何以批判性思维看待网络空间的风险。这需要付出努力，不是免费的午餐。坏人利用人类的弱点，可悲的是，这包括我们助人为乐的天性。许多骗局都利用了这些和其他积极的社会情感。本书让人们有能力识破这些骗局，还提供了更安全的做法，如双因素或多因素身份验证、使用加密技术、备份和冗余。在 21 世纪复杂的网络空间中，出错的方式有很多，需要结合个人、企业和政府的实践来防范风险。通常情况下，有备才能无患。

读一读这本书，在某些地方会心地笑一笑，并学以致用。你不会后悔的。

Vint Cerf，互联网之父

前 言

假设有一家名为 GoodLife Bank 的中型地方性银行，有 12 个实体分行，可提供在线银行服务，并有 325 名员工。该行首席信息安全官 Terry 想对银行员工进行行为监控，但首席执行官 Pat 表示反对。Pat 说："员工都是好人，他们以前从未窃取过银行的钱，而且我们以前也从未进行过这种监控。将来也不会出现问题，没有必要浪费钱。"

另外假设，有一个名为备份信息部门(DRID)的政府部门，隶属于宣传部(APB)。在员工会议上，新上任的首席信息官询问 DRID 主管 Chris，部门内除了实施美国联邦信息安全管理法(FISMA)的最低标准外，还采取了哪些安全措施。Chris 回答说："不需要，因为没有人想窃取我们的东西，而且我们也没有别人想要的东西"。

Pat 和政府机构的 Chris 两人都陷入了网络安全的误区。本书中会使用这些虚构(但具有代表性)的机构和人员，因为他们代表了本书需要提及的常见观点和理念。

在网络空间安全专业和应用中，需要掌握许多知识才能有所成就。这些知识可以通过正式教育和实践学习等多种形式来获取。例如，若要保护计算机免受数字威胁，则需要了解硬件和软件的工作原理，应采取哪些防御措施来阻止特定威胁而不是其他威胁，以及如何识别出现错误的情形。但网络安全领域存在一种潜在危险，即在没有依据的情况下，将传统经验或看法作为真理传承。虽然网络安全是一门不断发展的学科，但当有人质疑某种方法时，仍会听到"一直都是这样做的"的说法。人类大脑天生抵制变化，因此需要努力摒弃陈旧的错误观念。

许多文化内容以谚语和故事的形式进行流传。历史和传统是人类故事的核心，但是这些告诉人们应如何做的处世名言不一定真实可靠。民俗和民间传说有时只是用来证明我们已经做了什么或相信了什么，而不是有依据的行动准则。例如为什么在寒冷的天气里出门时需要戴帽子？有人告诉你是因为 90%的体温是从头部散发出去的，如果不想感冒，最好戴上帽子。这种说法听起来很有道理。但正确吗？不一定![1]

有些谬论比其他观点更具迷惑性，更为普及与持久，因此很难被改变。例如，第 8 章将讨论用户是"最薄弱的环节"的观点。很多人都持这种观点，但这是带误导性的错误观点。

网络安全应是有效、公开和合理的。根据经验，人们经常受到偏见或误解的影响而做出错误或次优的选择。少数情况下，人们知道危险但继续前行。不知情和被误导之间有重要的区别。本书的主要目的不是讲授新技术概念(但附带这个效果)，而是聚焦于人们已知的知识领域。

---

1 身体任何未被遮盖的部分都会使你失去热量。全身赤裸但戴着帽子，会比全身穿戴整齐只光着头更快被冻僵。详细内容可参见[1]。

　　人们对什么是正确的最佳安全实践存在疑惑，但对糟糕的安全实践(如重复使用密码)却经常意见一致。当然这些糟糕的做法可能并非一直很差，取决于具体参数和条件。许多糟糕的做法听起来合乎逻辑，对网络安全领域的新手来说尤其如此；即使它们并非正确，但仍会被采纳并重复使用。例如，为什么用户不是最薄弱的环节？本书能帮助你更清楚地思考网络安全问题。

　　本书直面几十年来积累的民间传说误区，希望读者能够在现实的基础上做出更好的选择。无论网络安全民间传说误区是如何开始的，以及如何传播的，我们都认为人们有良好的意愿，并没有故意试图误导信息。误区不是谎言或故意的误导，误区是关于某些事实或现象的信仰的故事。本书的目标是在一直存有陷阱的地方纠正错误。

　　本书还想消除人们在面对复杂情况或新情况时产生的偏见。使用探索的方法来做决策，但经常对结果带有偏见。有许多方法适用于日常情况，但计算方法是复杂的，并且对手的行为经常不符合典型的心理模型。了解偏见可能导致的错误决策是很有价值的。

　　本书的目的不是指责人们的不当行为！并不是每个人都会掉进陷阱，因为有人只相信清单上的某个特定的误区。本书讨论的某些概念可能曾经是正确的，但安全领域在不断进步，环境也在变化。太多人认为网络安全只与技术有关，但事实并非如此。举个例子，尽管人在网络安全方面发挥着重要作用，但许多计算机科学专业的课程都不包括心理学必修课。

　　如果你从未接触过本书中描述的逻辑谬论和认知偏见，当你在日常生活中听到错误观点时，不要贬低任何人。相反，请根据本书的建议，从另一个角度理解。我们以谦逊的态度为你呈现本书。我们以前犯过的错，以后还会再犯。[1]通过这本书我们都学到了新东西！

　　可以明确的是，很久以前我们了解到的有关网络安全的一切并非都是错误的理念或想法。在 20 世纪 90 年代，SSL/TLS 被认为是不必要和不重要的。这不是误区，对许多企业来说，这是当时的现状。但现在，它变得异常重要，不可或缺。

曾经的网络安全误区

　　几十年前，一个常见的误区是，反病毒公司制造并发布恶意软件，这样用户就需要购买他们的产品。人们普遍认为反病毒公司人为地制造了需求及解决方案，但这不过是一种阴谋论(这也是 David Gerrold 在 1972 年创作的科幻小说 *When HARLIE Was One* 的情节之一)。

　　现在不再经常听到这个谬论了。为什么呢？它似乎已经自行消失。如今，大多数人都认识到反病毒软件对于保持良好的网络安全是必要的。有证据表明罪犯、破坏者制造了恶意软件，但没有证据表明反病毒公司正在这样做或者曾经这样做过。

1　好吧，本书的三个作者中至少有两个可能是。

> 20 世纪 90 年代，这个误解进入鼎盛时期，那么这个误解是如何被解开的？
>
> - 寻找支持这个误解的证据或深入调研是第一步。有人确实进行了调查，但没有发现任何证据。这些结果并没有让这个误解完全消失，但确实削弱了这一说法的真实性。寻找证据是本书建议的验证其他误解的常见手段。
> - 考虑备选的解释和动机，应用奥卡姆剃刀原则：优先使用最直接和最简单的解释。反病毒软件公司要编写病毒，就必须让所有员工守口如瓶，因为如果真相泄露，将毁掉整个业务。同时，为了表明不知道内幕，还需要偶尔放过一些病毒(或在内部放松查杀它们)。此外，还需要雇用演员参加会议，并在网上发布关于"他们"编写病毒软件的帖子。这比与公司无关的无赖作者制造病毒更简单、更有可能吗？

本书将揭开误区的真相，但世界上不会没有谬论，因为人类倾向于创造谬论来解释经验。特别是在进化出快速处理信息的能力后，在无法立即解释某些事情时，我们会构思出一个答案。

未来，误区或谬论可能会变得更加普遍并且更具挑战性。人们可以获取越来越丰富的信息，包括错误信息。我们已经看到了荒谬甚至具有破坏性的错误观点在传播，包括一些关于高空飞行物痕迹、疫苗和太空生物渗透政府的谬论。对于许多人来说，确定什么是真实可信的越来越困难。这就是为什么无论是在网络安全领域还是在其他领域，所有人都需要具备发现谬论的技能，以及纠正它们的技巧。

读者对象

本书主要面向网络安全专业人员和业余爱好者，包括学生、架构师、开发人员、分析师和决策者。当误区被揭穿时，现有的信息安全专业人员可以通过改进网络安全来受益。通过阅读本书，那些刚踏入这个领域的人将更好地理解上下文中的民间传说并预防错误；对于有经验的从业人员，将为他们的技术和方法提供新的灵感，并告诉他们如何避免不经意间陷入破坏良好网络安全的陷阱。本书还指出更有经验的从业人员如何帮助指导其他人。

如果你不是网络安全领域从业人员，这本书仍然适合你。网络防护与每个人有关，肯定也包括你，特别是，决策者和商业领袖需要对网络安全有准确的了解：这些人通常负责接受风险或管理风险，这是整本书的关键内容。

本书并不假定读者在特定领域有特定的职务、经验或深厚的技术知识，只假定他们有鉴别能力、思想开放，并对本书的主题领域有一定的了解。书中提供了参考资料，并在末尾提供了参考资料的清单，我们相信，如果读者需要更多信息，这些资料会有帮助。专业人士的两个特点是终身学习和在接收新信息后质疑当前的理念；与政治领域不同的是，当有人形成新的观点时，通常都具有积极意义！[1]

三位合著者——他们分别在学术领域、工程领域和政府机构工作——都研究并撰写了关于网络安全和计算机科学的文章。科学可以通过使用标准化的方法和产生有效的证据来更新、验证及消除网络安全的神话。工程学可以利用科学来创造更强大、更可靠的产品。作者们在科学和工程领域工作，在网络安全设计和研究、事件响应、取证以及其他方面的工作年限加起来接近一个世纪。在职业生涯中，他们看到网络安全领域的从业者因为神话和误解而屡屡犯下本可避免的错误。写这本书正是为了教育学生和从业人员；相信这是第一本将这些信息整合在一起的书。

黑客的误区与传说

敏锐的读者会注意到，在这本关于网络安全的书中，使用"黑客"这个词时是很慎重的。尽管黑客最初用于标识熟练的技术爱好者，但不幸的是，现在它的负面含义已经使这个词面目全非。我们支持黑客的这个词的正面含义，所以使用"对手"或"攻击者"这些词来描述那些带有恶意的人，或者使用"恶意网络行为者"(malicious cyber actor)这一短语，这是 2011 年左右在美国政府出版物中出现的术语。我们也使用"坏人"(bad guy)一词来指一般的恶意网络行为者；这种用法不分性别，"好人"(good guy)也是如此。

黑客并不是唯一的在网络安全中被赋予负面含义的用语。正如在即将讨论的几个误区中看到的，"用户"这个词被不尊重和蔑视地使用。我们鼓励人们对这一问题保持警惕，在使用中进行澄清，或者使用其他替代用语。

误区的起源

在探讨并消除误区之前，应了解它们的起源以及它们为何如此顽固。一个原因是，技术和威胁在变化，但教育却迟迟不能跟上。除非人们认真对待持续教育，否则当旧的真理变成新的误区时，就很容易落伍。很多时候，当工作量很大，事情发展很快的时候，教育就被放在了较低的优先级。

所有群体中都不同程度地存在误区和错觉。任何个人或组织都不能幸免，即使是网络安全专家。这里有三个例子：

- 2017 年 Pew 研究中心对美国成年人进行的关于网络安全主题的 13 个问题的调查中，大多数人只能正确回答其中两个问题。只有 54%的人能够识别网络钓鱼攻击的例子。[2]

---

1 见[2]。

2 见[3]。

- 在对 25 名至少选修过一门网络安全课程的学生的访谈中，研究人员发现了四个共同的主题：过度概括、混淆概念、偏见和不正确的假设。例如，许多学生过度概括并形成错觉，认为加密可以实现保密性之外的其他属性：防止操纵、防止盗窃和确保可用性。研究人员将这些错误观点归咎于在网络安全领域缺乏经验。[1]

- 对一所大学的 20 名非专业人员和网络安全工作人员的研究显示，教职员工对网络安全都存在误解。例如，一些员工认为，链接比附件更危险，因为单击它们会自动损害计算机，而其他员工则认为，如果不安装附件，那么附件是无害的。[2]

误区与迷信的区别

这本关于误区和错觉的书可能会让你想知道它们与迷信的关系。

在有记载的历史中，迷信已经渗透到人类生存的每一个方面，从体育到天气，再到医学。也许你有一双幸运的袜子，或者避免使用数字 13 或 666。也许你相信扫把星或诅咒。从形式上看，这些都是神奇思维的例子。

数字生活也不能幸免于神奇的思维。今天，我们有一个仪式，关闭我们手机上的所有后台应用程序，或重新启动计算机，以"优化它们的性能"[3]。

根据《魔幻思维的七大法则：如何通过非理性信仰保持快乐、健康和理智》一书的作者 Matthew Hutson(马修·霍斯顿)的描述，神奇思维帮助人们理解非理性的世界，给人们带来舒适感、能动性和掌控感。第 3 章会再次讨论神奇思维这个话题。

误区和迷信是不同的。误区是不正确的事情或错误解释所观察到的现象，而迷信是基于超自然的信仰。金鱼有 3 秒钟的记忆是一个误区，敲击木头可以抵御厄运是一种迷信。举一个与计算机有关的例子，20 世纪 80 年代的许多孩子相信，对着游戏卡吹气可以解决灰尘问题。取出游戏卡，对着它吹气，然后重新插入，往往能解决"启动时设备接触不良"问题。是灰尘导致了问题的解释是一个误区。如果他们认为墨盒被鬼魂入侵，把它取出来并举办驱魔仪式，然后重新插入，那就是迷信了。无论哪种方式，取出和重新插入的行为都能解决这个接触不良的问题，并强化这种信念。

本书关注的是误区，而不是迷信。如果认为把水晶粘在笔记本电脑上，并根据星座部署防火墙规则，就能保证系统安全，那么本书不适合你。而是，我们建议你部署良好的备份系统并购买保险。

一些读者可能会想："等一下，那宗教呢？"本书不打算以任何方式对宗教问题发表意见。迄今还没有看到任何经同行评审的、可复现的研究，能证实祈祷

---

1 见[4]。

2 见[5]。

3 关于更多奇特的技术行为，请参阅 Nova、Nicholas、Miyake、Katherine、Chiu、Walton、Kwon、Nancy 合著的 "Curious Rituals: Gestural Interaction in the Digital Everyday (2012)"，网址为[6]。

可以影响安全事件导致的宕机时间。此外，如果认为计算机中心受到恶魔攻击，本书也不会帮助你——烧鼠尾草和雇用驱魔人，请不要感到惊讶，这两者都没有任何用处。

基本观点

作者根据自己的经验、研究成果和同行的意见撰写本书。有些基本观点是所有内容的基础，希望能将它们作为在安全领域组织工作的原则。

首先，网络安全不只是保护计算机和网络。网络安全用于保护支撑社会的技术和数据。计算机不是一个独立的学术研究领域，而是一个支持和促成现代生活的技术领域。计算机用于银行、公用事业系统、商业、学校、执法机构、医疗、娱乐等。生活依赖于计算机系统的正确运行。如果计算机停止工作，公民在社会中互动的能力就会消失，而且往往是以突然和意外的方式消失。因此，当提及击退计算机攻击或保护计算机时，不仅针对计算机和网络，从根本意义上说，是指保护社会和文明生活。

其次，网络安全涵盖了计算机，但主要涉及人。人为计算机编程，设计和制造计算机，购买计算机并部署它们。是的，人也会滥用计算机。不应该忽视这样一个事实：计算机是人使用的工具，是为人准备的，是由人制造的。解决网络安全问题需要关注人及人的行为。

最后，有时计算机会出现故障。事实也是如此，人也会犯错。通常情况下，计算机出现故障是因为设计或运行计算机的人出现了错误或疏忽；计算机硬件已经变得越来越可靠。不应该试图通过指责计算机来为计算机系统的不良行为开脱，如"计算机决定的"或"计算机犯的错"。这些问题通常是编写软件、输入数据或操作系统的人的错误。使用人工智能(AI)和机器学习(ML)的系统也是如此——问题在于这些系统是如何训练的，以及谁决定采用它们的输出。在每种情况下，都是人承担责任。当一辆汽车闯红灯时，常规做法是把责任归咎于司机，而不是车辆或灯光。

本书的路线图

本书分为四部分——普遍性问题、人的问题、背景问题和数据问题——提出了175个以上的谬论、偏见和误解。章节按主题组织，将类似的误区组合在一起。这些章节可以独立阅读或连续阅读。各章中的标题确定了具体的误区或主题。每一节解释一个误区或错误概念，给出实践中的例子，并讨论如何避免。有些章节是技术性的，如关于漏洞、恶意软件和取证的章节。其他章节则描述了网络安全是如何被思维和决策所影响的，比如关于逻辑谬误和沟通的章节。书中材料包含具体的技术安全建议——大部分项目都是关于人们的看法、决定和行动。这是因为，正如我们所指出的，大多数网络安全问题是由人造成的。[1]

许多书都讨论了如何构建技术解决方案，通常是对根本问题打补丁(往往是不完美的)。而本书的目的是帮助你解决根本问题。

附录 A 提供了文中使用的概念和术语的简短解释。例如，如果对防火墙或 log4j 漏洞不熟悉，可在附录 A 中阅读简短的解释。要提醒的是，这些解释并不是作为教程！附录 A 只是为了帮助读者理解材料，并掌握基本思想。因此，如果遇到一个不认识的术语，请在附录 A 中寻找。可能会有，但不一定。

网络安全，以及一般的计算机领域，充斥着各种首字母缩写词。本书努力将每一个首字母缩写词在第一次使用时展开；然而，也可能存在一个陌生的首字母缩写词，读者在读过几章后就不再记得了。因此，附录 B 提供了一个缩写词表，如果遇到一个不熟悉的缩写词，可从中找到该术语的全称。如果这仍然是一个谜，建议使用你最喜欢的搜索引擎来获得一些额外的背景信息。

附录 C 提供了一些参考资料供进一步探讨：书籍、学术论文、报告和标准文件。这些资料按章节进行编排，与本书各章对应。本书的目的是提供可以进一步探索的起点，正如第 1 章中所指出的，网络安全是一个奇妙的旅程，而不仅仅是一个目的地！

附录 D 是 Links 文件。在阅读正文的过程中，不时会看到网址编号，形式是[*]，即放在方括号中编号。这些链接统一放在 Links 文件(可扫描封底二维码下载)中。例如，在第 1 章中遇到[1]时，可访问 Links 文件中标题"第 1 章"下的第 1 个链接。

各章中穿插了原创的手绘插图，为各种误区提供了轻松的视角。这些图片展示了谬论的精髓，也会给人们带来欢乐，它们是对文字的异想天开的补充。

---

1 见[7]。

目　录

第 I 部分

普遍性问题

第 1 章

↗↗

什么是网络空间安全

> 停泊在港口的船是安全的，但这并非造船的目的。
>
> ——John A. Shedd

如果你正在阅读本书，说明你对网络空间安全感兴趣。本书提出了一些想法并总结了经验与教训，涉及计算机领域(还有一些其他领域)中常见的主题。不过，本书还是以网络空间安全为主。无论你是学生、从业人员、行政人员、监管人员还是道德黑客，本书介绍的内容都会与你的工作有关联。

本章将探讨为什么人们对网络空间安全这个广泛的概念的理解充满了误区，为什么这个术语没有被很好地定义，以及为什么没有采用合理的方法来评价网络空间安全。

1.1 误区：每个人都知道"网络空间安全"的定义

虽然这看起来很无聊且很平常，难道不是所有人都应该知道网络空间安全的定义吗？

可能让你感到惊讶的是，即使是专家，对"安全"的认识也有分歧。最突出的原因是，对于什么是网络空间安全，并没有一个普遍接受的、精确的定义！对于这样一个备受关注并且已进行近六十年研究的领域，这似乎是不可想象的，但这是事实！

先从"网络空间安全"(cybersecurity)开始，这个词有什么含义呢？直接的答案是"关于 cyber 的安全"(security of. . . cyber)。很多人抛出"cyber"这个前缀来描述计算和网络，以及"cyberspace"(赛博空间)、"cyberpunk"(赛博朋克)和"cybercrime"(赛博犯罪)。首先，"cyber"到底是什么意思？

能找到的大多数参考资料都与数学家 Norbert Wiener 在 1948 年创造的"控制论"(cybernetics)这一用于描述通信和控制研究的词有关。"cyber"可能来自希腊语的

"kybernetes"，大致意思是总督、督导。1982 年，William Gibson 提出了"cyberspace"一词，指的是可在线体验的网络与计算机的虚拟空间。在科幻小说中使用这个词之前，还没有人用 cyber- XXX 来描述安全或在线事物。

1960—1990 年，人们大多谈论"计算机安全"(computer security)、"通信安全"(communications security)、"信息安全"(information security)、"网络安全"(network security)和"数据安全"(data security)。这些术语描述相当紧凑，但在讨论全面的安全时，变成了"计算机、通信、信息、网络和数据安全"，显得很冗长。不仅每次提及该领域时要打很多字，而且没有一个好的缩写作为替代。

20 世纪 80 年代末，美国参议院就政府系统的安全问题举行听证会时，据说一名工作人员想出了缩写词 cybersecurity。对参议员们来说，这个词很新颖，也许这就是它流行起来的原因——这让当时在这个领域工作的许多专业人员(以及此后的许多人)感到失望[1]。"cyber"这个术语并不那么准确，而且很容易让人忽略计算机和网络之外，还有数据、流程、人员和策略等内容。新颖性可能是它流行起来的原因，特别是在那些想获得客户关注的销售人员中备受欢迎(第 8 章将讨论术语的重要性)。

"cyber"意味着——计算机、网络、数据、通信，以及机器人、传感器、控制系统和人工智能[2]。

那么"安全"意味着什么呢？安全指采取行动来保护系统，以确保系统的安全。网络空间安全没有一致同意的正式定义。例如，在线朗文词典[3]将网络空间安全定义为"为保护计算机信息和系统不受非法侵害所做的事情"。这个定义省略了访问控制、检测非犯罪性滥用、事件响应及保护网络等内容。

NIST(美国国家标准与技术研究所)对网络空间安全的定义更为宽泛："网络空间安全是对计算机、电子通信系统、电子通信服务、有线和无线通信，以及所包含的信息加以保护、防止损害及损害后恢复，以确保其可用性、完整性、可认证性、保密性和抗抵赖性。"[4]美国国防部 DoD8500.1 策略中使用了相同的定义，但并非所有美国联邦机构都使用这一定义。NIST 在文件中至少使用了三个以上其他的定义，进一步混淆了其确切的含义。一些其他安全定义如下：

- 系统资源不会被未经授权地访问，也不会被未经授权或意外地改变、破坏或丢失。[5]
- 通过预防、检测和应对攻击来保护信息的过程。[6]

---

1 Spafford 博士曾与参议员 Sam Nunn 谈过这个问题，表示对这个词持保留意见。这位参议员告诉 Spafford："在这个问题方面与一位美国高级参议员争执，你必输。"

2 在哲学领域，"人工智能"和"机器学习"这些术语也不受欢迎。学者们对"智能"没有良好的定义，也不了解意识和学习。这些术语已经成为"通过反复海量输入，以建议的定向选择方式加强操作而开发的算法和系统"的简称。必须承认，系统似乎比某些现任国会议员更聪明，但我们不会给系统贴上智能的标签。如果想进一步探索这个话题，请咨询一些心理学家、神学家和哲学家。

3 见[1]。

4 见[2]。

5 见[3]。

6 见[4]。

- 保护与互联网连接的系统(如硬件、软件和数据)，防止受到网络威胁。[1]
- 旨在确保人员、数据和基础设施免受各种网络攻击的技术、服务、战略、实践、策略。[2]

国家安全局(NSA)Rob Joyce 在 2019 年提出了一个更简洁的定义："网络空间安全是确保信息和基础设施免受盗窃、操纵和破坏的所有一切。"这留下了很多可以解释的地方；更接近大多数人在提到网络空间安全时所想到的。沿着这条道路走得更远的是 1990 年 Garfinkel 和 Spafford 的定义："如果一台计算机是可靠的，而且软件按预期运行，那么这台计算机就是安全的。"[3]

误区：每个人都理解"被黑"是什么意思

当有人说他们被黑客攻击了，这是什么意思？与"网络安全"的定义模糊类似，"被黑"这个名词，不同人有不同看法。你或许会在朋友或同事的朋友圈上看到他们发布的"我的账户被黑了！"这样的信息。一些系统管理员甚至认为登录失败也是被黑了。

在一项关于 Twitter 上受害情况的调研中，研究人员发现，这些报告中有 43%与社交媒体账户有关，32%与网络游戏有关。不良后果中最常见的是账户丢失(27%)，其次是设置被更改(18%)和收到垃圾邮件(16%)。因此，说自己"被黑"的人一般只是不能进入自己的账户。但这一定是未经授权的访问吗？如果你把自己的 Netflix 密码告诉了你的妹妹，而她改了密码，这是不是未经授权？你是否被"黑"了？

网络安全专业人士倾向于使用事件、漏洞或攻击这些名词，而不是"黑客事件"这个词。这些名词一般描述的是恶意事件发生之后的问题，比如攻击者获得了未经授权的访问或窃取了数据，而不是描述失败的尝试。

本书将对"并非所有事件都有相同后果"这个主题进行更深入的讨论。这意味着，并非所有的"被黑"事件损失同等糟糕。例如，一个攻击者猜中了你在咖啡俱乐部的会员密码，然后"黑"掉了账户中的 20 美元余额。这与将公司的知识产权发送给另一个国家的竞争对手这样的高级持续性威胁(APT)，或控制大学网站这样的"被黑"事件有着完全不同的损失。

为什么定义很重要？部分原因是为了确定我们谈论的是相同的概念。定义指标也至关重要，这些指标能够衡量控制措施的有效性，并可相互比较，评估控制措施的经济效益。

总之，如果没有一个公认的定义，其他一切都不精确。

---

1 见[5]。

2 见[6]。

3 译者注：为了避免过度赘述，后续将"网络空间安全"简称为国内惯用的"网络安全"。

1.2 误区：我们可以衡量系统的安全性

网络安全专业人员对回答"我们有多么安全"这类问题感到很为难[1]。提出这个问题的人往往认为会得到直接且完美的答案，比如回答90%的安全性或非常安全。而专业人员感到为难，因为这不是可以准确量化的。他们希望这个问题可以问得更精确。

人们仅仅想通过一个数字表明系统的安全程度。他们用这个数值说明："我们的安全程度为5，很安全！"这样可以让他们自己感觉良好，或可以放心地宣传。

然而，没有一个良好的定义，就不会有良好的衡量标准。对于科学家和工程师来说，衡量标准很重要！正如 Lord Kelvin 所写："当你能测量你所讲的东西，并用数字来表达时，你就对它有所了解；但当你不能测量它，不能用数字来表达时，你对它的认知就很浅薄，不能令人满意。"[2]

"等等！"有些人可能会说，"那传统的 C-I-A 标准呢？"在计算机科学教科书和课堂上，保密性、完整性和可用性是网络安全的基本组成要素，但这些也是选得不好的衡量标准。例如，如何表示完整性的维度？如何提高 2 个衡量单位的保密性？3 个衡量单位的保密性是否比 2 个衡量单位的可用性更重要？此外，C-I-A 不是互不影响的属性：如果数据被覆盖(很差的完整性控制)，可用性也没有了。

C-I-A 模型的缺点并不是最近才被意识到的。Donn Parker 开发了 Hexad 模型[3]，增加了三个属性(可控性、正确性、实用性)，John McCumber 开发了 Cube 模型[4]，以更好地将控制集中在目标上，以及区分数据是静止状态还是在传输中。这些只是其中一些模型！这些模型并未解决根本问题，这些问题的根源在于没有对"安全"有一个良好的定义。

这些变得复杂，是因为在大多数实践中没有反映出来的两个事实：①系统不可能安全地抵御所有威胁，并保持高效可用；②所有安全性都与安全策略相关。

第一个事实比较容易说明。试想一下，该如何保护个人计算机不受来自可能毁灭地球的小行星的撞击、来自北大西洋公约组织(NATO)部队的全面网络攻击，以及来自搭载了具有心灵感应能力的蜥蜴人[5]的不明飞行物(UFO)的入侵。

第二个事实是关于定义要保护什么以及要防御什么。情况和环境不同导致策略的不同。如果是一名研究生，可能不在乎保存在家用计算机里面的巧克力曲奇配方；但如果是一个小精灵，在空心树上经营着一个烘焙食品帝国，可能会非常关心保护曲奇配方！在这两种情况下，即使是相同的计算硬件，相同的底层操作系统(OS)，也许甚至是相同的配方，但面临的风险和需要的安全策略绝对不同！如图 1.1 所示，一个尺

---

1 关于这个问题的冗长例子，请看@Accidential CISO 在[7]上发布的对这个问题的回答。
2 Popular Lectures and Addresses, "Electrical Units of Measurement"，1883 年。
3 DonnParker, *Fighting Computer Crime*，1998 年。
4 John McCumber, *Assessing and Managing Security Risk in IT Systems: A Structured Methodology*，2004 年。
5 蜥蜴人有敌意的概率很小；请参考[8]。然而，如果他们不喜欢猫咪视频，我们就完蛋了。

码的衣服并不适合于所有人。

图 1.1   安全必须适合各种用户和情况

  将家用计算机、银行用计算机与白宫情报室使用的计算机进行比较时，安全策略的差异性也会凸显出来。这些差异性还与风险问题(系统受到攻击的可能性有多大？被谁攻击？)和后果(曲奇配方的丢失是否等于银行资产负债表被修改？)息息相关。这反过来又导致人们在控制措施、应对策略和恢复机制上花费的时间、资金及努力有所不同。我们不能在同一安全级别上保护每个系统！保护研究生的曲奇配方免受网络犯罪团队的盗窃，是在浪费时间和金钱，但小精灵权衡利弊后，看法会与研究生不一样。

  这种观点很早就被提及。一个不太为人所知的 RFC(Request for Comments，征求意见稿)中收藏了这一观点。隶属于 IETF 的 RFC 是单独编号的出版物，里面包含各种互联网标准、想法和偶尔的幽默。例如，RFC 1034 中描述了关于支撑互联网的域名和域名系统(DNS)的相关内容。互联网安全(Internet security)术语表收编在 RFC 4949[1]中，是一本引人入胜、内容丰富的读物，包含了“端口扫描”和“漏洞”等术语的定义，还收编了 Robert H. Courtney 在几十年前定义的 Courtney 定律。

Courtney 定律

Robert H. Courtney Jr.提出的系统安全管理原则如下。

- Courtney 第一定律：除非在特定应用程序和环境下，否则不能对系统的安全性给出任何实质性评论。
- Courtney 第二定律：永远不要让安全支出额度超过安全隐患的损失额度。
  - 第一个推论——完美的安全性需要无限的代价。
  - 第二个推论——不存在零风险这回事。
- Courtney 第三定律：对于管理问题，没有技术解决方案；但对于技术问题，有管理解决方案。

  Courtney 是网络安全领域的先驱者，非常了解当前所取得成就的局限性。他提出

---

1 RFC 可通过[9]找到。

的 3 条定律丰富了网络安全的内涵，网络安全从业人员都应该了解这 3 条定律。

1.2.1　信任与风险

请注意，Courtney 提到了"风险"。那些深入研究过该领域的人通常更喜欢谈论信任、风险，而不是安全性。人们试图测量系统的可信任度来应对风险。网络安全领域最具影响力的文件之一是 TCSEC(可信计算机系统评估标准)，由于其封面的颜色为橙色，通常也称为"橘皮书"，由美国国家计算机安全中心于 1983 年发布，描述了如何构建信任度不断提高的计算机。[1]人们很早就认识到可信任度是安全级别，应该增加对系统的信任，使其按照安全策略运行并将风险降到最低更有意义。

当安全评级不再安全时

微软的服务器操作系统 Windows NT 曾获得橘皮书 C2 级认证，这让微软感到自豪。[2]当时，这对非军事系统来说是一个重要的评级。这说明 Windows NT(特定配置时)适用于更高要求的环境。为使 Windows NT 获得 C2 认证，微软甚至允许认证人员对源代码进行访问，这算是一个重大新闻事件了。

对微软来说，C2 级别是终极目标；公司可以在营销材料中吹嘘，可以放烟花庆祝！对于安全专家来说，则恰恰相反。[3]一位安全专家证明，仍然可能在未经授权的情况下访问 NT 系统上的"安全"文件，甚至可将其删除。评为 C2 级别不足以使系统变得更加安全。客观地说，橘皮书标准的制定者并没有声称 C2 是安全的。C2 是指系统的可信任程度，还有几个可信级别高于 C2。这就是为什么专家们当时并不认为 C2 是一件大事；如果有人真的想尝试通过认证的话，烤面包的烤箱也可能被认证为 C2 级别。

尽管信任与安全性相互关联，但有时会混淆两者。以 SSL/TLS[4]为例，用户可以在访问银行网站时，在浏览器中寻找带"锁"的图标。用户探索出这个办法来判断网站是合法的，而不是网络钓鱼网站。但这不一定正确，如图 1.2 所示。[5]TLS 虽然提供安全的会话连接，但会话仍可能与不可信的攻击者相连。这说明了定义"安全"的困难：在某种意义上网络连接是安全的，但实际会话不是。

1　关于橘皮书的更多信息，可在附录 A 中找到。

2　C2 是 TCSEC 中描述的信任级别评级。另请参阅附录 A 和[10]。

3　见[11]。

4　SSL 是最初的协议，但被发现存在缺陷。TLS 是当前使用的协议。

5　有关网络钓鱼的更多信息，请参阅附录 A。

图 1.2   带"锁"的图标并不一定意味着没有风险

重要的是，正如 Courtney 第二定律的推论所指出的那样，没有办法消除所有的风险。例如，强密码降低了攻击者非法访问账户的风险，但所有密码最终都可以使用暴力手段破解。很难量化我们面临的风险有多大，网络安全措施在多大程度上降低了风险。另外，网络安全受太多约束，从而降低了有效使用技术的能力。风险管理是一个从没有到完备的过程，而这个过程中零风险是不可能实现的。

1.2.2   关于威胁

阅读本章前面关于安全的定义时，你是否注意到其中一些定义提到了威胁？这是定义安全的另一种方式。

基于威胁的安全和基于风险的安全之间有着巨大的区别。"防火墙可以防止网络攻击"与"防火墙可以降低网络攻击的风险"大相径庭。Bruce Schneier 在他的一本加密算法书中总结了这一区别："避免威胁是非黑即白的，即要么避免威胁，要么不避免。避免风险是持续的：有些风险我们可以接受，有些风险我们不能接受。"[1]风险管理的最终状态不是消除风险，就如同要设法降低开车时受伤或死亡的风险，但不可能为零。

尽管有流行的十大安全建议和最佳实践清单，但没有一个公认的数值可以准确地说明更新程序、部署防火墙或安全培训能降低多少风险。这些措施在一定程度上有效，但剩余风险在 0～100% 的巨大范围内仍是模糊的。如果能给它一个具体数字就完美了，但实际上做不到。

---

1 见[12]。

1.2.3　关于安全策略

安全策略中定义了安全态势和风险承受能力的差异。安全策略有助于定义建立和运营组织网络安全制度所需的资产、权限、标准及其他方面。许多大型机构都有结构化的、书面的安全策略。[1]

安全策略的相对性是造成网络安全复杂性的因素之一。很少有机构拥有可直接应用于开发、采购和运营计算资源(或"cyber 网络空间资源")的总体安全策略。大多数机构只有一个"任何人都不可对系统执行未经授权的操作"的安全策略，并依靠现成的产品来执行；然而，很少有产品被精心设计和定制来支持所有的安全策略。毕竟，供应商的重点是赚取利润，而不是耗费无限的资金来支持每一种安全策略和防御措施。

这与 1985 年最受欢迎的一个观察结果类似："通用的程序不可能有错误；错误只是意外。"[2]是的，大多数"错误"和"弱点"都不是缺陷——它们只是意外，因为它们发生在没有特定配置安全策略的系统中。如果没有安全策略，并且运行的软件从未按照安全策略明确地设计和定制，怎么会有安全漏洞呢？

考虑到供应商编写正确无误的程序比较困难，以及因市场驱动而不断增加新功能，为原有支离破碎的代码增加越来越多的复杂性以驱动新的销售这些因素，人们无法避免"意外"。提倡及时性、DevOps 和敏捷代码开发的趋势带来的精简设计，导致了"意外"。其出发点是编码人员可以快速解决问题，但快速解决不等于质量保证。就像以每小时 110 公里[3]的速度行驶在高速公路上的车，车的确开得很快，一闪而过，在你需要下车之前一切都很好。当你需要停车时，才发现这辆车是没有刹车的。打补丁可能让下一次迭代的汽车模型变得更好，但对于你和在你前面驾驶相同车型的人来说都不会受益。打补丁的简易性或速度，与良好的安全性是不一样的！代码生成的速度再快也不能替代经过深思熟虑的全面设计。

1.2.4　结论

安全与风险管理紧密交织在一起，而风险管理又与策略有关。我们需要保护重要财产，防止潜在的危险、伤害或损失。房门有锁，以保护里面的人和物品。如果我们关心饼干配方的隐私并保护银行账户中的资金，那么需要稳定可靠的网络安全。

那么，安全策略能带来什么呢？它带来的不是安全本身，而是建立信任和确保系统安全的过程。安全策略让人们有信心相信现有的机制可以安全运行，根据安全策略制定的支持和预防措施可以增强运营能力；还可以根据安全策略进行定期检查以弥补差距与不足。所有工作都必须在预算范围内，只能使用最便宜的软件，而这些软件往

1　如果你的组织没有安全策略，你应该创建并完善它。这是一件有益的事情。

2　Young, W. D., Boebert, W. E., and Kain, R. Y., *Proving a Computer System Secure.*

3　本书将使用公制单位。也欢迎你使用英制单位。

往由软件安全工程方面接受过最少培训(或没有接受过培训)的人所编写，并且运行在只为电子表格和视频游戏做过优化的架构及硬件上。在这种频繁出错和失败的环境中，出现意外理所当然。

安全领域最大的误区是：人们都知道什么是网络安全，这是一个可以实现的目标，而且现有技术已经足够了(本书不再试图解释为什么安全性、准确性和隐私也是难以实现的，原因大致相似)。

1.3　误区：网络安全的首要目标是确保安全

有一种看法，特别是在网络安全专业人士中，认为人们为了网络安全而网络安全。他们说，一旦用户感到安全，所有的感觉都会很棒！必须继续工作，直到用户和系统安全为止；或者至少感到安全为止。这个目标对许多人来说听起来是正确的，但它是被误导的。

事实上，网络安全不是首要目标；网络安全的目标是最大限度地支持用户完成任务，实现目标。人们和组织可以通过安全来达到保护的目的，但首要目标是完成用户的任务。用户希望在网上购买物品并与朋友共享照片，医院希望处理医疗问题，玩家想玩游戏，精灵想做饼干。用户的主要目标是娱乐、医疗保健和在线分享宠物视频。网络安全通过保护用户和活动免遭不幸与损失来支持实现这些目标。

忽视或规避安全的一个原因是它干扰了主要目标。这就是为什么当计算机运行缓慢，人们却想玩游戏时，会禁用反病毒软件的原因。当开发人员和工程师以牺牲主要目标为代价来优先考虑安全性时，往往会适得其反，导致人们禁用或绕过该保护。

例如自动软件更新。由于软件很复杂，并且是易犯错误的人所创建的，通常构建得很差，需要持续的错误修复和功能更新。因此早期用户必须主动检查更新是否可用，并手动安装。因为这不是大多数人的优先事项，所以用户没有检查或安装更新。包括微软、苹果和谷歌在内的供应商认为，当软件在没有用户干预的情况下自动安装更新时，系统会更安全，大部分用户也就不用再费心了。这也产生了意想不到的效果，一些用户认为他们所有的软件都是自动更新的，所以不再检查这些事情。

为了避免安全是首要目标的误区，网络安全专业人士必须更好地了解用户和背景情况。观察用户如何在自然环境中完成主要任务。然后，在考虑网络安全措施时，要仔细考虑对用户的影响。他们每次登录或浏览网页时都会受到干扰吗？付出痛苦或不便的代价值得吗？2019 年，研究人员研究了数据泄露安全措施与医院护理质量之间的关系。他们想知道，由于数据泄露后网络安全事件往往会增加，从患者到达急诊室到接受心电图检查的时间是否会增加？研究显示，在数据被泄露后的三年里，额外增加了 0.5～2.7 分钟，这表明网络安全事件可能减缓了访问健康记录以及下单、审查和执行心电图的能力。[1]等待时间越长，死亡率越高。

不要专注于最大限度地提高安全性。应该采取适当的安全措施来支持用户实现主要目标。

1.4　误区：网络安全是关于显而易见的风险

想象一下，你正在参加一个类似于《家庭纠纷》的电视节目。在通常的设置中，你会被提示：“我们向 100 位网络安全专业人士提问，最常处理的风险是什么？”你猜测前五个最常见的答案是什么？恶意软件？密码泄露？无论它们是什么，被调查的答案可能不会让你吃惊。

但网络安全并不总是关于表面的风险，并不总是关于计算机本身，其他事情也会影响人们所关心的最终结果。

培训费用不仅高昂而且不能消除风险。例如，Gartner 指出，在没有网络钓鱼培训的情况下，人们单击网络钓鱼链接的比例为 20%，但每年的培训后的单击率仍在 10% 左右。[2]与培训成本相比，我们愿意接受多低的单击率(当然，这是假设每次单击都有相同的风险)？

以确定的成本获得不同的保护水平。想象一下，企业已经投资于技术和流程，以实现其策略所规定的 20 天内修补漏洞的目标。如果企业达到了目标，而漏洞在第 21 天被利用，这就是没有实现承诺的安全目标。如果漏洞利用发生在第 19 天，这是业务决策的结果。

人们经常忘记考虑比安全软件和设备更广泛的观点。这种情况发生在从工程师到高管的每个人身上。组织机构是否有介质处理策略？当计算机死机时，存储空间是否被清除了？另一个问题是疲劳。疲惫和沮丧的用户更容易发生事故与错误。安全策略如何处理这个问题？

网络安全中“显而易见”的风险无疑是可怕的。例如，2021 年 12 月，在数百万网站和应用程序用来记录日志的代码片段中发现了一个新的严重漏洞，称为 log4j。[3]当有人单击网页链接并出现“Page Not Found”错误时，这个有漏洞的软件使 Web 服务器在一个日志文件中记录错误，供系统管理员使用。攻击者立即开始尝试寻找和攻击使用 log4j 的网站与应用程序。许多新闻文章都写到了它的可怕之处；社交媒体对此进行了疯狂报道。这是真正令人担忧的事件，因为攻击者可以通过类似日志机制这样简单的东西轻易获得访问权。开发人员喜欢日志机制，因为可以帮助他们调试程序及审计。攻击者也喜欢它们，因为它们很容易被利用。

---

1 Choi，Sung J.，Johnson，M.Eric 和 Lehmann，Christopher U.，“Data Breach Remediation Efforts and Their Implications for Hospital Quality”，见[13]。

2 Proctor, Paul, "Outcome-Driven Metrics Optimize Cybersecurity Risk, Value and Cost".

3 关于 log4j 的更多信息，见附录 A。

应该担心任何使用此代码(log4j)的程序，并尽快更新(或禁用)它。等待别人利用这种脆弱性绝对是一个严重错误。

许多攻击并不是源于组织之外。我们将花费大量的时间和精力来清理用到了 log4j 的地方，但内部人员不需要远程代码执行(RCE)程序：他们不在远程，而在本地。根据他们的位置，他们可以做与外人一样多(或更多)的破坏。这可能是无意的或故意的，但内部人士可能很容易搞垮基础设施或泄露数据并将其出售。外部威胁与孩子们小时候被教导的"陌生人的危险"相同。为了安全起见，应避开陌生人和他们的恶意流量。[1]

Jordan(乔丹)是马里兰州繁华郊区的专业网络安全专家，也是社区的活跃志愿者。应当地商会的邀请，Jordan 为企业主制作了题为"网上保护自己的十种方法"的演示文稿。Jordan 的演示以许多人熟悉的方式开始，幻灯片显示了一个穿着连帽衫的人弓着腰坐在电脑前的像素化绿色图像。甚至在说一句话之前，演讲的语气就显得很恐怖，害怕那个神秘的连帽人物！[2]

许多网络安全演讲都是从谈论网络威胁开始的。他们认为，没有什么比教育(恐吓)观众采用更好的网络安全更有用。"你最好选择更好的密码，否则攻击者会偷走你所有的钱！"利用没有根据的即将到来的危险和厄运来散布恐惧是一种心理操纵。广告商利用这种策略来刺激焦虑。还记得"这是你的大脑在吸毒"禁毒电视宣传活动中一个鸡蛋在煎锅里嘶嘶作响的画面吗？对许多人来说，这是一种故意操纵的情感和力量。

网络安全常常让人觉得它被负面影响所掩盖。在学术界和新闻界，如果被认为是批判性的或负面的，那么会被认为更严重。积极性与天真有关，在某些行业可以提高销售额。但我们很少听说在网络安全方面进展顺利！

突出威胁的做法非常频繁，甚至可以用恐惧、不确定和怀疑(FUD)来描述它。在网络安全领域存在大量的 FUD，因为存在大量的不确定性。人们利用这一点来恐吓听众，让他们遵守规则，或者让他们相信最新、最卓越的产品可以阻止 FUD。

突出威胁是否有用？即使有用，它是正确的方法吗？英国国家网络安全中心的第一任首席执行官 Ciaran Martin(西阿兰·马丁)说："在过去的几年里，我们已经从基于恐惧的网络安全方法转向更务实的方法，努力让人们能够解决问题。"[3]网络安全意识与授权和积极文化密切相关。如果员工一直生活在对网络威胁或错误行为惩罚的恐惧中，会感到不快乐、没有动力，并可能因恐惧而麻木。遗憾的是，责骂及其他令人尴尬的策略至今仍在使用。例如，美国卫生与公众服务部就针对医疗保健数据泄露事件建了一面"耻辱墙"。[4]

是的，这个世界很可怕，但恐吓不是网络安全的主要方法。建议不要将警告和故事当作"简单的 FUD"——这些警告表明有一些事情需要考虑。与其恐惧，不如考虑专注于正能量和稳定、促进创新，以及赋予人们权力的信息和运动。人们希望保护自己，保护他们关心的组织。这是人类的本能。没必要把所有时间都花在谈论这些威胁上。

---

1 同时，忽略那些表明大多数危险来自朋友和家人，而不是陌生人的统计数据。

2 不理解媒体为何喜欢用连帽衫来表示恶意威胁行为者。通常，人们穿上连帽衫是为了保暖，而不代表邪恶。

3 见[14]。

4 见[15]。

1.5　误区：分享更多网络威胁情报可以让事情变得更好

想象一下，一个攻击者将伪装成假发票的恶意 PDF 发送给 GoodLife 银行的 CISO Terry。Terry 和他的员工组成一个有天赋的团队，在识别出潜在的网络钓鱼企图后，分析该文件并创建签名以阻止其他银行员工使用。GoodLife 银行得到了更好的保护，但攻击者只在一家银行对一个用户使用这种恶意 PDF 的概率有多大？GoodLife 如何与其他金融机构甚至地球上的每个人分享这些情报？

网络威胁情报(CTI)是"基于证据的知识，包括背景、机制、指标、影响，以及针对现有或新出现的资产威胁或危害的行动建议。这种情报可以为主体应对该威胁的决策提供信息。"[1]有几十篇研究论文和商业产品专注于共享 CTI。我们有共享威胁信息的服务、邮件列表和组织。人们普遍认为"分享越多越好"。毕竟，更多的信息怎么会对网络安全没有帮助呢？

CTI 是知识，了解威胁与使用这些知识来预防或减轻威胁是不同的。CTI 在付诸实施时才有价值。知道如何说希腊语、下国际象棋或 bad.exe 是恶意软件并不是最终目标，将这些知识付诸实践才是知识的价值所在。

更多的分享不是目标，更好的分享才是最好的。威胁情报有多种形式，其中一种形式是实体认为有恶意的 IP 地址、域或电子邮件地址列表；仅提供这个列表是没有帮助的，因为接收者不知道使用 CTI 的时间或任何相关细节。CTI 添加有关入侵组或活动的背景，可以帮助优先考虑这个威胁是否与我们有关。更好、更复杂的 CTI 还会描述恶意行为。例如，APT29，一个已知的威胁组，通常使用合法凭据和 PS Exec 在网络中移动。这种特定的知识，可以帮助防御者知道应该寻找哪些攻击行为，以及如果发现了该怎么办。

信息共享不是免费的。制作和分发有用的威胁信息需要时间和人力成本，即使 CTI 订阅不收费。CTI 还需要人力和机器资源来获取、部署和监控。CTI 越多，处理成本越高；如果处理成本大于收益，泛滥的 CTI 会导致公司处境不妙。因此，只有使用及时、准确和可操作的高质量 CTI，才能获得更有效的安全。如果必须处理大量垃圾，那么找到金子是很困难的。安全团队应该从跟踪 CTI 如何为业务和安全目标做出贡献开始。

阻止列表(Blocklist)就是 CTI 的一个例子，是一种阻止已知不良 IP 地址、域或恶意软件哈希值的简单方法；这样的列表有几十种，有收费的，有免费的。问题在于，研究表明，这些列表大多数是不同的。[2]要有效地使用阻止列表，我们需要收集所有的列表。是的，就像春节集五福一样，必须都收集齐。这需要时间、空间和处理。

最后，信息共享需要参与者之间的信任。普遍认为，各组织间不共享威胁信息，因为害怕暴露自己系统的弱点以及获取信息的来源和方法。非营利的、基于行业的信息共享和分析中心(ISAC)提供积极且不断增长的可信共享途径。例如，金融服务 ISAC

---

1 McMillan, Rob, "Definition: Threat Intelligence"，见[16]。

2 见[17]。

中有 70 多个国家的 7000 多名成员合作并共享机密威胁情报。[1]

专注于高质量的 CTI，为你的网络环境带来有效的安全结果。2022 年，Mandiant 发布了 CTI 分析师核心能力框架。其中一项能力是 "CTI 分析师应该能够根据对业务的影响来理解和评估威胁情报"[2]，这项技能将有助于抑制为分享而分享的诱惑。如果有效使用，CTI 可以帮助安全团队防御已知威胁。尽管如此，还是应该谨慎，不要在采用未经深思熟虑的策略的情况下不断添加威胁源和 CTI 工具。第 10 章将讨论应用过多工具的陷阱。分享的数量永远不应该是衡量成功与否的最终目标。

持续优先考虑质量，从而获得更好的结果。

1.6   误区：对你重要的事对其他人也重要

Todd Barnum(托德·巴纳姆)的书 *The Cybersecurity Manager's Guide* 的第 1 章标题是 "赔率对你不利"。Barnum 承认，对于大多数环境中的管理者来说，"除了你的团队之外，公司里通常没有人太关心信息安全。" 即使高层领导说他们关心，但你是否得到了资金和其他资源的支持？我们不赞同没有人关心网络安全的观点，但应该停止期望安全优先事项与其他人的优先事项相一致。

雇用网络安全人员来帮助实现网络安全。这些人因其在保护网络方面的独创性和表现而获得专业奖励，这是真人真事。与其他职业一样，越是专业化，兴趣和关心就越狭隘和具体。恶意软件分析师认为了解恶意软件是网络安全的关键，并寻求获得更多的关注和资源。对于密码学家，恶意软件分析是不错的，但密码学[3]是必不可少的。只有当人们寻求更广泛地扩展保护网络的方法时，才会看到更大的图景，考虑更多的视角。对于污水处理厂的 CEO 来说，网络安全的确不错，但并非首要目标，甚至可能不在前十名之内。

具有讽刺性的是，研究表明，即使是对网络安全有了解的人，行为有时也会表现得比预期更危险。例如，"自称是专家的人报告的安全行为较少，对网络健康的了解也比其他参与者少"[4]。所以，即使是很重要的事情，也可能不会在他们的行为中表现出来！人类是充满矛盾的生物。

如何避免这种误区呢？一定要避免假设。不要假设 CIO 同意立即安装补丁，是否安装请直接寻求 CIO 证实。可能有一些我们不了解的情况导致 CIO 并不同意。例如，安装一个需要重启的补丁可能影响年度股东大会或一个大型营销活动。可能会发现，安装该补丁的结果是批评而非赞美！[5]

---

1 请访问[18]。目前有 25 个 ISAC 专注于不同的行业。

2 见[19]。

3 当使用 crypto 这个词时，通常指的是密码学，并不是指围绕加密货币的各种方案。

4 Cain, Ashley A., Edwards, Morgan E., Still, Jeremiah D., "An Exploratory Study of Cyber Hygiene Behaviors and Knowledge".

5 见[20]。

这里的关键想法是需要考虑"背景"。这与前文提到的保护曲奇配方和保护政府系统有关。在一种情况下是真的，而在另一种情况下可能是无稽之谈(或误区)！在计划和执行可能采用的安全策略时，了解背景是很重要的。资源、目标、法律、人员、价值观和历史都是背景的一部分。需要了解这些背景，无论是 CISO 还是 CIO。请注意，本书中谈到的许多其他事情也是如此！

1.7　误区：某产品将确保你的安全

跟我重复一遍：没有任何一种产品能确保安全。这不是网络威胁的现实，也不是网络防御的工作方式。这是一个可爱的梦：找到神奇的产品，哇呀！完全安全了；没有什么可担心了！

人们认为(或者供应商告诉他们要相信)购买某种产品最终会解决他们所有的网络安全问题。产品是什么并不重要，这种看法永远不会实现。云存储？不是。扩展检测和响应(XDR)平台？不是。下一代防火墙(NGFW)？不是。许多单独的解决方案都有自身价值，但没有一个单独的解决方案能够面面俱到。这不仅是因为所有产品都有漏洞，还因为一些问题尚未被发现或还没有被验证。第 11 章将讨论更普遍的密码、补丁和配置错误问题。

一些组织购买了大量产品，认为产品越多就越安全。简单地投入资金购买工具来解决问题，这会导致其他副作用，例如过于关注与其他公司的比较。此外，增加更多的工具可能会降低安全性。[1]竞争对手的新工具很花哨，但并不意味着适合自己。第 10 章将研究更多关于工具的误区。

很多时候，增加产品是事件发生后的一种应激反应。一家公司受到攻击，不是考虑问题的根本原因，而是砸钱来努力防止未来再次出现同样的问题。成语"失马锁厩"说，马匹逃跑后才锁上马厩并不是好的安全方法，它导致了大量的点式解决方案，而不是全面的策略。从考虑将马留在马厩的最佳方式开始，是一种更好的方法。

同样重要的是，要考虑把钱花在了哪里。如果安装了一扇新的马厩门，门上挂满了铃铛和口哨，但马厩本身却在倒塌，那么花费的钱就没有意义。

这不仅仅是企业和网络安全专家的问题。普通人也认为单一的软件应该提供安全保障。此外，他们往往接受电脑中默认的程序，并期望它终身免费。为什么没有一个超强的安全产品、一个终端保护程序来统治它们？现代设备——智能手机、笔记本电脑、服务器、汽车——是复杂的，攻击面是巨大的。没有任何一种网络防御措施可以防止攻击者试图攻击、影响或从系统中窃取数据的所有方式，更不用说预测所有可能出现的新攻击。[2]

1　见[21]。

2　这表明在整体设计和复杂性方面存在问题，应该加以解决，而不是增加更多的安全应用程序；但市场似乎对这一概念没有反应。

要避免这种误区，就必须了解技术的复杂性及其面临的各种威胁。没有任何一种安全产品能够提供足够的控制来降低现有的所有风险，这尤其体现在设计不好、过于复杂和构建不完善的系统中。

1.8　误区：Mac 比 PC 更安全，Linux 比 Windows 更安全

对于某一产品更安全的误区，计算机平台的选择就是一个具体例子。

想象一下，你从事网络犯罪活动，目标是感染受害者并运行加密挖矿的恶意软件。[1]攻破的电脑越多，赚的钱就越多。你创建的恶意软件必须为每个平台单独开发。适用于 Windows 的恶意软件在 Mac 上并不适用，所以要适用于这两个平台就要做更多的工作。对你来说，哪一个是更好的目标？ Mac 还是 PC？ [2]

抛开可能的相关因素，如拥有 Mac 或 PC 的人的类型，考虑最相关的属性：市场份额。截至 2021 年 6 月，微软以 73%的份额主宰了桌面操作系统市场，macOS 次之，占 16%，再次是 Linux，占 3%。[3]运行 Linux 的人认为他们的电脑更安全。[4]虽然可能如此，但实际上，不应希望攻击者把时间花在如此小的市场份额上。从纯粹的理性(尽管是邪恶的)角度看，犯罪分子应该以运行 Windows 的电脑为目标，因为潜在的受害者更多。

除了市场份额之外，几十年前曾有一段时间，人们对一些软件系统的质量和安全更加关注。从故障发生率的标准看，似乎一种系统比其他系统更有优势；然而，正如本书前言中指出的，事情是变化和发展的。很难断言一个系统比另一个系统对常见的威胁更有免疫力，特别是考虑到各种附加的防御措施。然而，这种看法一直存在。

因此，Mac 和 iPhone 的爱好者不时声称他们的设备比竞争对手更安全。在技术领域有很多竞争和忠诚度问题。很多人对苹果产品有很高的忠诚度，或者反过来说，对微软有很高的忠诚度。你可能还记得 21 世纪初的"Mac 与 PC"的电视广告，暗示 Mac 很酷，PC 很笨拙。[5]你可以有强烈的忠诚度，但不要让它蒙蔽你的眼睛，所有用户和设备都是脆弱的。没有人能够幸免。

此外，Mac 电脑的市场份额持续增长。如果这些用户认为自己天生更安全，就会变得不那么谨慎。攻击者会注意到这一点，并利用过度自信的偏见。事实是 Mac 和 PC 都有漏洞。无论运行 Windows、macOS、Linux 还是其他操作系统，都有风险。在许多社会工程攻击中，比如诱骗人们将密码输入假银行网站，那么运行的操作系统并不重要。所有系统的用户都必须谨慎。

---

1 我们有些调侃地建议，鉴于其对环境的影响，所有加密货币挖矿软件都是恶意软件。

2 攻击者与其他人类相似，都很懒惰。研究人员还研究了网络犯罪的无聊程度，可参阅[22]。

3 可参阅[23]。

4 这样考虑有很多原因，包括可以根据自己的喜好调整更多的安全设置，以及大多数软件是开放源码的事实。关于开放源码的更多信息，可参阅 1.9 节。

5 2021 年，英特尔推出了新的广告，其中曾经出现"我是 Mac 的人，现在更喜欢 PC"。可参阅[24]。

1.9　误区：开源软件比闭源软件更安全

有一种观点认为，让所有人都能看到源代码会减少 bug。与此相关的是，人们认为闭源软件，如微软的 Windows，意味着很少人可以审计、发现和修复漏洞。这并没有使开放源码软件避开严重的问题。然而，开放源码产品使我们更安全的神话依然存在。

2012 年 3 月，一个新的功能 RFC 6520 被添加到极受欢迎的开源库 OpenSSL 中，用于大多数网络服务器和浏览器。RFC 6520 有缺陷，该缺陷在两年内一直没有被注意到。2014 年 4 月，谷歌发现并私下向 OpenSSL 团队报告了该漏洞，六天后发布了修复程序。CVE 2014-0160 更名为众所周知的“心脏出血”。

2022 年 5 月，Python 库 CTX 被劫持和修改，攻击者可以窃取用户的亚马逊网络服务(AWS)密钥。[1]CTX 不是为与 AWS 服务器通信而创建的库。相反，它是一个管理 Python 核心功能(称为字典)的库。该库最后一次由开发人员更新的时间是在 2014 年，所以被大多数人视为稳定而且有用的库。遗憾的是，它被滥用了，有人对它进行了修改。大约在同一时间，人们发现 PHP 中使用的一个流行库也被劫持了。在这两种情况下，代码都是开源的，并且被广泛使用。在这两起事件中，任何人都可以查看源代码，但这并没有阻止攻击的发生。

商业封闭系统是人员付费开发的，无论是否认为这是一件苦差事，他们都会考虑系统安全和稳健的运行。结果可能是代码的漏洞比开源软件(OSS)少。TCSEC 和后续系统的最高级别评估的几个系统，如 Scomp、GH INTEGRITY 和 GEMSOS，都不是 OSS。它们经过了彻底的检查和测试，以提供非常高的运行保证，但不是免费或开源的。

开源可能意味着更快的安全修复，但并非总是如此。当在 OpenSSL 中发现并修复错误时，该修复不会自动传播到每个软件包。如果网站使用 Apache Web Server，Apache 需要合并新的 OpenSSL 库，然后需要更新 Apache 的安装。例如，在“心脏出血”事件发生三年后，仍有超过 14.4 万台面向互联网的网络服务器没有打上针对该漏洞的补丁。[2]简而言之，补丁并不是安全事件的结束，只是清理事件的开始。

开源确实鼓励透明公开和社区投入；然而，因为公开存在，所以并不一定意味着安全专家正在关注它们。有证据表明，有权访问开源代码的人在创建新代码和扩展时比审计现有代码更积极。最近的一项研究表明，开放源码软件开发人员花在提高安全性上的时间不到 3%。[3]他们将安全性工作描述为“令人心碎的家务活，最好留给律师和流程怪胎”，以及“令人难以忍受的无聊程序障碍”。据估计，开放源码程序占当前软件应用程序的 70%，这些结果应该引起特别关注。

避免这种误区意味着接受这样的观点：开源和闭源软件都有漏洞，但某些 OSS 中可能存在更多漏洞。软件开发是困难的，用户必须积极和勤奋地进行修补。

1　见[25]。

2　见[26]。

3　见[27]。

1.10   误区：某技术将保证你的安全

一个简单的流程图，从决策点"我需要区块链吗"开始，指向单一的终点"不"。区块链不是每个问题的答案(可能不是任何重大问题的答案)，当然也不是网络安全的完美答案。

云、量子计算、开源智能、区块链、人工智能、机器学习和加密技术作为强大的推动者，可以降低风险并持续推动网络安全的进步。技术在网络防御中发挥着突出且重要的作用，然而，任何技术都能消除网络风险，这是一个误区。小心炒作。

Jackie Fenn 于 1995 年在 Gartner 创造了"炒作周期"一词。她观察到，在新技术最终提供可预测的价值之前，有一条可预测的过度热情和幻灭的道路。该图示涵盖了五个阶段：

(1) 技术触发；

(2) 期望膨胀的高峰；

(3) 幻想破灭的低谷；

(4) 启蒙的斜坡；

(5) 生产力的高原。

炒作周期承认技术的价值，但从不认为技术能解决所有问题。

网络安全的历史上充满了人们曾经认为完美的防御措施。创建地址空间布局随机化(ASLR)是为了防止利用内存损坏漏洞。数据执行预防(DEP)也是如此。它们确实产生了积极影响，并帮助削弱了一些恶意软件。但 ASLR 和 DEP 并没有全面阻止攻击。这些技术无法阻止网络钓鱼和其他社会工程对计算机的影响。此外，攻击者利用面向返回编程(ROP)进行了调整并学会了绕过 DEP 和 ASLR。

这个误区与单一产品会保护我们的误区密不可分。没有任何东西适用于所有威胁和所有环境，而且这些技术和解决方案往往有其自身的弱点。在网络安全世界里，没有什么是完美的。

避免某技术能确保网络安全这一误区的关键是诚实地面对它不能做的事情。不要让这扼杀你对新技术的兴奋感。睁大眼睛进行评估、实验和部署，同时承认仅靠它无法拯救我们。此外，要警惕由此可能导致的任何新漏洞或暴露！

1.11   误区：某流程将确保你的安全

如果产品和技术不能确保安全，那么 DevSecOps(开发安全运营)[1]、Security Chaos Engineering(安全混沌工程)、SAFe Agile(大规模敏捷框架)[2]等流程框架或规则会是解决

1　见[28]。

2　见[29]。

方案吗？为什么？

优化后的安全行为在直觉上让人感觉很有希望。作为一个抽象概念，支持安全的优化流程可以应用于许多场景。就像通过戒烟或开始锻炼来改变生活方式，人们会获得许多好处。

从历史上看，有些流程已经被证明可以减少代码缺陷，但由于需要花费时间和进行人员培训，并未广泛采用。例如，为航天飞机和核电站控制编写的代码几乎没有缺陷。1986 年提出的能力成熟度模型(CMM)是描述软件开发过程的形式化和优化的方法。9 年后提出的人员能力成熟度模型(PCMM)的知名度却要比它低得多。大多数编程人员都对快速性和廉价性感兴趣，而使用可以减少缺陷的流程却与这些特性无关。遗憾的是，使用计算机的公众和许多供应商的想法已经固化为"代码是有缺陷，但开发速度快且成本低！"

强烈推荐优化开发与安全管理流程！使用经过充分验证的流程方法，特别是在大型企业环境中，受益会随着规模的扩大而日益增长。虽然到目前为止，没有正式的研究明确证明敏捷开发、DevSecOps 或任何其他最新的流程框架比原有方法好得多。但这并不意味着不应该使用它们。这只意味着应该理解它们的局限性。许多因素都会影响安全性，因此要证明某个特定的流程是提升的因素并不容易。有时，仅是出于一腔热情而实施新方法的简单行为会让事情看起来更好。使用健全的流程可以控制开发和部署系统的过程。遗憾的是，有很多影响安全的事情是无法控制的。人们无法控制攻击者是否试图对网站发起拒绝服务攻击，再精妙的流程也无法消除供应链攻击。

请记住，企业是基础设施、人员、威胁、资源、时间和资金的组合。对于这些因素的不同组合，有些方法实施效果会更好。不要相信哈佛商学院的研究报告、畅销书籍或会议研讨会中别人的经历会无缝地转化为你自己的经验！

一种误区是，可以从供应商那里购买流程解决方案。最好的情况是，可以使用开源工具帮助实现规则。例如，Netflix 在 GitHub 上发布了 Chaos Monkey(还有许多其他工具)，可支持混沌工程(chaos engineering)。[1]此外，Netflix 还发表了论文，可以测算混沌工程的收益和成本。[2]

1.12 误区："神仙粉"可以让旧想法焕发新生命

如果了解新技术的唯一途径是通过供应商，那么可能会产生一种误解，认为独一无二的革命性解决方案每天都会出现。毕竟，营销就是推广产品或服务。即使是对旧商品的重新包装，人类也能从中获得生物层面的乐趣。[3]这不是一个反对供应商的误区，

---

1 见[30]。

2 Tucker, Haley, Hochstein, Lorin, Jones, Nora, Basiri, Ali, Rosenthal, Casey, "The Business Case for Chaos Engineering".

3 Swaminathan, Nikhil, "Our Brains on Marketing: Scans Show Why We Like New Things".

而是奢侈和密集的宣传或促销(炒作)，是营销必不可少的手段。考虑到史上很少有网络安全从业者愿意研究该领域，这种手段显得特别有效。

这里的误区是，对现有或稍微改进的技术进行重命名、品牌重塑或重新包装，会神奇地使其更有效或更可用，就如撒一把"神仙粉"可以使现有技术脱胎换骨。如果有人试图将防火墙[1]技术改头换面，包装为一种全新的安全产品"数字哨兵"卖给你，你要持怀疑态度。

考虑两个当前的例子：云计算和零信任。[2]这两个短语都被随意使用，因为人们已经相信它们的新颖和神奇。事实上，云计算和零信任自身都是带有"神仙粉"效应的旧技术。毫无疑问，它们是有价值的，但过度夸大使一些人产生了错误的期望。

在现代网络安全中，使用趋势往往与新颖性和价值混为一谈。如果消费者去了解一项技术的来龙去脉，了解技术发展趋势，这件事本身并没有任何问题。然而，如果每个人都在赶时髦谈论这件事，就容易被误导。当普通消费者听到云计算等技术时，它通常已经持续渗透和发展了多年。在 21 世纪初，当 Amazon、Google 和其他公司推出产品时，即付即用的计算服务并没有突然出现。分时共享系统在 20 世纪 60—70 年代开始商业化。今天的云服务是从 20 世纪 70—80 年代在分布式计算方面所做的工作演变而来的。但似乎一夜之间，每个人都在谈论云，就好像这是一个革命性的解决方案，可以满足人们所有的需求！

云计算是一种资源共享形式，允许用户按需使用云服务商提供的资源。如果在线存储文件，可以从第三方处租用存储空间。如今，可以付费请服务商做各种在线操作，包括托管数据库和将语音翻译成文本(如 Siri 和 Alexa)。自助式服务商业模式使得获取和采用这些服务变得几乎无缝衔接。但云服务并非完美，确实有一些缺点需要考虑；例如，牺牲控制权和灵活性换取便利性、供应商封锁问题，对透明度和控制权的限制，以及宕机和泄露问题。某些情况下，云计算可能是正确的选择，但在赶时髦之前要仔细考虑。

零信任是去除隐性信任、完全仲裁及信任隔离的时髦说法，不再使用边界设备隔离等术语。信任存在于许多数字生态系统中，从设备的硬件到连接到软件的网络，以及连接到其他人的在线服务。利用信任是许多破坏网络的安全攻击的根源。攻击者以域控制器为目标，因为域控制器是域内计算机信任的服务器。许多系统所有者还认为，如果有人使用合法的用户名和密码登录，那么他的所有操作都是可信的。当用户登录 GoodLife Bank 应用程序时，因为受到信任，他们可以存款和取款。替代做法应是验证每个操作，包括合法用户可能正在使用不可信的设备这种实际情况。如果用户从新设备或外国访问 GoodLife Bank，那么应该对他们进行仔细检查。最佳做法应该是限制信任，强制实施最小特权，授权访问，并隔离不同信任。[3]

最小的特权、访问的完全仲裁和隔离都是几十年前的旧观念！但多年来，网络安

1　关于防火墙的更多信息，请参阅附录 A。

2　有关这些方面的更多信息，请参阅附录 A。

3　关于零信任的更多信息，请参阅附录 A。

全专业人员一直在推荐这些做法。当前的实现允许持续的分析和调整，提供更细粒度、实时、最小特权的访问。如果你仔细想想，就不存在完全零信任这回事，因为系统需要进行信任身份验证和访问控制；建立在真正零信任基础上的系统将是惰性的。归根结蒂，没有"神仙粉"可以使零信任成为革命性的或者安全需求的神奇解决方案。

1.13　误区：密码应经常更换

密码是几乎每个人都有经验和意见的一个话题。事实上，60 多年后的今天，密码——包括文字、短语和 PIN——仍然是最主要的认证形式。这个方案看起来像一把保护贵重物品的秘密钥匙。事实上，目前已经经历了让用户选择和记住许多密码的危险弊端。几十年来，人们一直承诺会有更加光明的无需密码的未来。2004 年，Bill Gates 承诺密码会消失，因为"密码无法确保安全"[1]。

计算机的密码不像房子的钥匙。没有人让房主挑选房子钥匙上的齿和凹槽，也不需要在每次回家时对其重新构建。然而，用户被要求自行生成并记住数字密码(就像锁的密码)或携带物理令牌。多因素认证是在 20 世纪 90 年代引入的，极大地提高了安全性，但给用户带来了不便。John Viega 在他 2009 年出版的 *The Myths of Security* 一书中说："尽管如此，但仍没有看到密码的替代方案。"

尽管密码遭到大量滥用，但不太可能很快消失。即使是新手也能理解这种模式，不需要对硬件进行额外投资，并且在适当使用时仍然是一种合理的机制。关键是使用时要了解背景和风险——这是我们反复提及的主题。糟糕的密码选择、密码猜测、拦截/欺骗都是密码方案的潜在问题；然而，在某些情况下，这些不是重大威胁或有缓解措施。有效的身份验证应该不仅仅是高强度计算或对每一种攻击的抵抗。对于网络安全专业人士来说，选择身份验证方案的首要任务是安全，但也应该考虑威胁模型、成本和用户接受度。正如图 1.1 中所指出的，一种方法并不会适合所有情况。

众所周知，100 个字符的密码比 10 个字符的更安全，但如果没有工具帮助(例如密码管理器)，就不可能实际使用。不同的身份验证机制具有不同的加密强度，这不是误区。这里说的强度指的是破坏加密需要的时间和资源。专家指出，密码与生物识别技术的相对强度不仅在密钥上不同，而且在其他方面也有不同的考虑。如果指纹认证器被破坏，就无法更改指纹。与所有网络安全一样，即使加密协议非常出色，在实现算法时也可能出现漏洞。

这并不是说没有致力于改善用户的密码状况。密码表促使人们选择更好的密码。密码管理器代表人们记住强密码。但要改变使用密码的动力，并为其他选择重新配置系统，这是一项挑战。

一种误区是，不熟悉的人无法猜到我们的密码。也许我们最喜欢的球队是利物浦，

1　见[31]。

或者我们的狗叫查理。如果利物浦或查理是我们的密码,即使攻击者无法访问密码表,也可以在不到一秒钟的时间内猜到这些密码,如图 1.3 所示。不要想当然地认为攻击者需要了解个人信息来猜测密码!

图 1.3   强密码难以生成和记忆

另一个误区是密码应该经常更换。研究表明,频繁的更换会对良好的安全性产生反作用,因为这样会导致简化密码或采用变通的方法。类似地,对复杂度的要求,例如需要符号和数字,也导致了更糟糕的密码。现在已经不再建议使用这样的规则。

密码指南的权威来源是 NIST 800-63B(Digital Identity Guidelines,数字身份指南),最后一次更新于 2017 年 6 月。特别是,附录 A 描述了考虑记忆性秘密强度的问题。NIST 建议,不允许用户从"以前的漏洞库、字典词和用户可能选择的特定词(如服务本身的名称)"中选择密码。

2021 年,微软宣布用户可以免密码登录微软 Outlook 和 OneDrive 的微软账户。[1]为此,用户被邀请使用验证器 App、安全密钥或验证码。这可能是第一个既强大又可用的新身份验证替代方案。密码可能不会永远存在,但不要轻易下注。

---

1 见[32]。

┌───┐
│ **多因素身份验证(multifactor authentication，MFA)意味着安全** │
│   │
│　　**MFA** 是一种机制，不仅必须知道一些东西(密码)，而且必须拥有一些东西。必须拥有的东西可能是加密狗、智能手机或系统可用来进行双重检查的东西(如短信验证)。这是一个额外的安全层，所以它必须是安全的，对吧? │
│   │
│　　如果是短信验证，它可能不安全。如果手机已经有恶意软件，恶意软件可以拦截消息并伪装成实际用户。更不用说，一些要求你使用这种身份验证的地方会通过短信来安装恶意软件。[1]短信在通过网络传输时也是可以被截获的。 │
└───┘

1.14　误区：相信和害怕你看到的每一个黑客演示

　　DEF CON 是一年一度的黑客大会，以最新的爆料和演示而闻名。2010 年，主持人演示了一辆汽车被黑客入侵。2017 年，黑了一台投票机。2020 年，是一颗卫星。这些演示使得节目和故事很精彩，引来大量的掌声(来自其他黑客)，以及广泛的炒作和恐惧(来自公众和媒体)。这就像电影变成了现实! 既神奇又可怕，谁不想报道奇妙的事情呢?

　　网络安全专业人士理解、赞赏和钦佩该领域的新进展，有时甚至欣赏进攻的技巧或新的进攻技术。在公众明白或了解新漏洞之前，就可以看到它们的影响和严重性。参与漏洞赏金计划的供应商通常会要求提供 POC(概念验证)代码，以证明新的漏洞可以被利用。黑客也被要求提供 POC 例子才能受到重视。有一份出版物对此提出了很好的观点：应呈现切实的证据和成果，否则就不值得被认真对待。[2]

　　然而，有一种误区，认为每一个演示或学术发现都会导致广泛应用。这些演示很有启发性，但往往忽略了现实世界的背景和复杂性。他们经常做出许多假设。投票机和自动取款机都经常被审验，物理保护措施会阻止攻击者实施快速或不被察觉的修改。黑客攻击一台投票机或自动取款机，与破坏一套选举系统或金融系统是完全不同的威胁。

　　Rowhammer 是一种新颖的攻击技术，[3]甚至很酷。研究人员已经创造了几个 POC 漏洞，但还没有证据表明 Rowhammer 在实际中被使用。

　　TCP Shrew 是另一种分布式拒绝服务(DDoS)的新型攻击技术。它既酷又可怕，但还没有证据表明它在实际中被使用。漏洞预测评分系统(EPSS)是一套模型，使用威胁信息和现实数据计算漏洞被利用的概率。数以百计的 CVE 对大多数人来说并不是威胁。根据 Kenna 安全和 Cyentia 研究所的数据，只有大约三分之一的 CVE 出现在实际

1　见[33]。

2　见[34]。

3　有关 Rowhammer 的更多信息，请参阅附录 A。

环境中，其中只有 5%取得成功。[1]攻击可以被证明并不意味着它会被使用。

1.15　误区：网络进攻比防御容易

网络安全领域有一个被很多人认可的观点："防御有一个缺点，因为必须防御所有的攻击，而进攻方只需要一个单一的方式。"从表面上看，这似乎是直观的事实。防御许多攻击面意味着资源被分散了。如果所有的进攻资源都集中在单一攻击上，这怎么可能不有利于进攻方呢？

这种观点基于一个硬性的假设前提：网络攻击很容易。正如 Bruce Schneier 所写："与人们普遍看法正好相反，政府的网络受到攻击并不是突然发生的，攻击/防御是平衡的。"[2]虽然大规模网络钓鱼等犯罪攻击无特别针对性，但由于成功率低，仍然会让攻击者付出代价。此外，网络钓鱼邮件只是犯罪分子的一个组成部分，他们还需要特定功能的恶意软件、指挥和控制基础设施，以及被盗数据变现的方法。如今，勒索软件攻击者甚至为受害者提供客户服务和技术支持。[3]

误区：相信在网上看到的每一个网络威胁

虚假和歪曲信息的历史由来已久。早在互联网出现之前，耸人听闻的危险故事就出现在报纸和地摊文学上。如今互联网加重了这种现象。

网络安全也难免受错误和虚假信息的影响。错误信息是指不准确或故意误导的信息，并非有害，但仍可能造成损失。虚假信息是有意歪曲的信息，将虚假信息作为真相传播，目的是造成伤害。在许多高度重视言论自由的地方，传播虚假信息是合法的。这可能导致问题，尤其是对于容易轻信或消息不灵通的人。

人工智能足够先进，可以生成真实但错误的网络威胁情报，足以愚弄专业人士。以下是一个人工智能生成的网络安全错误信息的例子：

"APT33 正在探索对关键基础设施的物理破坏性网络攻击。攻击者在基于网络的航空公司管理界面中注入各种漏洞。一旦成功，攻击者就可以拦截和提取敏感数据，并获得对内容管理系统(CMS)未经授权的访问。"[4]

每个人，包括网络安全专业人士，都必须对接收到的信息保持警惕和审慎，持健康的、合理的怀疑态度。这也很好地说明了信任是至高无上的资产！

康奈尔大学的 Rebecca Slayton 教授认为，现在说进攻有优势还为时过早。[5]她建

---

1 见[35]。

2 见[36]。

3 见[37]。

4 见[38]

5 Slayton, Rebecca, "What Is the Cyber Offense-Defense Balance? Conceptions, Causes, and Assessment".

议围绕相对效用或价值重新构建对话。将高成本与保护高价值资产联系起来是合理的。此外，如果进攻的价值相对较低，那么进攻就不"受青睐"。例如，分析表明，在 Stuxnet 攻击中，防御的成本可能低于进攻的成本，这与关于网络进攻处于主导地位的主流假设相反。也许最重要的是，美国、以色列和伊朗对伊朗核计划的重视程度似乎远远超过了网络进攻或网络防御的成本，这使得领导人不太关注成本。

这个误区的影响超过简单误解，会导致组织领导人和网络捍卫者感到气馁，觉得自己总是落后，疲于追逐那些"轻松"上阵的攻击者。防御者需要尝试理解攻击者的思想和行为。这就是为什么一些课程向学习网络安全的学生灌输这样的思想：了解攻击者的心态有助于更好地防御。[1]

避免这个误区的关键是，在认为进攻方占优势时要小心。这不是简单的相对成本问题——防御成本应该与受保护的价值适当匹配。

1.16 误区：工业技术不易受攻击

大多数人对信息技术(IT)很了解，因为每天都会看到和使用硬件和软件：手机、平板电脑、电子邮件等。当然，并不是只有这一种技术类别。工业技术(OT)是控制工业设备的硬件和软件，比大多数人意识到的更普遍、更重要。例如，OT 可以打开和关闭工厂中的阀门，或者控制建筑物中的电梯。你可能听说过 OT 的细分领域，即工业控制系统(ICS)和监控与数据采集(SCADA)系统。

网络安全中，IT 和 OT 之间存在明显差异，两者的一个很大的区别是，IT 是以用户为中心，而 OT 是以机器为中心。人与 IT 设备直接互动，如发送电子邮件和写书。OT 系统通常互动性较低，自动化程度较高，因为它们控制着物理世界中的事物，尽管仍需要由操作员编程和监控。

IT 和 OT 十分相似，相同类型的供应商可以同时构建这两者，而相同类型的技能和团队可以同时运营这两者。这一观点越来越正确，但这是最近才发生的变化。IT 和 OT 通常是独立发展的。像通用电气、霍尼韦尔和西门子这样的公司——对许多 IT 用户来说可能不熟悉——使用专有系统为电力公司和其他工业企业生产 OT 平台。这些系统使用的通信和协议是 OT 的"标准"，与 IT 标准不同。例如，智能电表可以测量你家的用电量，并使用开放式智能电网协议(OSGP)将这些信息传送到电力公司。同样，拉斯维加斯 Bellagio 酒店拥有 1000 多个喷泉的表演也是由 Modbus 协议控制的。这些专用协议一直运行良好，直到人们想通过拥有众多恶意用户的互联网访问和控制这类系统。

OT 系统的安全最初并不是一个优先事项，因为威胁模型没有将其包括在内。OT 网络最初是孤立的。这种"空隙"意味着数据无法自动从 IT 网络移动到 OT 网络，因

---

1 进攻看起来令人兴奋，但吸引学生才是真正的原因。引用 Bear Bryant 的话："进攻能卖票，但防守会赢得总冠军。"一个精心设计的课程需要更加平衡和微妙的教学方法。

此被认为具有强安全性。现实情况是，为满足某些业务要求，需要在 IT 和 OT 网络之间传输文件，如安装软件补丁或移动配置文件。当网络未连接时，解决方案之一是使用 U 盘复制数据。多年来，攻击者(以及安全研究人员)已经找到了跳过这种空隙的方法：感染 IT 网络上的机器再通过 U 盘进入 OT 网络，甚至可以使用声波或热能在隔离的网络之间进行通信。[1]

　　IT 和 OT 正在融合，这意味着两者都很脆弱，都需要网络安全。"OT 系统对攻击者来说是孤立的或未知的"是一个误区。

1.17　误区：破坏系统是建立自我形象的最佳方式

　　有人说，破坏系统在网络中是重要的，尤其是被庞大的黑客行动的荣耀所驱动的破坏。这是一个不幸的误解。其实发现缺陷有时是一门艺术，有时是一项科学，有时是简单的运气，但这通常不是成为专家的关键。

　　破坏事物的人会得到暂时的认可和宣传，但这不能展示出专业技能和专业知识。也有少量的例外，但解决问题是大多数人所希望的结果，而不是一堆被破坏的代码。具有破坏性的事情看起来既迷人又有趣，但光靠它是不足以建立职业生涯的。打碎一个水晶花瓶对大多数人来说并不难，但只有少数人有能力再做一个。闯入房子只需要用最少的专业知识，但设计和建造房子则需要相当多的技能。考虑到大多数计算机代码的质量，发现缺陷并不是一项巨大的成就，建立能够抵御攻击的系统才是。

　　一般来说，破坏事物几乎总是比创建或修复更容易，而且大多数网络安全职业都致力于诊断和修复。尽管我们自己有丰富的破坏系统的经验，但还是这样认为。

1.18　误区：因为你能做，所以你应该做

　　有无数与网络安全相关的活动和行为是合法的，在技术上是可以实现的，却是不可行的。我们能做某事并不意味着我们应该做。我们可以在数据中心大喊"开火"[2]，但我们不能这么做。

　　首先重申，该领域大部分的从业人员都是基于"信任"，这也延伸到了对人和行业的信任。多数人对二手车销售人员的一般印象总是不太好的，这也许对大多数二手车销售人员不公平，但少数人缺乏诚信，玷污了所有人的声誉。政治家也是如此，在某些地方，执法人员也是如此；少数人的不道德行为会让整个行业的人看起来很糟心，并且不值得信任。书中有几个地方会回到这个主题，并强调专业组织的作用。尽管如

---

　　1 参阅 Guri, Mordechai 等人所写的 Bitwhisper: Covert Signaling Channel Between Air-Gapped Computers Using Thermal Manipulations。

　　2 数据库坏了！有一个 APT 松动了！精灵们已经失去了他们的配方！

此，还是希望这一概念成为讨论的核心：为了网络安全取得成功，为了让网络安全专业人员得到信任，全体需要高度重视道德行为——因为这是正确的做法，而不仅仅是遵守法律或为了方便。这也意味着鼓励他人做正确的事情，谴责不当行为。伤害无辜或危及公众的"绝顶黑客"是不可接受的，无论他多么聪明。

> **道德挑战**
>
> 　　明尼苏达大学被禁止为 Linux 内核做贡献，这件事情始于该校的一项研究。[1]这项研究旨在观察是否可能在修补微不足道的漏洞的同时引入隐蔽的、严重的、新的漏洞。为了证明这种攻击，研究人员将其修改提交给实际的 Linux 内核。值得庆幸的是，该研究包含了防止有缺陷的代码被接受和分发的保护措施。
>
> 　　这引发了网络安全和软件开发社区的强烈反对。许多人认为这是人类欺骗实验。该大学辩称，这项研究不涉及人类，不需要接受 IRB 的审查。
>
> 　　在这个研究案例中，技术上和法律上可以做的事情并不意味着应该这样做。

　　例如，在美国，法律并不要求负责任地披露漏洞。[2]在主流网络浏览器中发现关键漏洞的安全团队可以在不通知供应商的情况下合法地公开发布该漏洞，但这样做会有广泛利用和泄露漏洞的风险。研究人员可能不会为了自己的利益而利用它，但给其他人留下了机会。为强盗敞开大门几乎和加入抢劫的结果同样糟糕。

　　道德和伦理与法律是有区别的，但是否应该同时受到法律和道德的限制？许多职业、专业组织和行业都有职业道德规范和职业行为规范。计算机协会(ACM)有一个非常好的守则，[3]第一句话就指出其重要性："计算机专业人员的行动改变了世界。"该守则阐述了计算机专业人员对公共利益的责任、对社会和人类福祉的关心、对道德实践的责任，以及对隐私的尊重。事件响应和安全小组论坛(FIRST)也有著名的道德准则。[4]

　　许多获得认可的学术性计算机科学和工程项目都要求进行伦理研究。工程与技术认证委员会(ABET)表示，毕业生将"认识到职业责任，并在网络安全实践中根据法律和道德原则做出明智的判断。"[5]

　　在大多数研究环境中，机构审查委员会(IRB)审查研究提案，以保护研究对象的权利和福利。如果想通过向人们发送虚假电子邮件来研究网络钓鱼，IRB 将考虑参与者会遭受的潜在危害。

　　最后，考虑一下其他人会如何看待这样的选择。即使这样做是完全正确的，仍然可能受到很多质疑和抵制。如果这种质疑和抵制成为新闻头条，我们会感到舒服吗？[6]

1　见[39]。

2　联邦政府有适用于政府机构和部门的内部披露政策，如漏洞公平裁决计划(VEP)。见[40]。

3　见[41]。

4　见[42]。

5　见[43]。

6　一位前中央情报局官员将其通俗地描述为"华盛顿邮报测试"，参见[44]。

当我们觉得某件事在技术上可行或技术上合法时，应该暂停，并重新审视一下这种行为。

1.19   误区：更好的安全意味着更糟糕的隐私

如果问人们隐私是否重要，无疑会得到热忱的回答："是！"联合国《人权宣言》中明确提到了这一点。[1]法律界的共识是，美国宪法中隐含了隐私权[2]，几项法律也明确承认隐私权。欧洲颁布了关于隐私的主要法律，其中最著名的是《通用数据保护条例》(GDPR)；然而，与安全性类似，隐私的正式定义并没有被广泛接受。虽然被认为有划时代的意义，但随着时间的推移，不同的社会文化对它的定义也有所不同。

技术在定义隐私和侵犯隐私方面也发挥了作用。窗户、相机和电话的发明都是技术变革对隐私产生影响的例子。计算和网络在这方面继续突破界限。许多与网络安全相关的场所都被贴上了"安全和隐私保护"的标签，使这种联系变得明确。

与此相关的误区是，增加隐私保护会降低系统的安全性，反之亦然。事实并非如此！仔细想想，网络安全的主要驱动因素之一是支持隐私：限制对私人信息的访问。

之所以出现这个误区，是因为在某些情况下，解决安全问题的最直接或最便宜的方案是减少隐私。例如，如果想减少网络钓鱼的机会，需要检查并存储进入企业电子邮箱的所有电子邮件的副本，以牺牲电子邮件隐私为代价捕获网络钓鱼链接。其实还有其他方法，包括允许使用计算能力来增强安全性和保护隐私。例如，可以自动截短电子邮件中的 URL 使其无效，而不必保存记录或让他人阅读内容。

并不存在为了更好的安全而放弃隐私保护的情况。添加日志记录或监控并不是解决问题的唯一方法，尽管这通常是最便宜、最快的方法。"快速、廉价"往往会导致用户群体的隐私逐渐减少。隐私很重要，人们应该有机会对何时、如何，以及是否侵犯他们的隐私，使用一个系统进行确认。公众对 cookie 和在线广告的抵制是对这些问题的认识不断提高的例子。

从事网络安全工作的人应该尽可能保护隐私，而不是减少隐私。当受到 GDPR 等限制时，找到支持而不是规避这些限制的方法是应尽的职业责任。

---

1 见[45]。

2 不过，美国最高法院最近在 Dobbs 起诉 Jackson 妇女健康组织案中的裁决对这一隐含权利的范围产生了一些怀疑，见[46]。

第 2 章

互联网的概念

> 我们急于建造一条从缅因州到得克萨斯州的电报线，但缅因州和得克萨斯州可能
> 没有什么重要的信息需要交流。
>
> ——Henry David Thoreau

40 年前，网络安全的书籍只是关注个人计算机的安全。当时没有互联网。之后网络技术不断进步，无处不在，正如 Scott McNeely 所说的："网络就是计算机。"局域网、广域网、城域网、Wi-Fi、蓝牙、NFC 等连接系统以及系统的系统。在越来越多的情况下，软件和数据都在"外面"的云端，如果没有正常的网络接入，系统就无法按照我们的预期运行。

本书不是一篇关于通信网络的专著，所以不会深入研究通信网络和通信网络安全，只讨论关于互联网和云计算的一些误区和误解。让我们从一个简单的概念开始：什么是互联网？

2.1 误区：每个人都知道"互联网"的含义

在最肤浅和最普遍的层面上理解，互联网是所有计算机系统的集合，它们可以使用通信网络相互沟通。可以有未连接到互联网的网络，这通常被描述为一个"独立的"网络。互联网(和其他通信网络)提供标准化的服务，包括网站和电子邮件。值得注意的是，Web 不是互联网的同义词，它只是其中的一部分。

使用标准化的协议(Protocol)，互联网上的计算机可以相互通信。这些协议定义了交换信息的规则和语法。许多资源的通信网络使用 IP 协议族，如传输控制协议(TCP)、用户数据报协议(UDP)等，还包括仍在使用的 UUCP、Bitnet、DECNET、XNS 和 X.25 等协议。系统可以在同一个物理网络上同时使用 IP 协议及这些协议(尽管已不太常见)。

IP 协议族使用地址、端口和协议来定义连接。IP 地址是用来传递数据包的点。计算机(路由器、防火墙或智能手机)可能有多个 IP 地址。配合负载均衡器和防火墙，多个系统也可能共享同一个 IP 地址。IP 地址目前有两种形式：32 位的 IPv4 地址和 128 位的 IPv6 地址。[1]虽然系统能同时使用这两种地址，并在同一物理网络上进行路由，但 IPv4 和 IPv6 不能互换。

协议定义了如何解析网络数据包中的比特值。协议可以进行相互嵌套，即数据包(或一组数据包)中的原始数据可以是另一个协议的数据。例如，IPv4 传输的 TCP 数据包，其中包含 SMTP(简单邮件传输协议)邮件消息。

在某些协议中，端口号是逻辑地址，是要传递或发起数据包的虚拟位置。每个协议地址(UDP 和 TCP)有 65536(2^{16})个端口号(16 位)。地址、端口号、协议三项共同定义了数据包要传送到何处；具有相同目的地址和端口但使用不同协议的两个数据包不会被符合标准的系统混淆。如果这还不清楚，想象一幢公寓楼，IP 地址是该公寓楼所在的街道地址，楼内的房间都有相同的街道地址。协议可以被认为是一幢建筑编号与交付方法的结合。端口号是公寓内的房间编号。可能有两套公寓的房间编号和街道地址相同，但建筑物(协议)不同，所以完整的地址并不会混淆。

大多数人很难记住 32 位或 128 位的数字，但容易记住单词。IP 协议将单词(名称)映射到 IP 地址的目录，这就是 DNS，使用分层分布式数据库将名称请求映射到 IP 地址。其他协议提示如何根据 IP 地址将数据包一跳一跳地路由下去，以及在出现错误或延迟时该怎么办。

如果想知道更多细节，建议查阅附录 C 中列出的参考文献。

在做了简短而抽象的介绍后，接下来介绍关于互联网和网络常见的理解误区。

2.2   误区：IP 地址标识唯一的计算机

不了解互联网寻址和路由方式的人通常认为 IP 地址可以识别唯一的机器。有人断言："有了 IP 地址，就能知道消息来源！"但事实并非总是如此。例如，IP 地址 1.1.1.1(非常流行的公开 DNS 服务器[2])不是一台机器，而是全球网络服务器群，客户端主机每次访问该 IP 时都可能与不同的服务器进行交互！

首先，单台主机可以具有到网络的多个连接(物理的和虚拟的)，每个连接都有自己的 IP 地址，而且相互之间可能并没有密切的关系。若一个系统在两个不同的物理网络上，将至少有两个地址，每个网络一个地址。

其次，一个地址可能映射到多台计算机，甚至是不同国家的计算机！这种情况发生在负载均衡中。数据包只有一个地址，当被路由到均衡器或集中器时，将被重新处理并路由到被确定为"接近"或负载最少的系统。数据包的回复将通过负载均衡器返

1　弗吉尼亚州有 IPv5，但从未标准化，见[1]；还有 IPv7~IPv9 协议，见[2]。

2　见[3]。

回，并且出站地址被调整为与入站地址一致。例如，没有一台机器可以应答针对 www.google.com 的所有访问请求。谷歌的基础设施会自动将查询重定向到最近的可用服务器，以最大限度地减少返回应答所需的时间。[1]

再次，可能使用代理、防火墙或网络地址转换(NAT)网关。使用 NAT 时，如果家中的所有设备都访问了同一个网站，服务器会认为这些设备都位于同一个 IP 地址。每台设备在内网都有不同的私有 IP 地址，但传出的数据包被改写成与实际发送设备不同的互联网上可路由的 IP 地址。返回的数据包由网关根据缓存进行分类和重新发送，从而保持连接。许多组织和国家都支持这种网关。保护隐私的代理，如洋葱路由器(TOR)，将来源隐藏在转发地址层之下。

最后，协议中没有要求实际发送地址包含在 IP 数据包中。如果发送方不关心对端的响应，则可以在发送方 IP 字段中输入任何值。这可以用来欺骗或实施攻击，如 Smurf DDoS 攻击。[2]虽然互联网服务提供商(ISP)可以检测和阻止一些欺骗的源 IP 地址，但这样做会带来开销，降低网络速度。

这四种可能性也不是相互排斥的，甚至可能以多种方式结合在一起！因此，尽管可在 IP 数据包的发送方字段中看到 IP 地址，但这并不意味着可以肯定地将其与特定机器(或组织)相匹配。

那么，知道 IP 地址有什么好处呢？好处之一是能够阻止它。如果攻击来自某个 IP 地址，无论它在哪里，网络都可以拒绝接受来自该 IP 地址的流量。另一种用途是作为调查的线索。即使没有 100%的准确性，知道电子邮件、网络请求或恶意命令和控制等活动似乎来自特定的公司或国家也可能很有价值。在法律调查中，通常会问 ISP："你有关于该 IP 地址在相关时间内活动的日志吗？"这不等于精确无误，但可以产生新的线索来跟踪攻击。

2.3 误区：互联网由中央机构管理和控制

无论你现在身处何处，请指出你身边的互联网。你的设备？天空？墙上的电线？互联网不是抽象的概念，它以物理形式存在，包括数量惊人的计算机、电缆、光纤和海量的无线电波，甚至包括卫星，存在于七大洲、海洋上(和海洋下)，以及地球之外：其他行星上的探测器和国际空间站也使用 IP 协议进行通信！大量互联网通过地下或海底的电缆和光纤传输。当网站"宕机"时，通常意味着线路被切断或网络配置变化使服务器无法访问。也可能是太阳风暴干扰了无线电通信，或者地震中断了连接。[3]

互联网很复杂，它有超过十亿个活跃的 IP 地址。所有这些地址、协议、路由等全

---

1 因为有延迟，所以地理位置很重要。就像繁忙的高速公路一样，互联网流量穿越许多不同的网段，或者说跳数，每个额外的交叉点都会产生延迟。有关更多信息，请参阅[4]。

2 见[5]。

3 见[6]。

天候工作，支持政府、学术界、娱乐和商业。控制这一切肯定是一项艰巨的工作，对吧？恰恰相反，没有实体控制互联网。

互联网之所以发挥作用，主要是因为提供长距离网络的各电信公司使用相同的协议进行合作。如果一个主要的网络提供商决定不遵循共享协议，其他同行将停止与它的互操作(无论是由于选择还是由于故障)。这意味着它的客户将无法与其他人交流。这当然提供了合作的动力！

这也意味着管理网络使用的法律是地方性的，而不是全球性的。如果某个国家的法律规定某些内容不能出现在互联网上，那么在该国做生意的公司就要从流量中过滤这些内容，另见第 9 章。

例如，在泰国等国家，侮辱国家领导人是违法的(这被称为"冒犯")，泰国当局可以在国内执行这项法律。而在冰岛、瑞士等国家，侮辱外国元首是违法的，所以在公共场合侮辱泰国国王就违法了。这就是监管的范围，例如，如果美国堪萨斯州的一位博主发布了关于泰国王室或意大利共和国总统的侮辱性内容，那么他不会收到中央机构控诉，但如果他未来计划前往这些国家的旅行，他应该谨慎考虑。

不过，控制缺失有一些好处。互联网上的网站不一定要接收指定来源的所有流量。与其他国家或地区没有业务关系的网站会使用地理位置数据或阻止列表来阻止其入站网络流量，抵御威胁。

总结一下这次讨论：你对互联网的看法可以与其他人不同，而且会随着时间和地点的变化而变化。特别是你可能不会知道网上使用了多少不同的语言。特别值得美国读者注意的是，第一修正案仅适用于美国政府：其他国家或私营公司都不需要接受并发布任何声明。[1]我们看到的是不同的流量或不同的攻击。当讨论网络安全时，法律和文化上的差异是显著的，而且没有中央机构可以提供帮助。

2.4 误区：互联网在很大程度上是静态的

互联网的起源与今天的情况不同。今天，互联网速度如此之快，以至于数据在全球范围内的传播速度比你读完这句话的速度还要快。当然，在调制速率 110 波特的调制解调器和 56kbps 租用连接线路的时代达不到这样速度！

在互联网出现的早期，注册域名是一个需要很长时间的过程。注册商接受请求并设置域名，然后每个人都会等待，等待，再等待。域信息传播到所有域名服务器需要一段时间，不像今天(几乎)是即时的过程。如今，注册域名则立即可用。在过去，根据日期和域名服务器的不同，可能需要几天的时间。

现在域名可在几分钟内使用然后丢弃，而不是几天。坏人可以注册域名，用它发送垃圾邮件，然后立即将其删除。[2]当人们意识到应该阻止(或者应该添加到共享阻止

---

1 参见第 9 章。

2 根据来自[7]的统计，2021 年第四季度，平均每 5 秒就有一个新域名注册。

列表中)时，该域名已不再使用。这在 20 世纪 90 年代末是不可想象的，但在今天已经
司空见惯。域名专家 Paul Vixie 建议，如果在新域名创建后 24 小时内屏蔽它们，可以
看到垃圾邮件数量将大幅下降。

攻击也在演变。最初的勒索软件攻击是在一次会议上用软盘手动传播的。[1]如今，
它经常通过电子邮件传播。这是传播方面的重大变化，影响了处理勒索软件的方式。
如果还停留在过去，我们会阻止人们将软盘放入电脑，并认为这就是需要做的一切。
我们仍然会成为通过电子邮件传播的勒索软件的受害者，但切断了软盘传播渠道。

如果研究人员假设所有勒索软件都是通过软盘传递的，并在 2022 年对此进行了研
究，那么研究结果将是：不，勒索软件攻击没有威胁。这是明显的结果，因为涉及软
盘的所有事情都会被忽略。在这个基本例子中，结果很重要：事情已经改变了。我们
需要知道这些变化，才能进行适当的防御。仅通过屏蔽软盘来防御勒索软件是成为勒
索软件受害者的绝佳方式。

最初的威胁集中在服务器上。当时的互联网相对扁平，个人电脑还不普及，所以
攻击目标是那些服务器。网页主要是静态的，手机像一块大砖头，价格不菲，而且主
要用于语音通信。

如今，口袋里的智能手机比三十年前的超级计算机还要强大。个人电脑和手机是
攻击的目标。服务器仍然受到攻击，这种情况没有改变，攻击已经到处蔓延。而且，
越来越多的互联网电器将成为目标：洗碗机、智能门铃和汽车。

随着时间的推移，术语的含义发生了变化。威胁不断演变。如果不了解这些变化，
我们就可能因为关注过时的威胁而完全错过新的威胁。

这种演变还在继续。今天有效的防御措施明天可能就不起作用了。这就是为什么
安全不是一套做了就忘的事情；相反，网络安全是一项持续的活动，需要随着时间和
环境的变化而调整与改变。

2.5　误区：网络是静态的

对于一个组织来说，拥有网络"地图"很常见。这些地图以 Visio 图表、Excel 电
子表格甚至纸质形式存在。你认为现有的地图有多准确？无论答案是什么，你的地图
都有不正确的可能性。原因有很多，其中一个重要原因是网络很少是静态的。

把网络图想象成洛杉矶的老式纸质地图。[2]这张地图可以让人们在城市中找到目的
地及浏览这个城市，但它只是印刷当时的城市快照。新的道路和建筑不断出现、临时
关闭和中断。在 GPS 和数字地图出现之前，警方和消防部门的反应速度较慢，效率很
低。同样，网络地图是某个时间点的快照，稍后可能会不准确。现在几乎每个网络都
有无线组件。网络图可能会显示接入点(AP)，但实际连接的设备一直在变化。人们拿

1　1990 年的艾滋病电脑病毒。请参阅[8]。

2　对于只知道在线地图的年轻读者，可以使用搜索引擎查找一些图片。

着手机和平板电脑四处走动，吃午饭，或在建筑物之间移动，不断从网络上断开或者重新加入。虚拟机被启动或停止，每个虚拟机都作为一个实体出现在网络上，虚拟专用网络(VPN)创建通往远程前沿的虚拟隧道。[1]

现代云环境在设计上也是动态的，这是关键特性之一。随着工作负载的增加，虚拟机和其他资源也在增加；当需求下降时，这些资源会被注销。这是一个强大而有用的功能，但结果是网络地图不断变化。如果不谨慎管理，也可能对安全构成挑战。

错误地认为网络是静态的，这是有问题的。最大的问题是，导致了对风险的错误理解。所有网络通信都安全地通过了防火墙吗？当员工将工作用的笔记本电脑绑在个人热点上一个小时会发生什么？为保护计算机精心设计的防火墙规则和策略就会消失。

可以对网络进行检测并对变化做出响应。网络设置要求用户和设备进行身份验证，如使用验证过的数字证书或 MAC 地址。所有其他用户和设备都被阻止或被严格限制访问。或者，一家咖啡店，如图 2.1 所示，有用户动态进出网络，店家应当了解风险并采取适当的缓解措施。

图 2.1　现代网络是动态的

误区：你了解你的皇冠且知道它在哪里

2016 年，一名黑客站在台上说："我们投入时间来了解这个网络，我们比设计它的人和保护它的人更了解它。"后来，他继续说道，"……你知道你打算在该网络中使用的技术，我们知道在该网络中实际使用的技术。两种说法存在微妙的区别，你明白

了吗？你知道你想使用什么；我们知道里面实际使用的是什么。"[1]他不是普通的黑客。当时，Rob Joyce 是美国国家安全局精英黑客办公室 Tailored Access Operations 的负责人。

在静态和动态网络中，即使是网络所有者也可能不知道关键的服务器或重要的网络链路！这种情况会随着时间的推移而发生，原因有很多。其中一个是网络的复杂性，尤其是随着时间的推移，网络不断扩张。我们可能忘记了每台计算机的用途，只有在关闭它后才意识到它具有一些关键功能。我们都不知道自己拥有皇冠上的一颗宝石。

良好的安全需要大量的文档、持续的网络映射和对使用中的协议的定期监控。我们不应该处于这样一种情况：潜在的攻击者比我们更准确地了解我们的网络信息！

2.6　误区：电子邮件是个人隐私

网络安全专家喜欢提醒公众：电子邮件是不安全的。毕竟，传统的电子邮件是以明文传输的；如果有机会接触到传输中的电子邮件，任何人都可以阅读。我们不知道这种侵犯隐私的行为在现实中发生的频率，但一些雇主和服务提供商会阅读我们的电子邮件。有时是为了调试，有时是因为法律原因，有时是因为他们喜欢八卦。那么，为什么会有电子邮件是个人隐私的误解呢？

普通大众通常对电子邮件有保护隐私的期望。或至少，他们认为存在隐私被侵犯的潜在风险。也许是因为纸质邮件让他们感觉是个人隐私，也许因为电子邮件的名字里有"邮件"两个字。在美国，这种行为与第三方法律原则相抵触。[2]基于这一先例，当某人自愿向第三方提供信息时，他们就放弃了合理的隐私保护期望。当把电子邮件交给 ISP 时，这也是一样的。但是，当我们通过电子邮件发送私人或敏感的信息和文件时，我们不会在餐馆里大声说出来。

即使是那些确实认识到电子邮件漏洞的人也误解了解决方案。例如，在美国，人们认为 HIPAA 规定了保护包含医疗信息的电子邮件的隐私。实际上，HIPAA 要求医疗服务提供者与病人沟通时要有"合理的保障措施"。[3]HIPAA 并不禁止电子邮件，也没有明确要求加密。有些医疗机构要求患者签署同意书，承认患者了解通过电子邮件进行沟通的风险。无论患者是否真正理解这意味着什么，大多数人都是为了方便而签字；然而，一些医疗服务提供商也在寻求"安全电子邮件"的解决方案。加密电子邮件仍然很麻烦，在医疗卫生领域中极不常见。[4]更常见的是，医生和患者通过门户网站共享记录和消息，这些信息可以通过网络加密协议在互联网上进行加密传输。

1　见[9]。

2　参见 1979 年 Smith 起诉 Maryland 案，最高法院在该案中指出："法院一贯认为，个人对他自愿交给第三方的信息没有合法的隐私保护。"

3　法案具体规定了覆盖的主体，不仅是医生。参见《美国联邦法规》(CFR) 第 45 卷第 160.103 节。

4　1999 年关于加密挑战的一个重要结果今天仍然具有现实意义。参见 Whitten、Alma 和 Tygar 所写的"Why Johnny cannot Encrypt: A Usability Evaluation of PGP 5.0"。

如今，电子邮件在传输过程中越来越安全，通常通过邮件服务器和客户端之间的加密链路发送。传统的 IMAP(互联网消息访问协议)和 POP(邮局协议)现在通常在传输过程中使用 SSL(安全套接字层)或 TLS(传输层安全)进行保护。是否应该信任所有处理邮件的邮件服务器是另外一个问题，在此不做讨论。

电子邮件的传输并不是唯一令人担忧的原因。如果访问凭据被泄露，或者 ISP 的运营人员怀有恶意，电子邮件可能在邮件服务器上"静止"时(而不是在互联网上"传输"时)被读取。根据《电子通信隐私法》(ECPA)，对此类访问有限制，但这得不到保障，也不适用于美国以外的地区。

诸如"电子邮件不安全"和"电子邮件安全"之类的说法都过于笼统，容易被误解。首先，很少有关于电子邮件在互联网上传播时对隐私的风险和威胁程度的报告。然而，很清楚的是，互联网服务提供商有能力和动机在互联网上查看流量。其次，电子邮件服务提供商对电子邮件隐私的威胁比陌生人要大得多。除了少数例外，这些提供商可以阅读我们的电子邮件。谷歌、微软以及我们为之工作的组织都是如此。法律或合同原因可能会限制他们是否(以及何时)查看电子邮件，但我们永远不知道这些是否在 100%的时间内得到了遵循。

2.7 误区：加密货币无法追踪

在过去十年里，人们对通过互联网表示和交换价值的机制越来越感兴趣。开发出机制，使用密码学作为定义和保护这些交易的基础。这些机制统称加密货币，许多人将其简称为"crypto"，这经常让那些用此来称呼密码学的人感到恼火。

加密货币之所以受到拥护，是因为大多数形式的加密货币都允许在不受政府干预和监督的情况下进行价值交换，具有一定程度的匿名性。一些隐私保护的倡导者和大多数网络犯罪分子认为这是一个增值项。然而，缺乏政府支持也意味着缺乏保护，随着各种加密货币计划的失败，出现了许多引人注目的欺诈、盗窃和损失。尽管出现了损失，一些专家也警告说加密货币是不可持续的，[1]但它们仍然越来越受欢迎。特别是，错误地认为政府缺乏可见性和控制，使加密货币成为勒索软件案件中首选的赎金支付形式。

在一次勒索软件攻击使 Colonial Pipeline 的所有运营停止 30 天后，美国司法部宣布已追回 63.7 个比特币(当时价值约 230 万美元)的赎金。政府没有透露是如何获得必要的私钥的。比特币是伪匿名的，而且绝对可以追踪。

匿名性和可追溯性是相关但不同的属性。例如，对于比特币，即使无法确定具体的身份，也可以很容易地追踪到交易行为。此外，在使用 TOR 这样的匿名网络时，身份可能是公开的，但无法追踪。匿名系统会产生无法追踪的副作用，但反过来，如果

---

1 参见[10]以获得对这一观点的清晰解释。许多专家建议谨慎行事[11]。考虑到加密货币系统要像预期的那样工作，需要编写一套复杂的代码，并在所有条件下完美地运行；我们并不乐观地认为这是可实现的。

有人能追踪到我们，我们就不能成为匿名者。

的确，使用比特币，可以在不透露身份的情况下创建加密地址；然而，交易系统设计成每一笔比特币交易都可以进行追踪。区块链的关键特征是一个公共账本，交易记录也是永久性的。如果地址曾经关联到人，那么每一笔交易都将是公开的。如果你认为比特币是匿名的，只需要访问比特币公司的网站消除你的误解。该网站宣称："所有比特币交易都是公开的、可追踪的，并永久存储在比特币网络中。"[1]

其他承诺匿名的加密货币呢？

看看交易所的情况。大多数人通过交易所进行传统货币和加密货币之间的交易。这些交易所需要的客户身份证明，就是在世界各地的金融法规中很常见的知悉客户协议(know your-customer，KYC)。当执法部门想要追踪加密交易时，可以使用传票等法律程序从交易所获取信息。

在线隐私保护不仅是技术，也是操作安全(OPSEC)。也就是说，其他人可以看到某人说的和做的事情对其安全和隐私起作用。这不仅适用于加密货币，而且适用于所有领域。一般来说，人们(尤其是犯罪分子)并不像他们想象的那样擅长 OPSEC。

2.8 误区：一切都可以用区块链来解决

这个误区是"某技术会让你安全"的误区的变种，之前在第 1 章中讨论过。我们将在这里讨论这个已经成为分布式系统时尚的误区。

区块链是一种依赖密码学的分布式账本系统。向账本添加条目需要某种形式的共识和证明，而且条目永远不能被删除。一般来说，区块链是去中心化的，并由社区支持。区块链被用来支持大多数加密货币。

作为科学家，我们欣赏区块链的一些基础理论，看到了一些精巧地应用区块链理论的论文；然而，我们也对区块链被推广使用的狂热感到震惊。实际应用中，带有变更跟踪(审计)和访问控制的集中式数据库将比区块链的实施速度更快、维护更简单、管理更容易。区块链非常适合多个独立参与者相互不信任或没有可信任的中央管理机构的环境，并且需要可见、不可更改的写入记录。这种应用范围很小。

此外，扩展和验证区块链所涉及的计算成本很高，而且对环境不友好(因为耗费了大量能源)。错误和陈旧的数据会随着时间的推移而积累，没有合理的方法来清理(区块链数据是永久的)。优秀数据库(DB)具有锁定、更改审核、可控可见，以及根据需要清理和更正条目的能力。如果在封闭环境中或由受信任方(根据声誉、法规或合同)运营，数据库将作为可验证的记录。使用 Merkel 散列树的数据库也可以用于实施完整性，而无需分布式一致性计算的开销。

区块链获得了如此多的关注，部分原因是新颖性和在加密货币机制中的应用。然而，对环境的影响和在各种犯罪活动中的使用证明区块链在加密货币中的应用是一

---

1 见[12]。

个糟糕的想法。此外，还导致了诸如不可伪造代币(Non-fungible Tokens，NFT)的无稽之谈(本书不打算深入讨论为什么这些东西已经属于愚蠢的范畴，进入了庞氏骗局的领域)。

2.9 误区：互联网就像一座冰山

关于暗网和深网，存在相当多的误导和混淆。媒体和营销人员有时会把互联网描绘成一座冰山，谷歌和网飞等网站都在水面上。这张图旨在表明，这些网站是任何人都可以在线看到和访问的。如果在浏览器地址栏输入 www.google.com，就会打开谷歌的首页。像这样的网站是可见网络的一部分：冰山的水面以上部分。

互联网在水下的巨大部分被描述为深网。当然，很多互联网连接的内容没有直接索引，普通用户(或网络爬虫)也无法直接访问。例如，银行账户信息可能在网络上，但要访问它，需要知道账号和密码(至少)。因此，这些内容对普通用户来说是看不见的，但如果有人掌握了正确的信息，就可以找到。除了确实存在这一事实之外，深网并不那么有趣。而且并不比可见的网络更危险，虽然冰山的水下部分是危险的。

暗网是深网的一小部分，更神秘。当连接到互联网时，需要特殊的软件来访问暗网内容。如果没有这种类型的软件，人们就无法访问其内容。大多数人估计，与互联网的总规模相比，暗网的规模很小，可能只有 0.01%或更低。

把互联网描绘成冰山是有误导性的。这种描述意味着，由于信息无法直接访问，因此它是危险的或有威胁的。也许互联网上90%或更多的数据被隐藏在公众视野之外，但这在很大程度上有利于安全和隐私保护。

2.10 误区：VPN 让你匿名

只有一个暗网，但存在许多 VPN 工具和供应商。人们使用 VPN 来规避审查和受地理位置限制的内容。两者都对客户端的 IP 地址进行匿名化，并对流量进行加密。

VPN 之所以常见，主要有两个原因。一种是远程建立与组织网络的加密连接。例如，许多员工在家工作时都会这样做。另一种用途是在不受信任的网络或具有未知属性的网络(如公共 Wi-Fi)中增加安全性，并避免 ISP 的监控。如果在离家时进行连接，比如在机场咖啡店，这很有用。在这两种情况下，VPN 都会建立到服务器的虚拟隧道。

VPN 是不受信任网络的解决措施。不受信任的网络可能会侵犯隐私或安全，或者两者兼而有之。在"虚拟专用网络"这个术语中，认为隐私就等于匿名并不过分。在最佳的情况下，VPN 会隐藏原始 IP 地址。根据在线活动和对手的能力，仅凭 VPN 并不能保证匿名。

想象一下，CyberMyths.net 的管理员查看他们的服务器日志。如果你通过 VPN 访问网站，则日志条目显示来自 VPN 供应商(而不是你的计算机)的请求。然而，精明的调查人员和执法部门可以向 VPN 供应请求日志，以拼凑出你访问 CyberMyths.net 的同时访问了 VPN——假设供应商保存了此类日志。许多供应商声称为了保护隐私，他们没有这样做。

假定你很关注 OPSEC，那么 VPN 使观察员或网站管理员更难发现你是实际访问者。实际上，通过 VPN 发送的信息可能会在终点显示身份，或显示使用 VPN 访问网站的模式。一位坚定的调查员如果能获得足够多的正确数据，可能会对连接的人做出极其准确的猜测。

很难量化 VPN 连接的匿名程度，但不应假设是默认完全匿名的。某个免费的 VPN 意外地让公众可以访问超过 18GB 的日志，暴露了使用它的用户。[1]所以建议不要相信 VPN 可以让你保持完全匿名，尽管 VPN 有保护你的内容免受窃听和操纵的能力。

2.11　误区：有防火墙就足够了

有了防火墙，那么网络就受到了保护。这是十多年前的误解，但遗憾的是，现在一些管理人员仍然相信这一点。防火墙几乎是网络安全方案中必不可少的重要组成部分，但也需要配合使用其他安全措施。

防火墙是位于通信路径中间的硬件或软件，例如计算机和 Internet 之间的通信路径。防火墙监视网络流量，根据安全规则允许或阻止数据。有线调制解调器和家庭路由器通常也启用了防火墙功能(可能使用默认配置)。计算机可能在操作系统中内置了防火墙软件。公司通常有专用防火墙设备。复杂的网络也在内部使用防火墙，例如控制到文件服务器或员工数据库的流量。

为公司偏远的办公楼设计安全性，可以安装一道带电的栅栏，把窃贼和破坏者挡在外面；然而，如果这是唯一的安全机制，那么防御水平就很低。如果有人在围栏下找到一个地道，会发生什么？当有人拿着大门的钥匙进来后忘记锁上大门，或者故意打开大门让同伙进入，该怎么办？那个送外卖的美团小哥呢？他们需要以某种方式进入，或者至少让外卖进入。当电源因雷暴或松鼠的随机活动而断电时会发生什么？[2]如图 2.2 所示，有许多方法可以突破安全设施，包括防火墙！

Bill Cheswick 是防火墙设计的先驱之一，他曾将防火墙描述为“外表松脆，中心柔软有嚼劲”。也就是说，防火墙表面坚硬很难通过，但无法提供内部保护。缺陷、错误配置、恶意内部人员、供应链插入、网络钓鱼和其他攻击途径都可能导致防火墙无法阻止外部的恶意活动。

1　见[13]。

2　见[14]。

图 2.2　突破防火墙

　　防火墙内部必须有适当的保护措施，以检测和防止不当活动；这些措施包括入侵检测、完整性监控、恶意软件检测和敏感信息加密。这就是当前流行语"零信任"的起源。[1]

　　对防火墙的依赖与误解，让人们错误地认为存在可防御的边界。电子邮件、网络服务和用户发起的流量可以穿越这条虚拟边界，用户的 VPN 和无线连接也可穿越边界。

　　由于无线连接和便携式电脑的存在，大多数超过一定规模的网络不再有定义的边界可以防御。这是否意味着防火墙毫无用处？一点也不！这意味着防火墙仍然有助于调节和监控流量，但所有各种形式的流量都必须通过防火墙进行路由。

　　此外，另一个相关的误区是只需要一个防火墙。这通常是错误的，在规模更大的网络中尤其如此。一个通过防火墙与"外部"分离的"内部"网络的安全架构，最好由一组独立的"岛屿"或"围墙花园"网络组成，这些网络通过自己的防火墙与其他网络分离。这些岛屿中的每一个都有自己的访问控制规则、独立的监控和差异化的访

---

　　1 关于零信任的更多信息，请参阅附录 A。

问控制(所有"岛屿"都没有通用密码)。这些网络的每一个子集都根据为本地使用而优化的策略进行配置和控制。因此，会计部门与运输部门是分开的，而运输部门又与开发部门分开。每一个部门都有一套适当的策略和独立的控制；一个"岛屿"被破坏后，不会使所有其他部门出现一连串的故障。

但是，即使在最好的情况下，关键是要明白，防火墙只是一层防御，类似于围墙只是建筑物周围的一层保护。它只能帮助防止从"外部"进入"内部"。

第 II 部分

人的问题

第 3 章

↗↗

错误的假设和神奇的思维

最具破坏力的一句话是："我们一直都是这样做的！"
——Grace Hopper

许多音乐剧和电影中的童话故事都以"我想要"或"我希望"开头，主角唱出美好愿望，然后引发了一个幸福的故事。Ariel 在迪士尼的《小美人鱼》中唱道："我想过人类的生活"。Stephen Sondheim 的《魔法黑森林》中的灰姑娘 Cinderella 唱道："我想去参加盛大的节日舞会"。在这些故事中，魔法的美妙和满足在于实现主角的梦想。

梦想和目标是人们创新的基础和动力。突破极限的好奇心吸引了许多人进入技术领域。Tim Berners-Lee 在创建万维网(World Wide Web，WWW)之前曾说过：我希望能有一种自动的方式在科学家之间共享信息。

梦想是有动力的，但幻想可能是危险的。在网络空间安全领域，对现实世界做出假设时，一厢情愿的想法会导致开发人员和研究人员误入歧途，并产生失败的结果。Web 开发人员不能假设每个用户都使用 Firefox 浏览器。如果这样做，网站在其他浏览器上的外观和功能可能都无法达到预期的效果。必须依据数据和证据做出明智决定，取得更成功的结果。

本章讲述了在网络空间安全中基于糟糕或不正确的假设而犯下的 18 个错误，这些假设通常缺乏证据支持；例如，假设用户真的知道如何识别网络钓鱼电子邮件。这是一种神奇的思维。[1]错误的假设导致决策基础的错误。

本书无法涵盖网络安全中的每一个错误假设，需要小心避免本书没有提及的假设。希望以下内容能对你有所帮助。

---

1 请访问[1]及其前言中的相关讨论。

3.1　误区：人会理性行事，所以责任在用户！

行为经济学致力于重新评估古典经济学的错误：人很复杂，并不总是理性行事。理性行为是指在给定成本的情况下做出最大化收益的决策。理性用户绝对不会选择"123456"作为电子邮件密码，因为采用强密码保护电子邮件的好处超过了所需成本。[1]

网络安全中有许多不同的角色，有开发人员和工程师，有网络管理员和安全人员，有教育工作者，有事件响应者，有敌人，当然也有最终用户。群体的目标、需求和安全理解也是多样化的。科学家可能重视开放合作，而人力资源专家关注的是需要保密的个人信息。

心理学中许多关于人类行为驱动因素的理论超出了本书的范围。事实上，大多数人的行为都不是随机的。如果你想了解更多这方面的背景，推荐 Daniel Kahneman 的书《思考，快与慢》。Kahneman 等人发现并证明，由于各种原因，人们不会做出"最佳"选择。这给网络安全专业人士带来了巨大挫败感。为什么人们在知道这很危险的情况下仍不断单击电子邮件中的链接？人类进化是为了避免真实世界的危险，但在互联网上识别危险更加复杂和困难。如果网络钓鱼攻击在文艺复兴时期就已经存在，那么它可能类似于图 3.1！

图 3.1　网络钓鱼攻击在文艺复兴时期会是什么样子

这个误区的必然结果是推卸责任。这在网络安全事件中尤其常见。许多事件都是从用户单击链接、打开附件或选择糟糕的密码开始的。这些简单的操作可能引发一连串事件，导致公司在数据和工作方面损失大量金钱。所以，都怪用户！都是他们的错！

1　从技术角度看，让用户了解风险是不合理的。如果用户察觉不到，那么可能是一个合理的决定。

如果不是他们的行为，这一切都不会发生。或者，正如漫画 Scooby-Doo 中常提到的：如果不是那些爱管闲事的孩子，这一切都会奏效！当然，指责用户的不当行为并不能阻止其他人做同样的事情。

指责无助于实现网络安全目标。首先，追查责任人对处理事件毫无帮助。指出财务部某人是问题的根源可能让管理层感觉比较好，但问题仍然存在。指着房间里的老虎说"是罗宾把老虎放进来的"可能是准确的，但问题是老虎还在房间里，如图 3.2 所示，把它赶走应是当务之急。

图 3.2　当威胁还在房间里时，就指责用户

别指责实习生

人类总有一种将坏事情归咎于他人的倾向。正如一些人病态地说，"必须有人背锅"。网络安全是为了预防伤害，因此，当事件发生时，寻求某人或某事为此负责是很常见的。例如，2021 年 SolarWinds 事件发生后不久，一位高管公开指责一名实习生选择了弱密码。这样做既无用，也不合适，还可能是不准确的。

更重要的是，为什么实习生在做出这样的决定时没有得到更好的指导和监督？这不仅给管理流程留了隐患，而且不太可能有助于未来的招聘。

其次，应该优先考虑环境中允许采取行动的部分。如果用户选择了糟糕的密码，为什么允许使用该密码？用户应该受到现有安全系统的约束，不能随机选择糟糕的密码；之所以这样选择，是因为系统允许这样做，而且大概率是因为他们不了解潜在的

后果。不应该允许用户选择 password 这样的密码。这是系统的问题导致的。用户应该
知道选择更好的密码。不能假设他们在没有经过教育的情况下知道为什么要选择强密
码，也不能假设他们受过安全意识培训后一定会使用强密码。糟糕的密码很容易记住。
还有一个事实是，系统允许他们选择糟糕的密码。

误区：指责程序员！

程序员编写代码，而代码存在漏洞，所以程序员应该受到谴责。这是一个很好的
逻辑链，当出现问题时指责程序员。然而，这并不正确。

这不是 Agatha Christie 的推理小说，也不是谋杀推理游戏"线索"(Clue)，在游
戏中，谋杀可以与一个人和武器联系在一起。软件开发人员不是在真空中工作；他们
使用工具工作。C 语言程序员使用 C 语言编译器；Python 开发人员使用 Python 编译
器。他们通常使用现有的标准编译器，而不会创建新的编译器。

代码可以从编译器继承漏洞。[1]程序员可以正确地编码，但代码仍然被植入漏洞，
漏洞的存在不是编码造成的。Java 的某些版本存在漏洞，即使是空白证书也会被接受
为有效证书。[2]程序指出"这就是你要找的证书"，然后就接受并继续运行下去，而我
们永远不会知道出了什么问题。

UNIX 操作系统的最初设计者之一 Ken Thompson 展示了在 C 语言编译器中找到
"登录"命令，并悄悄地更改成可以接受任何密码是多么容易的一件事情。[3]任何使用
此编译器编译的程序都会具有此功能，程序员不会察觉。他甚至进行了伪装编码，以
便在检查中隐藏编译器的变化。

指责可能让人感觉较好但并不能解决根本问题。

但这并不意味着程序员没有犯错。适当的方法不是指责，而是找到根本原因并采
取措施防止同类问题再次发生。因为缺乏培训？缺乏规范？数据库有故障？生产计划
过于激进？缺乏适当的验证流程？甚至都有可能或者更多！与其把责任归咎于试图完
成任务的人，不如调查根本原因并寻求解决办法。即使会追溯到员工不称职，这也表
明至少要修正筛选和招聘流程。

也许是用户单击了网络钓鱼链接或下载了恶意文档。再次强调，指责用户是推卸
责任最简单的办法。我们是否教育过用户要注意什么？是否有系统让他们报告恶意文
档？众所周知，用户会说："对，我知道这可能是恶意的，但我必须确认一下。"如果
系统已经到位，但用户仍然单击链接或下载文档，那么是时候教育用户了。

公司经常从第三方发送供应商文件，或者发送看起来像网络钓鱼的电子邮件。即
使对用户进行了良好的安全意识培训，也可能发现用户没有做应该做的事情，或者用
户感到困惑，因为培训时说"不要打开附件！"然而私底下却说"是的，可以打开附件。"

1　见[2]和[3]。

2　见[4]。

3　见[5]。

此外，并不是每个人都有相同的知识基础。人们的行为可能是合理的，但这只是相对于他们的理解而言。作为专家，网络安全专业人员拥有专业知识，应设身处地为普通人着想。

指责用户很容易但这并不能解决任何问题，只会突显出有问题需要解决。这可能意味着培训或系统的限制规则允许用户违反适当的程序。

避免这种误区的建议很简单：永远不要认为人们知道或会做出最佳选择。此外，将此归咎于他们是不公平的。这是人的本性。重复一遍：不要不假思索地指责用户。

请注意，这里说的是"不假思索"。这是因为在某些情况下，指责某人或追究某人的责任是合适的。如果有人不称职、藐视规则、醉酒上班、犯罪或浪费组织资源，宽恕可能不是恰当的回应。某些情况下，做出一些努力来帮助负责任的人会使组织和相关人员受益：培训、咨询、指派导师等。这是一个背景和资源问题。例如，一些组织对某些行为有"三连击"规则：第一次警告，第二次违规下岗再培训，第三次违规开除。记住，每个人都会犯错。策略也需要有相应的调整规则。

群体智慧在网络安全中的利弊

在讨论"人会理性行事"的误区时，主要从个人决策的角度出发。那么群体的智慧呢？

想象一下工作场所常见的两个问题：①这个文件是恶意软件吗？②新项目应该使用什么编程语言？一个显示了共识的好处，另一个则显示了相反的情况。

2004 年，James Surowiecki 出版了一本著名的书，名为《群体的智慧》，提出为什么多数人比少数人聪明，以及集体智慧如何塑造商业、经济、社会和国家。[1]这个想法可以追溯到数千年前的亚里士多德。这也与民主的概念有关。

在判断力问题上，比如判断文件是否是恶意软件，群体智慧比个人做得更好。网络安全的典型案例是恶意软件识别。如果有 5000 人下载了一个文件，却没有发生什么可怕的事情，这就提供了比一两台机器上的观察结果更高的可信度。反病毒产品公司正是采用这种方法，使用来自计算机"人群"的数据寻求共识。这种方法也被应用于评估域名和 URL 的声誉。

相反，为新项目选择编程语言并不是一个判断问题。典型的项目经理会问"程序员擅长什么语言"或者"最流行的编程语言是什么"，群体的智慧对解决这些问题没有任何好处。C++或 Java 可能比 Rust 或 Go 更为人所知，但这并不意味着所谓的"人群"会带来最佳选择。请不要因为这种语言是最新、最酷的发明而选择。相反，应该选择最适合解决问题的语言。

此外，请参阅第 5 章中的社会偏见证明的讨论。群体智慧应该指导基于事实的决策，但绝不应该取代深思熟虑、知情达理的思考。

---

1 见[6]。

奇怪的是，人们常常对理性的对手做出错误的假设。每一次袭击的背后都有人支持，至少是间接支持。数据包不会无缘无故地神奇出现，这些数据包的发送者是有动机的。不应该假定对手会像我们一样思考，有相同的价值观，或者做出合乎逻辑的决定。

人们经常根据自己的意愿做出决定，因为认为自己是理性的人。每个人做事都有自己的理由，其中一些在别人看来不合理，但对自己来说是完全合理的。请牢记这一观点。

3.2　误区：人们知道关于网络安全问题所需要知道的一切

引用伟大的 Arthur C. Clarke 的话："存在两种可能性：要么我们在宇宙中是孤独的，要么我们不是。两者同样可怕。"

错误是由信息的缺乏和人类处理信息的能力有限造成的。

人们不知道有多少恶意软件存在，也不知道存在哪些类型的恶意软件。恶意软件经常无法被扫描发现，因为不知道，所以无法检测到(例如 APT)。有案例表明，在恶意软件被发现之前，已经在系统中存在了多年。而这仅仅是人们能发现的！

简而言之，存在很多关于恶意软件的信息缺失。对于存在的缺陷也是如此。包括一些尚未编写好的软件，我们不知道软件中的所有缺陷和相互作用。在网络安全的所有领域也是如此：信息缺失，坏人在耍花招；他们当然不会打电话告诉我们他们在做什么，而我们正在处理可能有缺陷的计算组件。我们只知道已发现了什么。用 Donald Rumsfeld 的话说，网络安全中存在已知的未知和未知的未知。

例如，勒索软件在被触发时就会显示出来。它不像隐蔽的 APT；这是一种高调的攻击，让受害者知道他们被击中，以便他们支付赎金。然而，除非每个受害者都大声说出来并展示针对他们的恶意软件，否则当涉及勒索软件时，人们仍然处于不确定的境地。对于勒索软件，人们不知道自己不知道什么，甚至不确定自己知道什么。

如果试图评估 APT 可能使组织机构损失多少钱，这是在黑暗中摸索。假设知道 APT 在系统中存在了多长时间，有多少个实例，以及它窃取了(或可能窃取了)什么信息。那最好的情况是：它在那里待了 10 分钟，然后被抓时却什么也没偷，而且只有一个实例。而最坏的情况是：它存在多年，入侵了整个网络，并破坏了可以访问的一切，包括所有的备份。当然，从商业角度看，人们总是想知道应该把成本用于哪里。是否将其列入 APT 预算？哪个部门为此买单？预算应该有多少用在这里？

换句话说，估计的范围很大，可以是从零到公司信息总价值之间的任何值。考虑到范围如此之大，如何选择最佳估计值？

最好的解决方案是寻求额外的数据，而不是假设。如果需要猜测，最好选择最坏的情况，而不是最好的情况；令人愉快的惊喜总比粗暴的震惊好。

3.3　误区：合规等于(完整)安全

合规是用于确保信息保护的一种方法。创建合规规则是为了设定可以衡量和执行的最低安全标准，同时可以对不合规行为进行处罚。HIPAA 是美国医疗保健信息的合规标准。GDPR 是针对居住在欧盟的居民个人信息的法律框架。支付卡行业数据安全标准(PCI DSS)是信用卡处理点的合规标准。从外部审计到自检自查都遵守这些标准的范围，自查报告可以是非常准确的。

如果公司的安全薄弱或缺乏安全，那么遵守这些框架之一是一种提升。遗憾的是，如果人们在达成最低限度的要求后，认为已足够安全，那么合规并不等同于足够的保护。充其量，当组织机构完全合规时，合规证明已经达到了规则的最低标准。有很多组织完全遵守了这些规则，但仍然不够安全，成为网络攻击的受害者。合规只是将标准提高了一点。

类比一下在高速公路上开车，假设有投保车险、持有有效驾照、系好安全带和遵守限速规定的合规规则，那么发生伤害性事故的可能性比在没有系安全带的情况下以100 公里/小时的速度超速行驶要小。然而，无论是遵守其中一条还是遵守全部合规规则，都不能保护我们在事故中免受伤害。

网络安全合规也是一样。自 2019 年以来，远程会议应用 Zoom for Government 一直符合美国联邦风险和授权管理计划(FedRAMP)。[1]该供应商遵循了政府定义的云服务安全控制措施，并通过了认证。2020 年新冠病毒大流行期间，Zoom 的使用和销售额飙升至历史最高水平。黑客和安全研究人员也注意到了，并在 Zoom 中发现了以前未知的安全漏洞，例如 CitizenLab 发现 Zoom 的加密强度低于广告宣传的强度。[2]

在一项研究中，专家们审计了联邦税务信息、信用卡交易和电网的合规标准。[3]他们发现了 148 个不同严重程度的问题，包括不可执行的控制措施和标准缺失的数据漏洞。例如，CIP 007-6 指出，管理员应该"在技术可行的情况下，制定强制交互式用户访问时执行身份验证的方法。"[4] "技术可行"定义不明确，因此实体可能在访问时，在没有经过安全身份验证的情况下合规。该研究的作者总结道："合规有助于实现保护个人或组织目标和资产的最终目标，但这是不够的[5]。我们建议所有组织机构对遵循的合规标准进行审计，以确定与具体要求的差距，并制定相应的提升策略。"

1.2.1 节中讨论了微软是如何实现其 Windows NT 系统的 C2 安全评级的，同时，安全研究人员表明这是不安全的。安全评级是"符合这个标准"的基本集合，而不是宣布它是安全的。误解这样的差异会给人虚假的安全感，这种安全感很快就会被安全事件带来的恐惧所取代。合规并不是保证，将其视为一种保证是错误的。

1　见[7]。

2　Zoom 注意到了这一点，随后进行了相关更新。

3　见[8]。

4　见[9]。

5　见[10]。

Joel S. Birnbaum 在担任惠普高级副总裁时认为"标准本身并不是目标，而是创新的起点"。安全合规标准尤其如此。

3.4　误区：身份验证提供了机密性

几乎所有的大学、餐厅、图书馆和相关设施都提供无线网络连接。最近一位大学职员向学校的 IT 安全团队提出了他的担忧。学生、教师和职工必须输入用户名和密码才能访问 Wi-Fi，但无线网络却没有加密。使用者认为身份验证不仅是为了访问控制，也是为了网络安全。表面上使用者的浏览行为是安全的，而事实并非如此。这位职员向 IT 主管证明，他可以很容易地窃取学生在用餐区的对话和交易。

登录无线网络通常需要密码。这种安全行为让使用者觉得后续操作应该受到保护和获得机密性。就如同使用钥匙进入家中，钥匙证明使用者有权进入，因此他们在家里感到安全。但身份验证(门和钥匙)与机密性完全不同。身份验证更像是站在户外啤酒花园私人聚会门口的保镖，仍然可以看到人们在里面做什么。

假设身份验证意味着机密性，这就混淆了两个概念：一个是访问，另一个是隐私。身份验证并不是机密性。可以同时具有身份验证和机密性，但不等于两者合一。如果不能确定使用哪一种，那么使用 VPN 是非常有意义的。

需要说明的是，身份验证与身份授权属于不同的名词。身份验证只是为了获得足够的信任，即所声明的身份与所声明的实体匹配。而授权是对通过验证的身份授予权限。[1]

3.5　误区：既然永远都不安全，我为什么要烦恼？

有些人承认存在网络风险，但无法管理。他们哀叹："道高一尺，魔高一丈。永远赢不了安全游戏，为什么还要努力呢？"这种愤世嫉俗的误解影响了普通用户，导致他们可能不理解安全的积极作用。也影响了那些了解自己所面临问题的专家们。越是了解这种情况的严重程度，可能就越感到绝望。在心理学中，这被称为"习得性无助"，会在经历了多次无法控制的坏事情(如受到持续不断的网络攻击)后表现出来。[2]因为我们有他们想要的有价值东西，坏人会永远试图攻击。威胁一直存在。

尽管如此，安全并非没有希望。必须坚持不懈地降低攻击带来的风险。正如所讨论的那样，安全性并不是一个要么全有要么全无的二选一命题。还记得吗？风险管理是一种概率。当行人走在人行道上，都有被绊倒或被公交车撞到的风险，所以行人每

---

1 关于更完整的描述，请参见[11]。

2 见[12]。

次都必须保持适当的谨慎。在人行道走路永远不可能完全安全，但这并不意味着我们应该粗心大意或鲁莽行事。

1965 年，美国政治家和消费者权益倡导者拉尔夫·纳德(Ralph Nader)出版了《任何速度都不安全：美国汽车的危险设计》一书，该书开创了安全带、安全气囊和防抱死刹车的新时代。纳德指出，撞车是不可避免的，但死亡并非如此。这个比喻很贴切：网络威胁是不可避免的，但不可妥协。

2021 年，在 Microsoft Exchange Server 中发现了四个零日漏洞。全球有很多服务器受到高级持续威胁(APT)的危害。安全团队该怎么办？补丁！尽快打补丁！打补丁能让邮件服务器不受入侵吗？当然不是。但经过修补的服务器不容易受到已知漏洞的攻击。补丁并不完美，但可以堵住漏洞。回想一下第 1 章的 1.1 节，根据安全的定义，这句话的前提条件是正确的：我们可能永远不会安全。不过，这并不意味着不应该去尝试。失败主义不是答案。如果采取了适当的预防措施，虽然不会完全安全，但我们也可能不会成为受害者。这就已经是胜利了。

如果你仍然感到绝望，请跳过并阅读最后一章！

3.6   误区：我太渺小/不重要，不会成为目标

当前普遍存在的误解是："我太弱小甚至微不足道，不会成为受害者。"这个误解很常见。在 2016 年一项关于用户从哪里获得安全建议的研究中，参与调查者觉得他们自身的风险很低。[1]一名参与者说他手机没有密码，因为"我觉得我的手机里没有什么有趣的东西。"

这种天真的乐观主义源于两个根本性错误。首先，假设个人和小公司没有任何价值。无论何种规模的公司都有资产，从网络声誉到 PC 或服务器。攻击者可能销毁或扣留公司关心的数据或系统以勒索赎金，从而给公司造成损失。公司网络可能被利用作为发动更多攻击的跳板。个人情况也类似。网络安全能够帮助管理这些风险。

请记住，对我们自己和攻击者而言，资产的价值并不相同。对偷猎者来说，稀有的白犀牛角的价值远高于犀牛对动物园的价值。[2]恶意攻击者的动机通常与受害者不同。我们并非都是间谍活动的重要目标，但都是攻击者获取经济利益的重要目标。即使是 2017 年发生的 WannaCry 勒索软件[3]事件，也是一次在互联网上对随机生成 IP 地址进行的攻击。[4]

其次，这种态度假设攻击者关心并知道我们的规模。有针对性的攻击是指攻击者选择某个人或组织从事犯罪活动。与广泛的无针对性的攻击活动相比，这种活动比较

---

1 见[13]。

2 见[14]。

3 有关 WannaCry 的更多信息，请参阅附录 A。

4 见[15]。

罕见。针对性攻击的犯罪分子需要时间和精力，因此许多犯罪分子选择使用"喷雾和祈祷"技术，例如不分青红皂白地向数百万个地址发送钓鱼邮件，等待有受害者打开它们。因此，业务规模在很大程度上与受到攻击的概率无关，我们和所有其他人面临同样的风险。

某些情况下，个人可能要对其控制的资源造成的损害负责。比如自家的狗咬了路人，或者自家院子里的一棵树在风暴中倒在邻居的房子上，或者自己的电脑被用来攻击第三方。他们可能发现自己处于必须为自己的行为辩护的境地，并需要请律师为自己打官司。而声称自认为不会成为受害者不太可能是有效的辩护！

否认是网络防护的一大障碍。许多大大小小的受害者都曾说："我不够重要，不够大，也不够有价值，不会成为目标。"

网约车公司 Uber 受到勒索软件攻击是有原因。因为它很大，无处不在，价值数十亿美元，[1]受到攻击合情合理。相比之下，小型非营利组织也会受到勒索软件攻击，如一家经营流浪者收容所的小型非营利组织。[2]对恶意攻击者来说，对流浪者收容所发起勒索攻击和对大公司发起勒索攻击并无不同。

一个相关的误解是"我没有攻击者想要的东西，所以永远不会成为受害者。"同样，这种说法建立在错误的假设之上，即攻击者是专门针对你自己。攻击者虽然对你一无所知，但想从你的损失中获利。例如，僵尸网络所有者总是在寻找受害者的计算机并添加到僵尸网络中。他们只在乎你有一台可以被控制加入僵尸网络的电脑，不在乎你的其他任何事情。受害者只是达到目的的手段。

另一个相关的误解是"从来没有发生过什么不好的事情，所以永远不会发生。"类似于《赌徒谬论》(见第 4 章)，这种错误认识导致了我们对概率的误解。这本质上与墨菲定律相反(如果有什么事情会出错，那么一定出错)。这是攻击者所期望的那种否认，也与乐观偏见有关。这是指人类倾向于高估积极事件的可能性，而低估发生不良事件的可能性。低估自己面临的风险，保护措施不足的人，很容易成为猎物。

误区：跑得比熊快

有一个古老的笑话和网络安全的错误理念有关。在笑话里，两个登山者撞见一头熊，其中第一个登山者停下来穿上跑鞋。另一个说："你为什么这么做？你跑不过熊！"第一个登山者回答："我不需要跑得比熊快，我只需要比你快！"这意味着跑得慢的登山者会成为受害者，跑得快的可以逃脱。在网络安全中，相关的理念是，你的安全不需要完美，只需要比附近的其他人更好。攻击者会避开你，转而攻击"较弱"的目标。

但这个笑话背后的推理有问题。例如，如果由于某种原因，熊的注意力集中在第一个登山者身上，那么这个人试图逃跑的速度有多快并不重要。就像有精神病患者认为同事的死亡可以拯救自己。穿着跑鞋的登山者也可能直接撞上另一头熊。另外，登

1　见[16]。

2　见[17]。

山者真的知道他们彼此之间的速度差异吗？而且，一旦熊搞定了一个登山者，它很可能会去追逐其他登山者！所有这些问题都与网络安全有关。

仅仅为了不成为受害者而增强自己的防御能力，使自己比别人做得更好是不够的。用温迪·纳瑟(Wendy Nather)的话来说："到处都是熊！"

最后，还有一种相关的误区："我知道我从没有成为袭击的受害者。"证据缺失并非等同缺失的证据。网络攻击对受害者来说并不总是显而易见，受害者可能永远不会知道到他们的计算机是僵尸网络的一部分。用户并不总是能够理解陷入危险的设备警告信息，或者只是认为系统缓慢运行发出的信号。他们可能会忽视或没有注意到警告信息(如果有)，或者认为技术本身存在缺陷。

不要假设攻击者不会因为我们什么都没有而打扰我们，假设他们会费心去寻找关于我们的一切。否则攻击更容易、更快捷，攻击者只需要按下按钮然后观察会发生什么。

GitHub 上有发送钓鱼电子邮件的代码，攻击者都不需要自己写。[1]他们所需要做的只是用一个伪造的网站来收集登录凭据、电子邮件列表，然后，他们就拥有钓鱼攻击所需的一切。如果有电子邮件出现在这个列表上，就会被钓鱼，攻击者不必额外做其他工作。甚至，他们根本不需要建立网站来获取电子邮件列表。你懂的，电子邮件列表在某些地方通常可以买到。

尝试攻击一家受到良好防护的全球性公司时，攻击者需要投入大量的研究精力，而如果只对最简单的能赚钱或造成破坏的方式感兴趣，那么较低成本的方法会更有吸引力。

3.7 误区：每个人都想抓住我

托马斯是一个具有强烈隐私意识和生动想象力的人。他不是罪犯，但托马斯认定政府在窃听他的谈话，警察在跟踪他，邻居在监视他，家人试图拿走他的钱。他有一台装有加密电子邮件的笔记本电脑，没有智能手机，也没有社交媒体。尽管这种不信任是有道理的，但大多数朋友都认为托马斯过于偏执。

上一节中描述了一个极端的假设，即风险是不存在的。有些人对风险的评估低得离谱。同理，风险感知的钟形曲线也包括那些认为到处都是风险，并采取了极端保护措施的人；他们认为，如果有人敲门或电脑运行缓慢，那一定是恶意的。

人们经常把不可预测性和缺乏可靠性误认为是恶意的。计算机出问题的原因可以是软件缺陷，甚至太阳耀斑影响都有可能。有时，这些零星的问题并非是攻击，而是脆弱性和不可靠的技术。设备保持足够可靠，但并不完美。可以肯定的是，确实存在网络威胁，但有时人们会错误归类出现问题的原因。

---

1 见[18]。

没有精确的数字来描述当前计算机受到攻击的概率。它当然大于 0%，但也小于 100%。销售网络保险的公司更希望了解这些可能性。2019 年，兰德(RAND)公司研究了保险公司如何在保险策略中对网络风险进行定价。[1]其中一项策略包括使用 0.20%的频率计算“计算机攻击”事件的保费。鉴于该市场尚处于起步阶段，兰德公司还指出，另一项研究表明，在风险最高的 10 个行业中，发生网络事件的概率约为 0.6%。

个人和组织都应努力评估自己面临的网络安全风险。这是一项艰巨的任务。正如在整本书中所说，应该在多大程度上使用网络安全来保护用户是有预算限制的。即使在安全高度优先的环境(如金融机构)中，所需的网络安全也有预算限制。

网络保险是误区吗?

在 20 世纪 90 年代的网络泡沫时期，网络责任保险首次出现，目的是承担数据处理错误导致的损失。随着 2000 年代网络保险方式的发展，保单开始覆盖未经授权的访问和数据丢失。[2]此外，保险公司扩大了保险范围，将保险范围扩大到业务中断和勒索。自 2010 年以来，由网络钓鱼、勒索软件和恶意软件引起的网络攻击大幅增加。随着越来越多的企业严重依赖技术，这些攻击仍在不断发展。由于这些风险，网络责任保险公司正被吸引去开发新的保单，这些保单足够覆盖各种攻击，不仅仅是数据泄露风险，对业务中断风险也提供保护。[3]随着新数据的积累，市场正在发生变化。例如，保险公司正在排除他们无法管理的风险(如 APT)。

计算网络保险成本的最主要因素如下:

- 被保险人的风险等级(例如，你是否有信用卡并正常还款)
- 保险金额/限额
- 免赔额
- 收入
- 被保险人系统中存储或维护的唯一 PII(个人身份信息)或 PHI(受保护健康信息)记录的数量

奇怪的是，保险公司很少询问网络安全级别或客户更新系统的频率。然而，房主和租房保险供应商确实会询问有关风险缓解情况的问题，包括大楼是否有消防警报系统。

很明显，当保险公司定期提供反映风险和意识差异的保费时，市场正在成熟。例如，有防火墙的公司可以获得 5%的折扣。有最新的事件响应计划可能会减少 10%的保费。有证据表明，公司里的每个人都购买并阅读了本书，那么保费可以下降 15%!以此类推。

---

1 见[19]。

2 见[20]。

3 见[21]

3.8   误区：我只与受信任的网站打交道，所以我的数据是安全的，不会被泄露

想象一下，你需要牛奶，并计划安排一次当地的超市之旅。你喜欢并信任这家超市，而且以前去过很多次。然而，请考虑交易中需要安全和信任的各个方面。你需要安全的交通工具才能到达那里，无论是值得信赖的汽车、方便的公交车，还是步行路过的安全社区。需要相信员工或自助结账机不会窃取你的信用卡号。必须信任商店的外包人员，从维修工到雇用的安保人员；还需要相信把牛奶从奶牛身体挤出至送到超市的每一步。一头不可信的奶牛可能会污染供应链。

尽管对所有事情都感到放心，但风险仍然大于零。高度可信和安全的企业仍然都是犯罪活动的受害者。

在保障网上购物安全方面，已经取得了长足的进步，包括许多网站采用了安全协议，并教会用户认识到这一需求。HTTPS(超文本传输协议安全)通常是建立在线信任的第一道防线。可悲的是，它有时是唯一的防线，给用户留下了空洞的安全保障。

当消费者像往常一样在网上购买东西时，他们的风险计算通常只包括几个因素：这是我信任的公司吗？网站安全吗？HTTPS 通过在浏览器和网站之间进行加密来提供安全性。这是有价值的和必要的安全措施，但仅凭这一点是不够的。通过互联网传输的数据似乎风险最大，但敏感信息可能在交易的其他地方暴露出来。

遗憾的是，在网上交易中，信任可能会在很多时候被破坏。首先，即使是信誉良好的公司也会受到攻击。大多数人认为 Target 是一家值得信赖和信誉良好的公司，但它在 2013 年发生了重大泄露。万豪酒店和梅西百货也在 2018 年发生了同样的事情。名单还在继续延长。[1]这样的例子不胜枚举。其次，几乎没有一个现代网站是自成一体的。供应商的网站看起来是用户在交易中看到的唯一网站，但在幕后，它使用外部服务来处理信用卡、播放广告等。最后，受害者自己的设备可能是罪魁祸首；即使访问安全的网站，系统间谍软件或恶意软件也会监视或窃取数据。

消费者能做什么？避免在公共电脑上购物，因为这可能使密码或支付信息暴露在窥探者眼前。在每个网站上使用不同的密码，这样即使其中一个密码泄露，其他密码也会受到保护。使用虚拟的一次性信用卡[2]来限制信用卡号被盗的影响。总的来说，不要放松警惕，要明白，即使在使用可信网站的情况下，一些风险，无论多么微小，也总是潜伏在网上。

---

1 见[22]。

2 几家主要的信用卡公司提供这项服务。你应该检查一下你的卡是否可使用这项服务。

3.9　误区：隐蔽的安全是合理的安全

　　许多年前，亚特兰大有一条紧急公告热线。在发生严重公共灾难时，市领导可以拨打这个未公开的电话号码并发布公告，该公告将在当地所有广播电台和电视台播出。底层逻辑是隐蔽的安全是最好的；如果其他人不知道这个号码，就不会被拨打。[1]

　　第一代自动呼叫机的出现导致了问题。机器按照预定的号码组合尽职尽责地呼叫每一个号码时，拨打到了紧急电话号码。是的，所有电台和电视台都通知人们，他们将赢得 500 美元的度假套餐，他们所要做的就是拨打 404 xxx yyyy。这是模拟网络时代，广播中公布的电话号码的最后一位数字有点混乱。多个用户打来电话，使这部电话和总机被打爆。一所托儿所的电话也被打爆，因为他们的电话号码与公布的电话相差一位数字，所以很多人也拨打了他们的电话。热线被试图申请免费假期的愤怒的来电者淹没了。

　　这个神话的网络安全版本是"如果系统中存在漏洞，但没有人知道，它仍然是一个漏洞吗？"这不是一个哲学问题，因为答案很肯定："是的！"

　　与未列出的亚特兰大紧急公告电话号码一样，只要连接互联网，主机和服务就会被找到。例如，Shodan[2]在整个互联网上收集和索引服务标题。如果有人启动了秘密网络服务器，但没有告诉任何人，Shodan 也会在一周内找到它。

　　"安全通过隐蔽实现"是一个常见的口头禅和概念，已经存在了一段时间。[3]正如上文所述，历史上有很多人尝试"如果你不知道，你就不能利用它"策略的例子。这个误区的关键是完全避免将隐蔽作为唯一的保护手段。不安全是一个薄弱的秘密，很容易被揭开。仅仅依靠保密进行防御是安全失败的必然途径。图 3.3 说明了一些事情可能并没有你想象的那么隐蔽！

　　隐蔽性安全具有众所周知的弱点，但以下情形中还会使用隐蔽性安全：混淆源代码，硬件编码密码或加密密钥，在系统中安装后门，进行专有加密。例如，若客户遇到问题，使用神奇的后门钥匙就可以解决。这些后门的问题是，只有在没有其他人知道的情况下，才是安全的。一旦有人发现就不再安全了。供应商可能会想，"这是我们的秘密，永远不会有人知道！"然而，内部人员可能知道这件事，某个需要钱的内部人员可以出售这个秘密。客户在使用后也知道了，即使他们不知道如何访问，也知道后门的存在。一旦知道它的存在，找到只是时间问题。甚至不需要知道它的存在也可能偶然发现它。在互联网上，后门钥匙好像有魔力，引得人们疯狂寻找。

　　例如，Borland 的 Interbase SQL 数据库服务器有一个后门超级账户。当然，密码泄露发生了。[4]Atlassian Confluence 的一个内部应用程序的硬件编码密码在推特上泄露了。[5]

1　亚特兰大的资深计算机专家 Brent Laminack 向我们讲述了这个故事。

2　见[23]。

3　见[24]。

4　见[25]。

5　见[26]。

图 3.3   隐蔽的安全就像相信落地灯后面的驼鹿永远找不到一样！

当开发人员不了解数据库或网站等的实际运行方式时，也会出现这些问题。例如，St. Louis 一家报纸的记者发现，教师的社会保障号码包含在公共网站的源代码中，尽管网站普通访问者看不到这些号码。[1]为网站编码的人不知道(或不在乎)敏感数据会包含在网页中。

---

1 见[27]。

"通过隐蔽实现安全"的历史

1851 年，荷兰密码学家 Auguste Kerckhoffs 提出一个基本原则，后来以他的名字命名，即任何密码算法的安全性应该只取决于密钥的保密性。随后，Claude Shannon 提出了他的版本，即假设你的敌人知道你正在使用的系统的细节。

密码学家广泛接受这一原则。任何试图声称新的加密算法因为算法是保密的所以是安全的，都会遭到嘲笑。

这一原则可能是"勿依靠隐蔽性安全"口号的前身。它们当然有着相同的氛围！

保密有助于保护信息。但是，如果唯一的防御措施是"这是个秘密！不要说出来！"那么，一旦这种隐蔽措施被打破了，就不再安全了。

公平地说，通过增加隐蔽性会增加安全性。一段未公开的信息可能通过努力或运气发现，但这需要攻击者付出额外的代价。有时，额外的成本足以使这个系统的吸引力不如另一个系统，或者使自动攻击无法发挥作用。只要它不是唯一或主要的防御手段，它就有一些价值。

3.10　误区：可视化和控制的错觉

与隐藏的东西更安全的假设相反，我们认为看到的越多，就越能理解和控制安全。

能够随时显示网络状态的可视化网络是极好的。想象一下，在屏幕上，系统的 IP 地址在底部，端口在左侧，可以看到流量到达网络上的各个端口。它是实时的，令人印象深刻：现在我们知道网络中发生了什么，如图 3.4 所示。一些产品专门制作漂亮的图形，这些图形可能实际上不能代表系统中正在发生的事情，但在销售演示时看起来很棒(有些人将此称为"闪光灯效应")。

只是，我们没有得到准确的画面。虽然看起来很漂亮，但并不是每个恶意者的连接都会持续足够长的时间，让观看动态可视化图片的人注意到。或者公司商业秘密正在通过一个看起来正常的网络连接渗透出去。那个红色像素闪烁了 1/60 秒，然后又恢复了正常，你看到了吗？我们认为知道发生了什么，但事实上，真相被隐藏起来了。[1]这当然足够漂亮了，与音乐同步的节日灯光也是如此，但在保护系统方面可能没有价值。

真相是存在的，但不在可视化画面中。这种可视化给我们网络可视性的错觉。然而，魔术师的帽子里仍然藏着兔子。换句话说，我们没有看到窃取数据的重要攻击。

再举一个例子，假设使用交通灯系统来监控网络的状态。如果是绿灯，一切都很完美；如果是红灯，说明有问题。如果灯是黄色的，人们是否知道情况有多糟，或者

---

1 研究人员继续研究如何创造对人类有帮助的可视化设备。遗憾的是，人类在信号检测和警戒任务方面表现不佳。

灯只是一种让人们知道可能有问题的方式？这是对可能发生的事情的抽象，但并没有提供让人们做出正确决定的完整细节。可视性会造成误导，窗帘后面除了一个魔术师之外什么都没有，也可能连魔术师都没有。

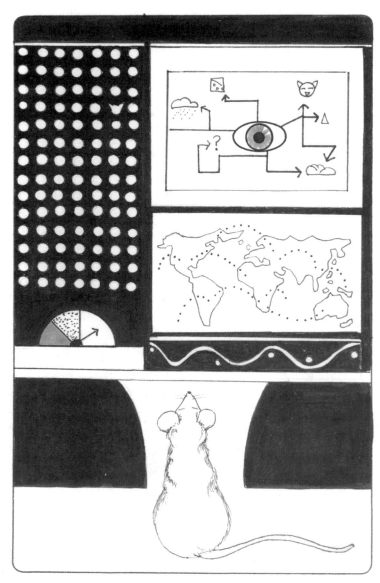

图3.4　闪光灯！可视化和控制的错觉

　　不要被可视化的错觉所迷惑。很难实现有效和有用的可视化。认为丰富多彩的地图或图表会有内在的"帮助"往往是简单化的和短视的。第 15 章将再次讨论这个主题。

　　除了可视化的错觉之外，还有控制的错觉。人们误认为自己可以预测或控制事件，类似于认为自己掷骰子时，可以掷出自己想要的特定数字。或者，如果打牌，将拿到那些能赢得比赛的牌(假设没有作弊)。有时事情会随机地与我们的意图一致，从而产生可以控制所发生的事情的想法。

还有一种错觉，即我们可以完全控制对手的所作所为。对手有自己的目的和动机，仅靠我们的期望是无法完全控制他们的。我们可能使用蜜罐[1]来分散他们的注意力，或将他们推入低威胁的环境，但不能保证这一定会成功。就像掷骰子，我们仍然可能会输掉比赛。即使有安全机制和策略，我们仍然可能因对手实现了目标而失败。

可视化和控制的错觉很诱人。它们往往是海市蜃楼，把真实事件隐藏在漂亮前端后面。要理解什么是有效的，什么是演戏，需要付出一些努力，而这种努力值得付出。

3.11　误区：5 个 9 是网络安全的关键

依赖关键系统的企业通常会努力实现 5 个 9 的可用性。也就是说，服务器的正常运行时间达到 99.999%。这通常被称为服务水平目标(SLO)，定义了服务的目标范围。[2]只有在系统可用的情况下才能赚钱的企业可能认为正常运行时间是安全性的最重要属性。停机会造成收入损失，每年 5.26 分钟的停机时间是一些公司希望承担的全部风险。4 个 9 是 52.60 分钟。例如，2020 年，Amazon 的年收入为 3860 亿美元，因此停机 1 分钟将损失 734 398 美元。为什么 Amazon S3 的可用性只有 99.99%？可能是再增加 1 个 9 的成本比停机更昂贵。

与保密性和完整性一样，可用性是 C-I-A 三位一体的原则之一。正如第 1 章所述，这些属性通常被视为信息安全的核心。网络安全旨在帮助实现这三个目标，包括为用户和企业提供所需的数据和系统可用性。对于一些网络专业人士来说，这三者同等重要。这可能不是他们的实际需求。可用性在环境中可能是最重要的，但永远不会是唯一重要的，见图 3.5。

可用性不是可靠性或弹性的保证。常见的误解是，如果组织有 99.999%的正常运行时间，就可以减少对有效事件响应的需求。高度脆弱的、未打补丁的服务器也可能具有一流的可用性。这不太好。在网络安全中，5 个 9 并不是唯一重要的事情。

为避开这个陷阱，在整个网络安全投资组合中应该适当考虑可用性。领导层可能有一种狭隘的愿景，即收入与正常运行时间完全相关，他们想要 9 个 9! 通过展示其他威胁和缓解措施如何影响基线安全来开阔视野，也许会有更好的投资回报。

---

1 参见附录 A 的定义。

2 这不应与服务水平协议(SLA)混淆，SLA 是供应商和客户之间的承诺，包括退款等条款。有关更多信息，请参见[28]。

图 3.5   5 个 9 的魔力也是网络安全中的错觉

3.12   误区：每个人都拥有一流的技术

因为在网络技术的前沿工作，从事网络安全工作的人往往是技术爱好者和早期采用者。他们普遍认为，其他人也掌握先进科技。这导致了一种误解，就像如果我们有最新的 iPhone，那么其他人也都有。现在每个人都必须拥有高速互联网，对吗？

以手机为例。根据 Pew 研究中心的数据，97% 的美国人拥有智能手机。但是，这种分布在所有人口中并不均匀。在 65 岁及以上的美国人中，只有 61% 的人拥有智能手机。如果有人建立了一个供老年人使用的网站，例如用于新冠疫苗接种预约或办理飞机登机牌，那么假设每个人都有智能手机是错误的。

这些假设会导致糟糕的设计选择、无法使用的系统和增加的风险。考虑物联网(IoT)的加密技术。小型传感器电源容量受限，加密算法计算密集且耗电。自 2015 年以来，NIST 一直在追寻适应这些限制的轻量级密码学。

人们不使用最新技术的原因有很多。有时，特定于安全的技术是可选的，例如，有成本意识的消费者不会选择购买可信平台模块(TPM)。[1]微软最初坚持认为计算机需要 TPM 2.0 硬件才能运行 Windows 11。这让拥有较陈旧、更常见的 TPM 1.2 模块的消费者感到困惑，并导致微软放宽了这一要求，仅指出用户这样存在风险。某些情况下，软件更新会破坏关键业务软件。例如，医疗保健行业最常用的软件系统对 Windows 更新是出了名的脆弱。

有时，这是"不坏不修"综合征。修复未损坏的软件通常会导致软件损坏，那么为什么要碰那些运行良好的软件呢？这需要金钱和时间，而且可能使情况变得更糟，因此公司仍在使用旧软件。出于这个原因，旧的编程语言 COBOL 仍在财务操作中使用。[2]更换新软件可能比维护旧代码花费更多的钱。

高科技比低科技好吗？

这感觉像是一个恶作剧，不是吗？[3]

想象一下，你明天去上班，一项新政策颁布实施：上班时间不允许使用手机；请把它留在车里。什么都没有改变，你仍然必须在接下来的 8 小时里做好你的工作。能做到吗？

许多人都有乘飞机的经历，飞行途中不允许使用手机，虽然现在可以通过 Wi-Fi 连接到互联网。即使在喜欢安静的环境中，如电影院，你的手机仍然放在口袋里。

还有一个没有手机的环境，即使在 2022 年也是如此：执行机密工作的房间和建筑物。例如，在五角大楼，每个人在进入机密会议之前都会把手机留在房间外。整个中央情报局(CIA)园区都是保密的，员工不能有个人设备。在会议上，演示是通过有线电脑进行的，与会者在纸质笔记本上做笔记。

这些都是风险管理决策。美国政府认为智能手机对机密信息的威胁太大，因此不允许使用。虽然降低了这些包含摄像头和麦克风的设备的威胁，但也带来了成本；例如，联系楼内的家庭成员更具挑战性，会议的效率可能降低。然而，另一方面，员工报告说压力更小，工作效率更高。机会成本可能超过安全收益，但只有通过测量比较才能知道。

这个误区的含义很清楚：不考虑所有用户和设备，体验是脆弱的。这不仅是无法访问 Netflix 进行娱乐或在线玩虚拟现实游戏这样微不足道的后果。申请人如果不能上网，可能无法找到工作或参加医保。有人说，青少年如果想拥有社会生活，就必须接触社交媒体。[4]这其实有很大的负面影响，特别对儿童来说，他们无法因先进的科技受益。

通过了解现实世界中的技术采用和掌握情况来避开这种陷阱。其中一个来源是

1　TPM 芯片是设计用于实现基于硬件加密的安全芯片。见[29]。

2　据估计，仍有 8000 亿行 COBOL 在使用中。见[30]。

3　请参阅 Arthur C. Clarke 的短篇小说 *Superiority*，了解这虚构故事。

4　见[31]。

Gartner 和 Pew 研究中心的见解。[1]此外，要尽可能具有兼容性，使用新的和旧的技术以及缓慢和不稳定的互联网来测试解决方案。用人口统计数据进行用户研究。并不是每个人都拥有先进的科技。

数字鸿沟

　　先进技术的可用性并不普遍。这与 William Gibson 的说法类似，"未来已经到来——只是没有平均分配。"经济、社会和空间上的差异导致了获得技术的不平等。我们已经习惯于在当地的咖啡店使用 Wi-Fi。生活在农村或偏远地区的美国原住民不仅附近没有咖啡店，甚至没有有线网络连接——互联网服务供应商将线路铺设到他们居住的地方太昂贵了。在 2020—2021 年的新冠疫情封闭期间，一些孩子不得不坐在快餐店外使用 Wi-Fi 完成学校作业；他们的家庭负担不起宽带接入。

　　像这样的鸿沟所带来的问题是，"穷人"越来越处于不利地位。随着先进技术的普及，他们在教育、就业和公民机会方面都落后了。结果是，这种鸿沟在社区和家庭中持续存在，有时甚至扩大了。

　　这种鸿沟也对网络安全产生了重要影响。不应该假设用户群体从三年级开始就一直在编程，并且对恶意软件和防火墙了如指掌。不应该假设每个潜在客户都使用最新的硬件和最新的软件版本。不应该相信最终用户有资源或专业知识来研究他们不知道的东西。

　　设身处地思考如何提供适当的信息和访问权限。这与本书总体主题一致，即计算可以成为有益的推动者。

3.13   误区：人们可以预测未来的威胁

　　大部分人都不喜欢惊讶的感觉。无论股票还是天气，不可预测都是可怕的。虽然有些人关注 Farmers' Almanac 的 16 个月的天气预测，但大多数科学准确性分析表明，这些预测的正确率只有 50% 左右。然而，天气预报与天气预测有很大不同。天气预报使用时间信息，如当前大气压力和温度、历史信息和广泛的计算建模进行预测。

　　每年，专家们都试图预测未来一年网络威胁的趋势。这些充其量是基于趋势和动态的有根据的猜测。[2]这就是为什么这些总是被标记为预测而不是预报。

　　关于能否预报网络攻击和危害情况，有一个有趣并且有帮助的探索领域。与天气预报一样，网络攻击预报基于数据的可能性。例如，一个新发现的错误与历史上疯狂的错误有多大的相似性？它们是否有共同的特点，是否可对未来可能发生的事件提供

---

1 见[32]。
2 无法证实他们是否使用了水晶球来预测。这完全有可能。

准确的见解？类似地,受害者可能表现出过去用户成为网络攻击受害者时同样的行为。到目前为止,证据喜忧参半,各种变量的组合很重要。并非每个 25 岁以下的司机都会发生车祸,但这个年龄段的司机发生车祸的确比较多,以至于该人群的保险费率较高。[1]也许 25 岁以下的人也会更多(或更少)地被网络钓鱼欺骗。预测性分析将在未来的网络安全中发挥突出的作用,因为它使用历史数据和统计数据来预测未来的威胁。

能否预测未来 12 个月最严重的网络威胁？不太可能。同样,人们无法预测未来一年技术的创造性和这些技术不务正业的新用途。

假设预测 DNS 滥用的未来。DNS 的核心是将域名转换为 IP 地址。除此之外,它是一种在互联网上传输信息的非常灵活的方法。可以查询域名以外的信息,如时间或天气。[2]有一次,有人甚至用它来创建游戏。可以使用 DNS 查询来拾取(虚拟)剑,杀死(虚拟)巨魔,并探索中世纪的幻想区域。由于它是如此灵活且成熟,可以被滥用。目前已经看到 DNS 被用于僵尸网络的通信、数据泄露甚至 DDoS 攻击。

考虑域名 googol(不是 google)[3],神奇的想法是:上面列出的三种方法是表明 DNS 被滥用或已经被滥用的仅有方式。人们既聪明又有创造力。总会有一种新的方法或旧方法的变体——甚至可能是一种涉及斩首(vorpal)剑的方法！

我们无法预测未来技术的所有途甚至滥用,因为人类的创造力是无限的,尤其是当他们不想被抓住的时候(也许,可以更容易地发现和击败缺乏想象力的人的攻击,他们的数量往往超过富有想象力的人的数量)。

3.14 误区：安全人员控制安全结果

人都有控制欲。从概念上讲,有内部控制(你控制某事)与外部控制(外部控制你)之分。网络安全人员经常希望对安全结果进行内部控制,会设置策略,配置访问控制措施,进行日志记录,控制异常。这些措施能控制结果吗？

这些措施确实有一定作用。医生做诊断、记录病历、开药方,但不能完全控制结果。同样,安全人员也不能完全控制安全性。

考虑两个例子。首先,安全人员几乎无法控制软件中的未知错误。他们相信供应商正在进行尽职调查,补丁也会可用,但安全团队大多数无法控制其他人是否、何时或如何发现漏洞。其次,安全人员无法完全控制攻击者将以何种身份、何时或如何发起攻击。防御者可以积极主动,制定强有力的事件应对计划,但也可以随时适应不可预见的攻击。

如果首席执行官相信这个误区,他们自然会让安保人员对企业的安全承担 100% 的责任。这是错误的。安全团队可以做出好的、深思熟虑的选择,但事件仍可能发生。

---

1 许多变量对车辆安全很重要,包括年龄和性别。要了解更多信息,请访问[33]。

2 见[34]。

3 googol 代表 1 后面 100 个 0,或者 10^{100}。

此外，如果安保人员坚持一个不可能的标准，认为自己可以完全控制安保结果，这会给他们带来压力。

认为安全人员可以完全控制安全是一种错觉。为避免这种误区，请确保每个人都理解安全人员可以控制和不能控制的事情。

3.15   误区：所有糟糕的结果都是糟糕决策的结果

在网络事件发生后，人们会问：是什么糟糕的决定导致了这种糟糕的结果？我们遵循了审批流程，并选择先发布软件再修复该漏洞，但在我们修复之前就被利用了。漏洞被利用的糟糕结果是由于提前发布的糟糕决定导致的。对吗？

在 Tversky 和 Kahneman 的一项著名实验中，参与者可以在有特定结果的确定选项(如获得 10 美元)和有可变结果的风险选项(如 50%概率赢得 20 美元)之间进行选择。[1]大多数人对确定选项表现出强烈的偏好。这种情况下，两者都提供了预期价值。但假设你选择了风险选项，但碰巧运气不好，最后一无所获；糟糕的结果，但合理的决定！

人类会从解决未答的问题中获得快乐。未解决的网络事件的紧张和悬念与一部悬疑电影有很多共同之处。

回到软件发布的例子，想象一下自己负责授权发布。是等到所有的错误都被修复，还是现在发布，以后再打补丁？不止一位经理说过，"我宁愿错，也不愿晚。"[2]软件供应商会有一个深思熟虑的过程来考虑发现这些问题的可能性和风险，以及从发布中获得的价值，最终接受一定数量的已知问题。这种权衡是机会成本的基础(请参阅下文"优化决策：机会成本与网络安全")。

优化决策：机会成本与网络安全

机会成本是指当选择一种替代方案时，从其他替代方案中损失的潜在收益。例如，如果我们花时间安装软件补丁，那么这些时间就不能用于进行用户培训。原则上，我们应该选择对我们来说最有价值的选项(可能是安装更新！)。

决策也与问责关联。联合部队总部-国防部信息网络(JFHQ-DODIN)是美国网络司令部的一个组成部分，负责国防部复杂网络的安全、运营和防御，该网络大约有 300 万用户。[3]它必须决定多少资金/精力可以花在战术补丁与战略行动计划及里程碑(POAM)上。此外，谁要对被入侵后的运营和财务影响负责？如果一艘船搁浅，船长会被免职。IT 船长的情况并非如此。应该怎样呢？这是唯一能让人认真对待这件事的方法吗？还是会导致每个被选中的 IT 船长都被撤职？

大多数人根本没有考虑其他选择。他们看到的选择极少，并从中挑选出最好的。

---

1 见[35]。

2 见[36]。

3 见[37]。

遗憾的是，可能还有更好的选择，包括节省时间和金钱，躺平的选择！了解给定选择的"成本"和"价值"也是一项挑战。

可悲的是，忽视机会成本会导致许多次优决策。开发团队希望在发布软件之前修补所有错误，但实际上现在发布以后再修补软件效果更好。法医分析师希望找到案件的每个蛛丝马迹，即使知道的已经足够多，也不肯继续办理更有价值的下一个案件。不被决策弄瘫绝不会考虑替代方案。

机会成本可以是正的吗？根据美国网络司令部的说法，可以。该司令部经常讨论向对手"强加成本"的手段。蜜罐就是一个例子，因为它们消耗了攻击者的时间和精力，而不会造成真正的伤害。

机会成本应该是每个网络安全决策中不可或缺的一个方面。

更进一步地说，并不是所有的坏结果都是由坏人做了坏事造成的。回想一下我们假设的有 12 家分行的 GoodLife 银行，试想一下，分行系统管理员更改分行服务器上的密码，从而阻止总部的系统管理员访问系统。分行管理员还不错，正试图为网络安全做正确的事情。从总部的角度看，这可能是一个糟糕的结果，甚至是一个安全事件！

这里的决策中的心理错误被心理学家称为结果偏差。在评估他人行为时，大多数人更多地关注决策的结果，而不是意图。发布软件的目的是最大限度地提高开发者的利润和促进用户的使用；并且经过深思熟虑，决定以后再修复错误。如果结果偏差导致人们因为不利的结果而受到指责，尽管有良好的意愿并使用了深思熟虑的决策过程，结果偏差也会让组织付出高昂的代价。

3.16 误区：越安全越好

网络安全专业人士倡导网络安全不足为奇。毕竟，他们非常熟悉风险，并了解各种控制措施的有效性。很少听到网络安全专业人士说："任务完成，我们很安全！"

提到网络安全的成本，这相当令人震惊。据估计，2022 年全球网络安全支出为 1704 亿美元。[1] 然而，这并不是总成本！不要忘记，成本不仅仅财务成本，还包括很多其他意义上的成本，尤其是时间。考虑几个情形。

第一种情形，也是陷阱，是"自动化架构统治所有"的谬论。这是自动化的阴暗面。雄心勃勃的开发或质量保证团队在测试代码中的错误时，会寻求效率和彻底性。他们可能会牺牲极好的手动解决方案而去寻求完美的自动化解决方案。但多年过去了，仍然无法得到解决方案。

第二种情形是知道何时停止安全任务。例如，恶意软件分析师通常更愿意继续分析恶意软件，直到完全理解代码的每一个细节。更多的分析意味着更多的安全知识，可以了解威胁并进行防御。然而，他们的老板可能只想知道这个恶意软件是不是重大

---

1 见[38]。

威胁。不是吗？忘掉这个，继续下一个恶意软件样本分析。

第三种情形是想象一个开发开源软件的组织。代码和工作人员的风险都很低。然而，该组织实施了严格的监控，限制了互联网接入，并保护开发环境免受 APT 等攻击。这些选择增加了安全性，但它们是否适当和必要？

知道什么时候安全就足够了是一项不常见的技能。一位经济学家会指出，网络安全有机会成本：我们选择网络安全而不是其他东西，会放弃什么价值？这可能包括生产效率、员工幸福感，甚至储蓄。

应该不断评估躺平的成本和收益，以避免这种误区。想象一下，不再每个月为组织重置密码，同时保持双因素身份验证，可能发生的最严重损失是什么？潜在收益是什么？

3.17   误区：最佳实践总是最佳的

最佳实践是指随着时间的推移而制定和完善的一般准则。它们被普遍认为是做事的最佳方式，并被归结为"总是"和"从不"的声明。这里有两个例子："烹饪后一定要清洁厨房柜台"和"清洁时不要混合漂白剂和氨水。"[1]

最佳实践从何而来？一些是随着实践活动深入开展基于从业者的经验或重复的研究发现而出现的。另一些则被编入政府法规或合规标准中。没有权威的最佳实践来源，也没有审查或更新最佳实践的中央机构。

最佳实践是通用的，设计为适应每一类情况，而不是每一种精确的情况。可能是甲之蜜糖，乙之砒霜(除了关于氨水和漂白剂不能混合的例子)。并不是所有的建议都应该一刀切——有些建议可能是不必要、不切合实际或次优的。

常见的最佳实践是软件保持更新；然而，操作系统更新可能会破坏特殊医疗硬件的功能，给医院造成灾难性后果。这不是最好的。

最佳实践规则也是相对静态的。最佳实践并非一成不变的经验法则；一般是固定的陈述。因此，最佳实践维持不变，而采用新的技术或方法可能会违反所谓的最佳实践。

最佳网络安全实践同样通用。遗憾的是，并没有被视为指导做出良好决策的经验法则，却经常用来代替深思熟虑的决策。请记住，泰坦尼克号是按照最佳实践建造的。是当时设计最好的船，却撞上了一座对最佳实践有意见的冰山。换句话说，上面写着"不，今天不行"，然后船就沉了。

大多数网络安全厂商都有自己的最佳实践。真正优秀的人把它们当作建议，而不是规则。例如，过去使用密码的最佳做法是经常更改密码并加入一些非字母字符。后

---

[1] 清洁柜台是一种很好的做法，但如果不这样做，不太可能造成严重伤害。你可能会因为下一顿饭而食物中毒，或者客人可能会因为一团糟而感到恶心，但这些并不可怕。然而，将氨水和漂白剂混合会产生一种气体，这种气体会杀死你和你周围的人。切勿将漂白剂与氨水相互混合，或者与其他清洁剂或化学品混合。这个最佳实践是实事求是、绝对正确的例子。

来，这被证明是无效的。作为撰写这种"最佳实践"的人，Bill Burr 承认自己错了，这是一个糟糕的做法。[1]

这并非说最佳实践完全无用，还是可以起到一定作用的。不应该把整个网络安全态势建立在无意识的、静态的、通用的规则之上。灵活性是必需的，因为对手经常会改变游戏规则。

3.18　误区：网上的就肯定是真实/正确的

通常，当人们不确定某件事的答案时，他们会求助于搜索引擎来寻找答案。毕竟，我们拥有这个全球知识库。让我们充分利用它！

这种方法的潜在问题是，寻找答案的人没有合适的背景来评估搜索到的信息。他们甚至无法区分官方网站和诈骗网站。

误区"网上的就是正确的"的历史

这个误区并不是什么新鲜事。最早的故事是从笑话开始的，然后人们没有意识到它们是笑话，或者把故事误解成他们认为真实的东西。

其中一个经典案例是 KremVAX 于 4 月 1 日在 Usenet 上发布的公告[2]。荷兰的 Piet Beertema 伪造了一条来自国外的帖子。该帖子暗示源网站是由 DEC VAX 托管的[3]，而 DEC VAX 被禁止出口到国外。一时引来了大量的段子手，甚至在这个笑话被揭穿数月后，还有人认为这事是真的。

如果在网上搜索，会发现一些虚假但看起来很专业的网站，这些网站由听起来很有声望的组织运营，引用了知名人士讲过的话。如果不加辨别，就会被虚假信息愚弄。这些网站通常与其他强化这些虚假信息的网站链接(通常由同一个人运营，尽管这并不明显)。

虚假信息和以新闻形式出现的谣言是门大生意。遗憾的是，太多人经常成为这些诡计的受害者。从温和的角度看，这可能是一家公司的营销炒作，该公司选择性地引用评论(或编造评论)，使其产品看起来更好。最糟糕的情况是，这可能是外国发布的虚假信息，目的是鼓励人们不信任当局并伤害他人。

在网上搜索会发现一些看起来很光鲜的网站，这些网站正在推广使用水晶的虚假健康疗法，宣传反对疫苗，讲述关于登月是伪造的阴谋故事，展示地球是平坦的"证据"，描述蜥蜴人如何秘密管理政府，甚至还有关于鸟类不是真的声明！[4]我们可以单

1　见[39]。

2　对于年轻读者来说，Usenet 在许多方面都是互联网的前身，主要通过电话线连接。

3　对于年轻读者来说，当时世界上最大的计算机公司之一是 DEC，其主要计算机产品被命名为 VAX。

4　最后一个例子是为了展示阴谋论是如何传播的。请访问[40]。

独写一整本关于这些主题的书！

在网络安全领域，也可以找到一些网站，这些网站会提供看起来很有说服力的故事，例如宣称加密货币和 NFT 是极好的金融投资。这些是虚假信息，有些人对制造更多的信息感兴趣：为了赚钱，为了引起骚乱，或者为了搞笑而制造混乱。

建议根据已知的、可信的来源仔细检查信息，特别是如果信息来源似乎有政治偏见，或者试图推销产品。明智地应用奥卡姆剃刀(Occam' Razor)：如果对问题的解释有两种，一种简单，一种复杂，则要选择简单的那一种。

第 4 章

↗↗

谬论和误解

前思后想，左思右想。
哦，只要你努力，你就能想出办法！
——苏斯博士

网络安全的发展和实践需要定期进行质疑和论证。有建设性地进行互相尊重的讨论，而不是鼓励争吵或产生激烈的分歧。为在网络安全方面发挥作用，必须避免有缺陷的推理和错误的修辞。供应商和其他专业人士不断试图说服人们相信他们的说法，如人工智能[1]、区块链和云计算将解决所有问题，或者量子计算机将摧毁网络安全。

人类是富有创造力和想象力的生物。科技在发明计算机和互联网的过程中清楚地揭示了这一点。然而，进步并不是自然发生的。具有物联网创新想法的人必须说服投资者相信它的价值。同样，要说服用户在打开文件时要小心，或者说服 CISO 花时间演练以应对勒索软件攻击。这些行为需要仔细斟酌、精准用词和巧言善辩。这些要求对许多技术专家来说很困难，因为他们总是基于技术属性或对比进行说明。但有效地论证技术解决方案需要的不仅仅是一份情况说明，除了说明方案 A 的内存是方案 B 的两倍，还需要扎实的推理和沟通。

"逻辑谬论"是指在试图解释某事或说服某人时，在论证中出现的推理错误。谬论会降低论点的有效性和说服力。人类已经研究和讲授逻辑学好几千年了，因此大多数谬论可识别。有些谬论有花哨的拉丁文名字，比如"个人偏见谬论"(ad hominem fallacy)。其他一些谬论则以更通俗的名字为人所知，比如"赌徒谬论"。许多谬论都是由于没有理解基本的概率或逻辑而产生的。有些人使用谬论来赢得争论。甚至知道自己提出的是谬论，却不道德地使用这种论证。了解并避免这些心理陷阱可以帮助我们成为更好的专业人士、更好的沟通者和更好的批评家。

---

1 "人工智能(AI)"和"机器语言(ML)"这两个术语并不讨人喜欢，原因有很多，多数人并不理解什么是意识和智能。建议阅读[1]中提出的经过深思熟虑的立场。

　　人类容易受到逻辑错误的影响，这似乎是自身构造上的缺陷。周围复杂而信息丰富的环境变化比人类的生物进化更快。以前有效的所谓"大多数情况下"这种心理捷径在当前社会可能会失效。[1]

　　人类通过学习(无论是通过指导还是自学)有时也会对概念产生误解。在学习中，可能会学习不正确的材料，或者可能没有基础知识来掌握细微的差别。可能在某些情况下，暴露在误以为真的虚假信息中，才能了解到错误的事实！总之，可能会基于对世界的错误理解做出未来的决定。

　　本章介绍了网络安全中常见的 14 个逻辑谬论和误解，从相关性与因果关系到沉没成本谬论。还有几十种其他的谬论，可帮助你甄别陷阱，更全面地理解逻辑谬论。请参阅本章的深度阅读资源了解更多内容。

4.1　虚假原因谬论：相关性就是因果关系

　　相关性是数字之间的统计假象，不仅仅是"一个数字"。然而，这种关系往往只不过是一种巧合，没有内在意义的统计假象。此外，第 14 章对这一谬论进行了深入解释。

　　假设一台云服务器触发警报，SIEM 显示了如表 4.1 中的日志信息。即使是网络安全新手也能看出这似乎是一次猜测密码攻击。短时间内有多个来自同一来源的失败登录尝试，最后成功登录。密码猜测攻击确实会生成这样的日志。这可能是一次猜测密码攻击，也可能是一个倒霉的用户不小心打开了 caps 锁，在一直尝试登录。

表 4.1　显示相关登录的日志示例

Date	User	Host	Login Status	Source Address
5/1/2022, 7:01:30 AM	user01	vm01	Failure	203.0.113.6
5/1/2022, 7:01:31 AM	user01	vm01	Failure	203.0.113.6
5/1/2022, 7:01:32 AM	user01	vm01	Failure	203.0.113.6
5/1/2022, 7:01:33 AM	user01	vm01	Failure	203.0.113.6
5/1/2022, 7:01:34 AM	user01	vm01	Failure	203.0.113.6
5/1/2022, 7:01:35 AM	user01	vm01	Failure	203.0.113.6
5/1/2022, 7:01:36 AM	user01	vm01	Failure	203.0.113.6
5/1/2022, 7:01:37 AM	user01	vm01	Failure	203.0.113.6
5/1/2022, 7:01:38 AM	user01	vm01	Success	203.0.113.6

---

1 更多信息请参阅[2]。

这样的日志并不能单独说明事件的原因，只是说明发生了这样的事件。[1]这些登录失败的原因中，也存在合法情况：可能是合法用户犯错了。但不确定性并不意味着日志没用用处；它们可能是受害账户的关键指标。总之，日志表明存在密码猜测攻击的可能，但在没有其他数据佐证下不能肯定。这样的日志提供了有用的提示，而不是明确的原因。

虚假原因谬论并不是什么新鲜事。远在古罗马时期，人们会就重大决策咨询圣鸡。广为人知的故事是 Publius Claudius Pulcher 在第一次布匿战争中的海战前夕向圣鸡求卜问卦。结果圣鸡不肯吃进贡的食物，被认为这是一个坏兆头。Pulcher 愤怒地说道："如果它不吃，就让它喝吧！"然后把圣鸡扔进了海里。这场战争以罗马战败告终，舰队损失惨重。当时的人们认为圣鸡与战争两者有相关性，涉及因果关系：Pulcher 因此险些丧命。而现在没有人再依靠鸡来做重大决策[2]，可参见图 4.1。

图 4.1　杀死鸡不会取得战争胜利

相关性并不意味着因果关系，但可以促使人们更仔细地检查这些项目，看看是否存在相关的功能。

---

1 有时，日志确实包括因果关系，如触发错误的事件。

2 尽管有些鸡可以比人做出了更好的决定，见[3]。

> ## "魔法子弹"和其他因果关系的错误
>
> 　　魔法子弹(有时称为银弹)的概念经常出现网络安全领域。它为特定问题提供了非常有效甚至完美的单一解决方案。实际情况是"网络安全没有魔法子弹。"
>
> 　　网络安全是复杂的,没有任何单一的工具或解决方案可以完全解决安全问题或带来完美的结果。从这个意义上说,普遍认为没有一种安全设备或软件可以实现完整的网络安全。
>
> 　　在网络事件的调查和因果关系中存在相关性陷阱。例如,破坏是如何发生的? 人类似乎天生就喜欢简单的解释。"这次破坏是由猜测密码攻击造成的。"这是可以直接理解的原因。
>
> 　　更糟的是,一旦发现了感觉正确的简单原因,人们就不再寻找其他原因。可能有很多原因造成破坏,包括策略不足、缺乏多因素身份验证、允许过多的密码尝试、系统配置错误等。原因可能有很多,不是只有一个让人印象深刻的原因。此外,攻击者越来越广泛地利用漏洞攻击链,将多个漏洞组合在一起以实现所需的结果。所以,不是一个原因而是多个原因。
>
> 　　最后,要意识到被称为"基本归因错误"的相关偏见。尤其当评估涉及人的时候,这种错误就会显现出来。研究表明,倾向于过度强调基于个性化的解释,如 Morgan 单击网络钓鱼链接是因为懒惰,而不是形势和环境因素。其实可能是 Morgan 太忙了,或者没有受过培训,或者垃圾邮件检测工具出问题了。同样,要小心目光短浅和忽视其他原因。
>
> 　　在第 8 章中,将更多地讨论其他类比的问题。

4.2　误区:没有证据就是不存在证据

　　如果有人在公寓里没有看到入侵者,这是否意味着没有人躲在那里? 如果医生没有告知病人患有癌症,这是否意味着病人肯定没有癌症? 如果安全工具没有报告攻击者,那是否意味着没有攻击者存在?

　　遗憾的是,这些问题的答案都是"否"。攻击者可能正在使用安全设备无法检测到的方法。攻击者可能在设备安装之前就已经就位,但没有被检测到。设备本身可能有缺陷或配置有故障。攻击者可能很聪明,知道如何欺骗设备。甚至可能是攻击者进入,做了一些邪恶的事情,然后在设备检测到之前离开。基本事实是,没有证据表明它正在发生,并不意味着它没有发生(或已经发生)。

　　有证据表明问题可能存在(尽管会出现误报)。没有问题的证据并不意味着没有问题。

　　这种谬论表现在我们生活的许多方面。只有 65% 的新冠病毒感染者出现症状。无症状的 35% 没有感染的证据,但这并不意味着他们没有被感染。这只是意味着病毒不会导致这些人出现症状。[1]

计算机病毒也是如此。如果人工创建的工具未能检测到恶意软件，那并不意味着没有恶意软件存在！只是工具没有检测到而已。工具只能检测已知的威胁，先识别威胁，然后通过基于特征的工具进行检测。一个新的、巧妙设计的威胁很容易被检测工具遗漏，等发现为时已晚。

回溯安全和无限存储

当发现新的攻击或恶意软件时，安全研究人员利用历史数据，及时回顾，揭示该攻击在被发现之前所在的位置和持续的时间。

例如，2021 年 1 月 6 日，Volexity 首次发现了针对 Microsoft Exchange 邮件服务器的新攻击。根据历史数据，后来确定早在 1 月 3 日就发生了攻击事件。[2]这些发现可以识别新的受害者，了解攻击的起源。

通过日志和其他历史数据实现这种功能。研究人员能够发现过去看似正常或不明显的活动，但其实与事件有关。

有一种相关的错觉是，考虑到现在几乎无限的存储容量，每个人都可以无限期地存储无限的数据量。Netflix 就不这样做。该公司表示，"在业务增长的某个阶段，存储设备和服务器日志没有扩容，因为日志数据量的增加导致存储成本激增，查询时间增加。"[3]因此，该公司过滤日志并选择性地存储所需的日志。

虽然可从回溯分析中获得关于攻击和攻击者的更好见解，但不应该依赖它来纠正缺乏证据的谬论。如果没有查询到任何活动，那么在数据集中没有发现证据比说不存在更准确。可能存在传感器并没有观察到或没有记录的活动。

相关的谬论以另一种形式出现在许多现实世界的案例中，即，要证明一个否定的观点是有挑战性的。证明某种东西的存在通常很简单，比如证明"重力的存在"。如果有人想挑战这个问题，可以直接把麦克风放在他们面前，看着它掉下去。因此，如果能够证明某些东西的存在，那么应该能够证明其相反的东西，这似乎是很自然的。但是由于经验和观察的限制，在某些受限制的领域不可能实现这种证明。如果没有发现实例，那是因为它不存在？还是因为还没有在正确的地方找到它？(这与黑天鹅事件有关，将在 4.9 节中进一步描述)。从哲学到物理学的许多领域都存在这种影响。也用于政治("你不能证明选举合规，所以选举违规")、宗教("你不能证明沉睡之神不存在，所以它确实存在")、人际关系("证明你没有欺骗我")等。注意防止有人试图用这种方法赢得争论！

供应商利用这种谬论，围绕他们的产品建立起"悬赏竞赛"机制。[4]他们向在设置

1　见[4]。

2　见[5]。

3　见[6]。

4　这与设置漏洞奖励程序不同。

的限制条件下击败自己产品的人提供奖励。然后，在没有人成功(甚至懒得尝试)后，宣称自己的产品"在互联网上任何人都无法攻破"。没有反面的证据并不意味着这是真的。

另一个例子是给学生布置一份作业：请证明不存在独角兽。显然无法证明这种消极的观点，因为学生不能证明不存在独角兽，那么可以宣称独角兽一定存在，这样得出的结论是错误的。如果这样还不够明显，那么我们提供特别服务：售卖价值 300 万美元的监控套餐，可以保证你的系统不会受到邪恶的、横冲直撞的独角兽的攻击。没有人能证明它是无效的，这说明监控套餐 100%有效，所以给我们打钱吧！

4.3   稻草人黑客谬论

假设已经知道网络、系统以及黑客可以从事的破坏。如果我们是攻击网络的黑客，那么会首先攻击高价值资产。在这种思考型演练场景中，假设攻击者将使用最新的、优化的 SomeWare rootkit 工具。这种令人感兴趣的攻击一旦进入系统，就不可能被击退。因此，黑客肯定要采取这种攻击。

在这种场景中，假设攻击者只会进行指定的攻击，攻击列表也减少到只有几次，并假设这就是全部需要防御的地方，或者占用了大部分的防御资源。

遗憾的是，攻击者很少这样思考。他们会使用手头所有的工具和知识，会攻击他们认为有趣的资源或立即可用的资源。这种 SomeWare 恶意软件可能很有吸引力，但如果一个社会工程电话或简单的钓鱼网站就让攻击者得到了他们想要的东西，他们就会使用，而不会不厌其烦地使用恶意软件。

攻击者非常聪明且不可预测，会使用被认为过于简单而不实用的技术，也可能使用我们甚至没有考虑过的攻击(见本章后面关于黑天鹅的讨论)。只要有效，那么它有多么简单并不重要。实现自己的目标，这就是他们想要的。

防御方经常试图想象攻击者的技术，但不应该局限于自己的想象。攻击者有目标，可以使用任何手段来实现目标。仅仅防御已知的技术和行为是不够的。俗话说，真相比虚构更离奇，现实比电影更夸张。许多对 SolarWinds 攻击感到惊讶的人应该赞同这一点！[1]

4.4   个人偏见谬论

网络喷子经常跳过争论的论点，直接指名道姓开骂。实际上承认自己没有事实可以争论，所以点名骂人(有些喷子只是喜欢顾左右而言他，甚至不关心是否赢得辩论。"永远不要和猪摔跤。你只会弄脏自己，而猪却乐此不疲。"这句话早在互联网之前就

---

1 有关 SolarWinds 事件的更多信息，请参阅附录 A。

已经存在[1])。这种倾向被称为"个人偏见谬论"。它跳过论证的逻辑,直接进行人身攻击。这实际上是在攻击带来信息的人,而不是信息。

例如,假设人力资源部正在为安全运营中心(SOC)团队面试候选人。Chris 的简历很优秀,被邀请参加面试。Chris 来面试了,脸上纹了显眼的文身还有蓝绿色的印第安莫霍克人的发型。人力资源部快速结束了面试,因为 Chris 显然不是严肃的候选人。另一个例子安保团队的员工 Bobbie,众所周知,他有酗酒的问题,并在上周被指控酒后驾驶。Bobbie 的经理在凌晨 2 点收到 Bobbie 发来的短信,说尼日利亚已经攻破了系统。鉴于网页还能打开,所以经理认为是 Bobbie 喝醉了,并决定第二天早上向人力资源部提交报告。这两种情况下,人们都成了个人偏见的牺牲品。Chris 可能是这个领域的后起之秀,而 Bobbie 可能发出了有效的警报。这两种情况下,公司都受到了损失,因为决策所依据的因素不是问题的核心,而是个人的偏见。

如图 4.2 所示,让人感觉天好像要塌下来了。在网络安全中,攻击来自各个方向,而且种类繁多:勒索软件、DDoS、网络钓鱼等。同样,事件的起源也千差万别,从脚本小子到犯罪集团。通常,攻击的确切来源不清楚,攻击者会掩饰他们的攻击痕迹,看起来像是来自其他地方的攻击,经常需要额外信息来确定攻击的确切来源和性质。

图 4.2　到处都是危险,天塌下来了!

如果将思维局限于特定来源,或者自动将事物标签化为"好人"和"坏人",并不是专注于攻击本身,而是关注其来源,人们会犯下"人身攻击谬论"的错误。有些文章称为"基因谬论"。不关注攻击本身而归咎于潜在的攻击来源。关注攻击本身并不能阻止攻击。这可能让人们自我感觉良好,也让管理层感觉良好,但不能阻止我们成为无数次攻击的受害者。因为我们已经提前得出了某些结论,应对措施就会受到影响。

1　见[7]。

4.5   草率归纳谬论

系统管理员常将系统出现的所有问题归咎于用户(或实习生)。"人是最薄弱的环节"这一说法长期以来一直主导着网络安全。这是用户的错。不可能是由于旧的硬件,不可能是来自复杂外部来源的攻击,不可能是配置错误,必定是用户的错。

类似的归纳总结是,公司认为对他们的每一次攻击都始于广泛的侦察。攻击者在发动攻击之前必须进行一些深入的研究。指责服务供应商,他们应该在攻击之前,就应该侦查发现并阻止。这种谬论天真地认为黑客攻击方法和攻击步骤就是如此,应该按照侦察是第一步,扫描是下一步的步骤按部就班地进行。[1]

快速归纳总结,有时候甚至是正确的。

但通常并非如此。并非每次攻击都是从攻击者了解他们的目标开始的。不同类型的攻击者具有不同的动机、技能和特征。有时,攻击者有一把锤子,每个系统看起来都像钉子:他们只是随便敲敲看看会发生什么。

有些人很快就从一两个有问题的用户概括为所有用户,这多么简单容易。此外,可能会因为有几次(或多次)正确,从而强化为习惯;然而,有必要进行更深入的考虑,而不是简单地指责用户。[2]他们是否得到了充分的培训和激励?策略是否清晰全面?命令的界面是否清晰且友好?当出现问题时,很容易责怪"用户群",但用户群可能已经尽最大努力利用现有资源完成工作。并不是每个用户都懒惰或有问题。不错,确实有存在问题的用户,但假设"每个用户都有问题"忽略了用户代表了广泛的能力和行为这一事实。有些用户有问题,有些没有。有些人是隔岸观火,有些人是火上浇油,还有些人是想帮助灭火。不要太快推卸责任!

此外,如果进行指责,一定要确保指责的目标有机会避免这个问题。也就是说,不要把别人当作替罪羊。大约 30 年前,我们中的一位作者[3]在一次采访中阐述了 Spaf 的系统管理第一定律:"如果你在组织中的职位包括安全责任,但不包括相应的权力,那么你在组织中的角色就是在发生事情时承担责任。请保持更新你的简历。"[4]这是思考这个问题的一个关键方法,如果你不会因为某人采取了可以防止事件发生的行动而归功于他,那么如果安全事件真的发生了,你指责这个人时候也要反复权衡与斟酌。

4.6   均值回归谬论

假设 Jie 是一家中型公司的 CEO。每个月,Jie 都要研究 CISO 关于数据丢失、恶意

---

1 如 Cyber Kill Chain 框架。

2 另请参阅第 3 章的 3.1 节。

3 猜猜是谁?

4 见[8]。

软件、网络钓鱼、攻击和停机的综合统计报告。当前数据每月都保持稳定。

然后，轰隆一声！连续两个月，数据丢失达到了历史最高水平。攻击正在增加。CISO 无法解释原因，并发誓内部没有任何变化。好吧，有些细微的事情发生了变化。因此，Jie 解雇了 CISO(参见 Spaf 的系统管理第一定律)。接下来的一个月，情况稍有好转，但仍不乐观。很明显，CISO 把系统搞砸了。必须采取激烈行动了。要求工作人员购买 Jie 在上次 CEO 高尔夫锦标赛上听说的名叫"一级棒"的最新网络安全系统。此外，还聘请了一名新的 CISO。虽然很费钱，但总归要做点什么措施才心安！

在接下来的几个月里，随着新的安全设备和 CISO 到位，系统似乎恢复了正常。该公司每月的亏损减少了！Jie 对果断的管理决策结果露出了会心的微笑，并期待着董事会的奖金。

然而，不为人所知的是，新上的"一级棒"设备除了将网络速度降低 20% 之外，与之前安装的设备没有什么两样。商业期刊上开始有报道说它设计得很糟糕，而公司花了一大笔钱买了三年的使用许可！还有，新来的 CISO 不仅不称职，而且在暗网上秘密出售公司的商业机密。还有，前 CISO 最近被竞争对手聘用后，其网络安全成本降低了一半。

出了什么问题？Jie 陷入了均值回归谬论。不寻常和极端的网络事件之后可能会发生更典型的事件。该公司经历了几个月的偏离正常的事件(不同于常态)，但随着时间的推移，又回归平均行为。要理解这一点，可以考虑反复掷两个骰子。最常见的一次掷两个骰子得到的点数和是 7。但如果有人扔得时间足够长，他们会连续多次击中蛇眼(1 和 1)。这并不是骰子突然被破坏了。而是当观察一段时间的平均值时，偶尔会遇到一些远离常态的系列数值。

那么，为什么在做出改变后，情况似乎有所改善呢？之所以会发生这种情况，是因为这个过程在一段时间后会回归平均值。在该公司的案例中，出错案例恢复到了平均水平，所以看起来似乎这些改变起到了作用。在这个例子中，结果是浪费了金钱，并造成了严重的安全问题。[1]

将与平均水平相比突然减少的事件作为所做事情的结果，也存在类似的问题。需要更深入地探究，以了解因果关系。

人们如何避免这种谬论？了解正在检查的报告的基本流程。如果发现与长期基线的偏差，在实施奖惩之前应仔细调查原因。

4.7 基准率谬论

基准率谬论是指倾向于为特定数据赋予更大的价值，而忽略先前的可能性或基准率。

当面对关于某件事效果如何的说法时，理解与"准确度"和"精确度"相关的概念至关重要。这些都源于概率论的基本思想。本书在第 14 章中提供重点和更多

---

1 董事会仍然会给 Jie 奖金，因为他们没有读过这本书，嘿，毕竟这也不是他们的钱，董事会经常这么做。

细节。[1]

假设有人与你打赌，他可以提供在一定时间内稳定运行的程序，并在运行时间内 100% 正确识别恶意软件的存在。因为你听过一些关于不可判定性和图灵机的证明[2]，满怀信心地打了这个赌。然后，这个人提供了这个程序，程序在运行后立即将每个程序标记为恶意软件。你输了。出了什么问题？你忽略了预测的特殊性——存在假阳性吗？

形式上，有第一类和第二类错误两种。第一类是假阳性，第二类是假阴性。总体准确度是指系统没有这两类错误的概率。精度度是确定的真阳性的百分比，特异性是确定的真阴性的百分比。理想情况下，我们希望 100% 的准确性，但这并不总是可能的。

举一个例子来说明为什么这些概念在网络安全中很重要。假设有人说，他们有 99% 准确的方法将网站识别为恶意或善意。[3] 在每 100 个恶意网站中，该方法正确地将其中 99 个标记为恶意。这太棒了，对吧？现在 99% 的恶意网站都会被这样标记并避开——只有 1% 会被遗漏。这个结果听起来不错，不让用户访问恶意网站将大大减少每个月必须处理的恶意软件事件的数量。

事实上，与所有网站相比，恶意网站并不常见。假设在互联网上随机挑选的 10000 个网站中，真正只有 1 个是恶意的。这种数字假设可以保持数学的美好和可爱。但是如果以准确度为 99% 的工具扫描这些网站，预期会得到 100 个不正确的结果。可能是 100 个正常网站被归类为恶意网站，或者 99 个正常网站归类为恶意网站，1 个恶意网站被标记为正常网站。可见，这种假阳性结果并不让人喜闻乐见。

更普遍的问题是，在网络安全的数据海洋中，只有极少量的数据是恶意的。从数学角度看，恶意行为的基本发生率很低。因此，除非有针对恶意软件和入侵检测的高特异性(拒绝误报)工具，否则我们将被错误的结果淹没。这种过度的“噪音”使防御方的工作变得困难。如果工具不能对信息进行分类和过滤，那么在让人疲惫的耗时、耗费资源的环境中，它们就不一定有用处。

如果数据集有 5000 正常站点和 5000 个恶意站点，那么预计会有约 100 个错误分类的站点。结果也无法接受。

想想看，一个繁忙的网络每天可以创建 1TB 的网络数据。与恶意网站的连接可以小到 64B，甚至更小。这是一个很小的基本发生率。任何声称在 99.99% 的时间内都能找到这 64B 的方法，都意味着它将错过数千个字节[4]，并产生大量虚假报告。

工具的假阳性率都很重要，工具多久会报告事实并非问题的问题？工具的假阴性率也很重要；如果工具经常错过恶意数据，那就不是好的工具。理解这些数值是避免基准率谬论的关键。

---

1 稍显宽泛的概述可以参阅[9]。

2 第 7 章将对此进行更多介绍。

3 许多人交替使用“善意”和“安全”这两个词；然而，安全专业人员选择使用“恶意还是善意”作为比较。“安全”感觉有点太强烈了。

4 更准确地说，假设我们不检查重叠的 64B 序列，平均而言，我们会在 1TB 的数据中错误地分类 1 717 987 个实例。

4.8 赌徒谬论

当掷硬币时，每一次投掷都是独立的，不会影响其他投掷。第一次投掷不影响第二次，第二次不影响第三次，以此类推。这些事件完全不受彼此影响。掷骰子也是如此。因为不会相互影响，这些事件被称为独立事件。请注意，并没有声明掷骰子或硬币是公平的——不要把"公平"与"独立"混为一谈。

然而，赌徒们往往不这么认为。他们会声明"我应得的"或"这会发生在我身上！"骰子不会听从他们的想法，也不受其他因素的影响。认为独立事件会相互影响被称为"赌徒谬论"。赌徒们想相信他们会赢，相信掷骰子最终会按照他们想要的方式进行。

遗憾的是，骰子是无生命的物体，对这件事没有观点。如果有人去过拉斯维加斯赌场(或雷诺、摩纳哥等地)，只要对周围环境的稍微观察一下就会知道这一点。不知何故，大多数赌徒似乎都没有进行这种观察。

给一系列随机事件中赋予相关的意义是一个典型的思维过程，它甚至有一个名字叫 apophenia，中文或许可以理解为"图形模式妄想症"，即人们倾向于在不相关的事物之间寻找联系。反复扔硬币是一系列不相关的动作，但因为是在扔同一枚硬币，人们希望这些动作是相关的。但事实并非如此。每一次投掷硬币都不会影响其他的硬币投掷。

研究表明，网络攻击可以被模拟成独立的事件。这意味着不能这么认为："已经过了一段时间了……我要发动攻击了"或"这次攻击的发生意味着其他攻击在一段时间内不会发生。"一次攻击并不一定意味着另一次攻击会发生或不会发生，就像过去没有受到攻击并不意味着将来不会受到攻击一样。

赌徒谬论也会影响上一节讲到的基准率谬论。如果用户单击电子邮件中的每个危险链接，不分青红皂白地打开每个附件，感染率就会很高。

WannaCry 勒索软件[1]内置了一个开关，通过解析一个不存在的域名来持续传播。一旦该域名存在，勒索软件就会停止传播。[2]当系统开始尝试解析一个不存在的域名时，这是否算异常？算，也不算。人会犯错，可能是反复输入错误的域名，也可能是域名所有者忘记重新注册，或者是新公司忽略了注册想使用的域名。而错误会导致异常。攻击者也知道我们对异常情况很敏感，所以他们试图隐藏自己的踪迹或使用更巧妙的方法进行破坏。

异常并不是恶意的同义词，正如相关性并不意味着因果关系一样。这可能意味着"你应该注意窗帘后面的人"，但并不意味着"窗帘后面的那个人正在窃取你所有的数据"，甚至不意味着"那里有人和窗帘。"

---

1 有关 WannaCry 的更多信息，请参阅附录 A。

2 只要在全球 DNS 系统中注册域名，这个域名就可以存在。系统和网络管理员还可以制作本地 DNS 记录，即使某些域名在全球范围内不存在，他们的计算机也可以认为这些域名已注册。这种被称为"黑洞"的技术很常见，被一些组织用来防御 WannaCry。

4.9   忽略黑天鹅

在澳大利亚大陆被发现之前，人们认为天鹅只有一种颜色：白色。没有其他颜色的天鹅——没人相信还有其他颜色。然后澳大利亚说："看好了，看我的！"[1]于是不可思议的事情发生了，人们发现了黑色的天鹅(图 4.3)。

图 4.3   澳大利亚对那些认为所有天鹅都是白色的人说："瞧好了，看我的！"

黑天鹅事件的发生超出了想象。这是一个非常奇怪的事件，非常离谱，以至于无法想象它会发生。从数学概率上讲，这些事件是如此不常见，以至于甚至不能包括在可能发生的事件模型中，因为它们不应该发生。

只有在事件发生后才知道它们是黑天鹅事件。不能说发现一只黑天鹅就是黑天鹅事件；当时已知的事实是天鹅是白色的，而不是黑色的。

可以猜测下一个黑天鹅事件，但这些只是猜测，甚至可能不知道该事件的要素是否存在。从书架上随机挑选一本科幻小说，假设书中描述就是接下来会发生的，会比猜测黑天鹅事件有更好的运气。

如果要举一些很少有人在威胁模型中考虑过，但肯定会毁掉你一天心情的例子，请在网上搜索并阅读关于 Carrington 事件和 Cumbre Vieja 海啸的可能性。等你哦！

很可怕，是吗？如果没有人告诉你这些，而它们又发生了，你会称它们为黑天鹅事件——如果你能侥幸在事件中幸存下来。现在你可以直截了当地把它们加入那张让你夜不能寐的事件清单中。

回到计算机上。在 20 世纪 90 年代，在互联网泡沫时期，拒绝服务攻击(DoS)被各种流氓普遍使用。他们会接管一个系统，并向目标大量发送数据包。这种攻击并不难处理，因为攻击要么持续时间很短，要么由于只有一个 IP 地址发起攻击，很容易被阻

---

1 那杯啤酒的品牌很可能是 VB、Carlton 或 Tooheys，建议进行现场确认。

止。这些事件很烦人，但这并不是我们不知道如何解决的问题。

然后是分布式拒绝服务(DDoS)攻击：这是攻击模式的彻底转变。不再是"哦，屏蔽那个 IP 地址，继续你的工作"，有太多不同 IP 地址的数据包，以至于无法将它们全部屏蔽。需要围绕抵御 DDoS 建立一个完整的行业。这是组织必须应对的可能的攻击模式的转变。

另一个例子是 Stuxnet 病毒。电影、电视节目和书籍中都提出了类似的想法。尽管如此，Stuxnet 还是一种新型的网络武器，被创造、使用并最终暴露在世界面前。这种蠕虫病毒通过 USB 传播并攻击离心机，没有窃取数据或金钱，而是尽其所能摧毁了一个军事综合体。电影不再是虚构，世界已经变成如此。

这也意味着为黑天鹅事件制定计划几乎是不可能的。对于无法预测的事件，该如何计划？对资源的灾难性、一般性影响制定计划，而不是将所有计划建立在无法预测的事件之上。假设为了预防火灾、爆炸和洪水等灾难的发生，需要考虑保存所有的数据。在这种场景下，需要一些保护措施，防止火山爆发、流星撞击(小流星，不是灭绝事件)、海啸以及配备黑天鹅武器的小绿人驾驶 UFO 入侵。

4.10 合取和析取谬论

概率是有规律的，就像国家有法律一样，必须遵守法律。如果违反了概率定律，不会进监狱，但可能会完全误解目前的情况。虽然不至于抛弃了关键因素，但可能导致浪费金钱、时间并破坏安全。

从一个简单例子开始，外面可能是晴天，也可能是雨天。这两种情况是单独发生的，外面既是晴天也是雨天的情况非常罕见。

举个网络安全中漏洞的例子。假设有 100 个不同的服务器，但只有一台运行财务数据库的服务器对公司运营至关重要。已知存在一个会影响 80%服务器的漏洞，必须进行修补。服务器是关键服务器并存在漏洞的概率小于任何服务器存在漏洞的可能性(分别为 0.8%和 80%)。两个事件同时发生的概率小于其中一个事件的概率。[1]这一点在所有情况下都成立，也是前面提到的概率定律之一。

有一种谬论叫做合取谬论，即人们说服自己认为这两个事件同时发生的概率大于其中一个事件的概率。一个例子是勒索软件攻击数量和比特币的价值同时增加。人们说服自己，两者同时增加的概率比单纯勒索软件攻击数量增加更可能发生。

更规范地说，如果两个独立事件的概率是 P 和 Q，那么两者同时发生的概率是 $P \times Q$。如果每个事件发生的可能性是 50%，那么同时发生的概率只有 25%。[2]记住概

---

1 好吧，对于读者中的学究来说，如果两者的可能性都是 100%，那么两者同时发生的概率和其中之一单独发生的概率是相等的。

2 如果两者不独立，就变得更复杂了，至少需要引入贝叶斯定理。如果需要更多信息，请查阅关于概率的好书或咨询概率论专家。

率相关定律，其他计算结果都是在破坏这些定律。

合取谬论与"和(and)"连接的概念有关：雨天和晴天，关键服务器和漏洞。另外一个类似谬论是析取谬误，与"或(or)"连接的概念有关。

在概率中使用"或"时，它是包容性的，而不是排斥性的。如果说"雨天"或"晴天"，那么这两种说法中至少有一种是正确的。也可能两者同时存在，两者都为真，至少有一个符合情况。

假设用户安装了软件，并说："游戏软件或恶意软件"。这是否意味着如果该软件是游戏，它就不是恶意软件？事实并非如此。恶意行为者制作了一个伪造版本的《愤怒的小鸟在太空》游戏，是恶意软件。[1]这既是游戏软件，也是恶意软件。

这倒是一个典型的思维过程。这种情况下，它不仅打破了概率定律，也打破了逻辑法则。这是一个常见错误。就像日常讲话中经常使用的那样，默认情况下，两个事件的"或"意味着不是第一个就是第二个。根据逻辑定律，"或"表明两个事件中至少有一个发生了。

更规范地说，前面提到给定的 P 和 Q，联合概率为 $1-((1-P)(1-Q))$：概率是 P 和 Q 不发生的概率的相反数。因此，如果两者都是 50%，那么至少发生一次的概率是 75%。

陷入这种谬论可能导致糟糕的结果。如果认为该软件是一款不可能是恶意软件的游戏，就是在向恶意软件感染敞开大门。有人可能会说，任何版本的《愤怒的小鸟》都存在同样的问题，但我们会让你来决定，亲爱的读者。

总之，要遵守概率定律和逻辑法则。违背了这些定律法则的行为不会有实际的惩罚，除非把花费更多的钱和更多的时间看成一种惩罚。感觉这种东西在概率论中没有立足之地，因为数学不在乎是否有人喜欢这个结果。你可能觉得每天都在下雨，但直到你统计了很长一段时间内发生的事情，才知道这个结果是否正确或属实。数学可能会证明你是对的，每天都在下雨，也可能不对。不管怎样，数学就像一只蜜獾：它不在乎你对这件事的感受。

4.11   价值效应

理性的人希望好事发生。我们希望在网络安全方面的防御始终取得成功，希望对手能够放过我们，如果他们不肯，我们希望能没有损失地收拾残局。认为好事会发生，坏事不会发生是人之常情。用概率论的术语讲，人们认为好事发生可能性更高，坏事发生可能性更低。价值效应是指高估好事发生的可能性而不是坏事发生的可能性。

例如，在一项针对公司的调查中，25%的公司没有识别内部威胁的程序。内部攻击通常比外部攻击造成更昂贵的损失。内部员工有固定权限访问、过滤数据，并从公司窃取它们，当威胁是内部员工时，将很难阻止。因为信任员工，否则不会雇用他们。

如果组织没有内部威胁应对计划，那就是说这个组织相信无论如何，员工永远不

---

1   见[10]。

会做损害组织的事情。不过，人会变的。金钱的诱惑可以压倒对组织的忠诚，而假装不会发生坏事的策略不会改变现实。员工也可能因被勒索或受到胁迫而妥协导致行为不端。此外，员工从"满意"转变为"不满"的频率比一些雇主认为的要高。

糟糕的事情会发生，做好准备。正如一句俄罗斯谚语所说："信任，但要核实。"

4.12　资产归属效应

研究一再发现，人们认为自己拥有的东西的价值要高于市场告诉他们的价值。这被称为资产归属效应或禀赋效应，对网络安全有着有趣的影响。

例如，如果人们拥有一家公司的产品，即使已知该公司存在严重的隐私和安全漏洞，他们也会认为该公司更值得信赖。这也被称为"粉丝效应"。嗯，不一定真实，但粉丝效应该就是由此产生的。粉丝更可能为他们喜欢的公司内部缺陷开脱。隐私泄露，零日漏洞——这无关紧要。粉丝们对这家公司更加信任，因为他们拥有它的产品。你有没有曾经卷入关于 Android 和 iPhone 哪种手机更好的争论中？

人们也相信自己的能力，包括独特的密码创建方法。用户赋予密码特殊的含义，即使出现安全问题也不会更改密码。密码对用户来说很重要，因为这是用户所有的，所以会赋予它更高的价值。

当检测到来自其他领域的问题时，也可以看到这一点。当管理员被告知："你需要看看你的机器 X.Y.com，可能它已经被破坏了。"管理员查阅了他们的日志，什么也没看到，因此，由于信任他们自己的(被破坏的)软件，警报解除了。执法人员经常遇到受害者的这种反应，从而拖延了有效的行动。

有三件事可以帮助避免资产归属效应。第一件事与消费者有关。供应商喜欢提供免费试用，因为人们可以对产品进行评估，也因为创造了拥有产品的心理感觉。仅仅因为我们尝试了产品，并不能使它一定比选择其他产品更好。第二件事是供应商会觉得，人们应该为我们感到骄傲和从中获得快乐的产品付出最高的价钱。但是，对于消费者市场来说，价格可能太高了。第三件事是意识到这种影响。应避免在没有仔细评估的情况下迅速为系统(或团队、政党)的错误进行开脱。

4.13　沉没成本谬论

与资产归属效应类似的谬论是沉没成本谬论。人们认为，在一个项目上投入的时间、金钱和精力赋予了这个项目特殊的意义，而此时最好还是继续下去。

GoodLife 银行已经安装了入侵检测系统(IDS)。多年来，Terry 的员工对其进行了精心调整，以忽略内部软件和偶然行为产生的误警告。他们还让承包商开发了自定义报告软件，将扫描日志用于从威胁评估到员工教育的所有方面。每六个月，报告的订购价格就会上涨 2%，因为供应商说这是发布更新威胁的成本。

Terry 一直在寻找削减成本的方法，并确定了可以部署的新 IDS。竞争对手的软件售价是目前年成本的三分之一。审查和独立测试表明，它比 GoodLife 现在的软件更可靠；然而，系统要进行切换，需要重新进行自定义，需要重新确定例外列表。可参见图 4.4。

图 4.4   试图保持平衡不如放手

当 Terry 向 CEO 提出更换 IDS 的想法时，Pat 否决了采购，理由是 GoodLife 不能更换当前的软件，因为最近刚完成向承包商支付的所有定制费用。银行不会"扔掉昂贵的软件"。

这种改变可以在几年内收回成本，此外，新的 IDS 更有效，可以防止更多损失。

CEO 已经成为沉没成本谬论的受害者(可能不应该担任 CEO)。

Pat 和 Terry 应该怎么办？ Terry 应进行并行测试或试点评估，比较有前景的替代方案与现有解决方案的成本和结果。在实施安全预算时，Pat 应该把投资重点放在未来，而不是过去，不要仅仅因为钱花在了解决方案或特定战略上就坚持下去。重要的是要关注可以做什么，而不是因为之前的选择而感到失落或内疚。如果决策能够做到不受情绪影响，那么沉没成本谬论就会减少。

4.14   更多谬论

人们在研究和实践中发现了许多谬论。前几节中介绍的是在网络安全环境出现的谬论，但注意并不是全部！以下是一些非正式出现的谬论，会在讨论、辩论和各种争论中出现。这些都偏离了有用的分析，因此应该认识到并尽可能避免。如果你愿意，可以研究逻辑学和修辞学以便更彻底地解决这些问题(甚至更多)。

4.14.1　外部借鉴

在本书的前言中提到，DRID 部门的 Chris 反对雇用新的安全专家来监督他。他表示，"其他机构没有这样的职位。此外，部长也没有建议这样做。"他们不是在争论优点，而是争论对外部的借鉴——第一个借鉴的是职位的受欢迎程度，第二个借鉴的是权威人士的态度。两者都可能是真的，但并没有涉及正在讨论的事实。

另外两个错误的借鉴是对"自然"的借鉴(例如，这不是自然的，因为我们在现实世界中没有看到它发生)和对情感的借鉴(例如，它会让我感觉不好，你会后悔的，所以不应该这样做)。

第五种借鉴形式是对纯度的借鉴，有时被称为"真正的苏格兰人谬论"。通过反驳来质疑对方的真实度。例如，Blair 辩称，没有一个真正的苏格兰人会单击一个宣传羊杂(haggis)的可疑网络钓鱼链接。Skye 认为自己是苏格兰人，并声称自己曾经单击过这样的链接。Blair 感叹，Skye 一定不是真正的苏格兰人。

上述五种情况也可以反过来说，例如，"其他所有机构都是这样做的"和"书里建议这样做。"

4.14.2　有问题的证据

有几个谬论涉及引用有问题的证据。其中最值得注意的是窃取论点：提出论点时已经假设论点是正确的。例如，Sarki 声称"Perl 是最好的编程语言，因为它具有最像 Perl 的功能"，就引出了这个问题。

另外两种有问题的证据形式是采用个人经验和择优证据来支持一个论点。正如在黑天鹅谬论中看到的那样，可以从个人经验中挑选一些可能无法反映整体实际状况的例子。一般来说，例子并不能证明问题，尽管可能是论点的反例(反证)。

与个人经验谬论相关的是难以置信的问题。"考虑到为保护系统所花费的一切，我简直不敢相信系统已经被破坏了！"这是基于信念而非证据否认发生的事实。

另一个有问题的证据谬论是基于一个例子或条件不恰当地概括整个事实。例如，"我们所认识的两位最优秀的软件工程师都是从 Southern North Dakota 大学 Hoople 分校获得学位的，该校所有的毕业生都同样出色。"

4.14.3　诱导性问题

Pat 和 Chris 下班后在一家酒吧遇见 Seong。两人都对 Seong 一见倾心。Pat 问了 Chris 一个问题并故意让 Seong 听到："你是否仍在接受内幕交易和电信欺诈的调查？"

这是一个饱含深意的问题，无论 Chris 如何回答，其目的都是为了在 Seong 面前制造对 Chris 的不良印象——除非 Seong 读过本书，会反而对 Pat 形成负面印象。这是一个典型的"你还打你的配偶吗？"类型的问题。

4.14.4   错误选择

在一些重大的政治争论中，可能会寻求一些"中间立场"，以得出似乎不偏袒任何一方的结论。然而，当其中一方的"立场"基于事实的时候，这种方法很可能导致一个糟糕的决定，因为它将导致一个不完全基于现实的结论。新闻媒体[1]中经常看到这种"两面派"的做法，尽管其中一方是基于科学事实和历史事件的。相比之下，另一方则是纯粹的政治姿态。

另一种形式的错误选择是将可能的答案限制在较小的选择范围，这些选择无法反映正确答案的全部细节。例如，Terry 向 Pat 解释说，GoodLife 银行的防火墙设备越来越不可靠。Pat 表示，"我们无法承担更换所有网络设备的费用，所以必须将就。"Terry 并没有将"更换所有设备"作为一种选择，但 Pat 将其简化为全换或全部不换的选择。这通常用于只要求回答"是或否"的争论中，但正确答案是"有时"或"取决于情况"。

4.14.5   你也一样

一个经典的谬论是使用 tu quoque(拉丁语中"你也一样"的意思)：指责对方也做了与正在讨论的问题类似的事情，但其实与之无关。这种情况经常发生在政治和家庭争论中(绝对应该避免)。例如，"你在指责我没有在文件服务器上安装补丁？那你的所有账户都用同一个密码该如何解释呢？"

这是一种转移话题的形式，可以上升到忘记原来的观点，一个小的分歧可以上升为激烈争论。

4.14.6   更多问题

有几种方法可以扩展或细化正在讨论的问题，使其成为与内容无关的问题。

- **滑坡谬论**：如果以某一特定方式作出决定，将导致更多的、不理想的结果，因此不应做出这样的决定。这可能是有效的观点，但也可以被用来掩盖问题。例如，"如果我们允许人们在家里使用工作笔记本打印，他们就会打印出所有的公司机密，公司就会倒闭。"
- **歧义或模糊**：含糊或不精确地定义术语和条件意味着决策的影响比所讨论的更

---

1 只有部分媒体如此。许多新闻机构力求报道的公正性、准确性。我们发现[11]等网站的材料在评估一些报道时很有帮助。不过，请记住，即使是最有偏见的报道，有时也可能有一些真实的内容，请记住个人偏见谬论！

大(或更小)。想象一下，论点说"双因素登录只增加了 10 秒的身份验证时间"，但没有说明系统用户每天进行 25 次身份验证，而不是一次。

- **转移话题：** 主张被提出来，但被一个例子反驳，于是提出主张的人细化了主张，增加了额外的条件和例外情况。例如，GoodLife 银行正在考虑用行为分析法来检测内部威胁。CISO 提出反对意见，声称不知道是否有员工复制了客户名单，但工作人员指出，记录可能会暴露出来。于是，CISO 转移了目标，说："但如果内部人员还安装了恶意软件来清理日志呢？"

第 5 章

认知偏见

> 我们所坚持的真理在很大程度上取决于我们自己的观点。
> ——《星球大战》中的奥比-旺·克诺比

线上线下的世界充满了像消防水龙头里的水一样多的数据。如果大脑必须注意每一个刺激，很快就变得不知所措和瘫痪。因此人类使用的是另一种启发式方法。Max Planck 人类发展研究所的心理学家 Gerd Gigerenzer 将启发式方法描述为"忽略部分信息的策略，其目标是比更复杂的方法更快、更节约、更准确地做出决策。"[1]在行为科学中，启发式是好是坏，存在着相当大的争论。

启发式方法使人们能够有效地利用时间和精力。人们可以系鞋带，开车去上班，做最喜欢的菜，查看电子邮件，而不用考虑每一个细节。启发式方法也被用于思考以及用于网络安全技术中。不需要对每个恶意软件进行里里外外的分析。例如，启发式方法可以查找可疑的属性或行为。许多情况下，做到足够接近就够了。

启发式方法也可能是个问题。Daniel Kahneman 和他的研究伙伴 Amos Tversky 写道："启发式方法非常经济，通常也很有效，但会导致可预测的系统性错误。"[2]Kahneman 和 Tversky 对各种判断和决策进行了广泛研究，识别了几十个认知偏见。当进行快速、本能和情绪化的思考(称为系统 1)，而不是慢速、慎重和合乎逻辑的思考(系统 2)时，就会出现这些问题。当启发式方法出错时，就会产生认知偏见。

技术领域中存在许多人的角色，包括设计师、开发人员、用户、管理员和对手。偏见影响着每个人。攻击者在社会工程中利用了人类的偏见。这些攻击者很容易受到确认偏见和损失厌恶的影响。[3]可能需要利用偏见来对付对手(例如使用蜜罐)，同时管理防御中的偏见。

---

1 见[1]。

2 见[2]。

3 见[3]。

本章介绍了 11 种常见的、对网络安全有危险的偏见。大多数人都会表现出某种认知偏见，而且没有治愈方法。当人们做出与安全相关的决定并授权他人做出自己的决定时，应该意识到认知偏见的存在和影响。每一节都会建议你可以采取哪些措施来减少这些危险的发生。最后，将介绍可能会遇到的十几种额外偏见，但这些偏见在网络安全中并不常见。

如果对好与坏的看法不尽相同怎么办？

在网络安全方面有许多专业判断。这个文件好还是坏？这个事件重要吗？这个零日事件是高度优先的吗？这个账户是真的还是假的？

Daniel Kahneman 在研究偏见多年后，将注意力转向了相关的话题：噪声。他将噪声描述为人类判断中不必要的变量。这项工作的总结是"哪里有判断，哪里就有噪声，而且通常比你想象的要多"[1]

虽然偏见是同一方向上的可预测错误，比如总是对一个人能多快完成项目过于自信，但噪声是多个方向上的错误。例如，如果请 100 名恶意软件专家来判断一个文件是否是恶意的，如果 25 人说是危险的，25 人说中等危险，50 人说是善意的。这就是噪声，表明有问题。

针对噪声的最极端对策是使用正式规则——算法，而不是人的判断。算法产生一致的结果。算法并不是在所有情况下都简单或实用，取代人类的判断对一些人来说是痛苦的。同样重要的是，人类必须决定如何将算法的输出转化为行动。

Kahneman 建议进行噪声审计。即使你不知道"正确"的答案是什么，也要看看你所在组织或领域的输出差异。想象一下，对一个面向公众的应用程序服务器进行了漏洞分析，发现了一个盲目的 SQL 注入。数据库中有 100 000 名用户的私人记录。如果漏洞被利用，潜在损失的价值是多少？请 10 位专家给出建议，如果专家们没有意见，高级管理人员将在决定该怎么做时犯下不知情且可能代价高昂的错误："这是关键的系统。CISO 将不得不接受风险并保持系统运行。"

Douglas Hubbard 在其著作《网络安全风险的度量方法》中主张传授校准概率。人们可以学会对特定事件做出合理的估计，如"2022 年因内部威胁而损失超过 1000 万美元的概率为 6%"(这只是一个例证，不一定是合理的估计)。

5.1　行动偏见

2014 年 11 月 24 日，星期一，索尼影视娱乐公司的员工来上班时，在他们的屏幕上看到了骷髅和十字架的图像，其中包括这样的信息："如果不服从，我们将向全世界

1　见[4]。

公布下面显示的数据。"攻击者窃取了员工的个人信息、公司电子邮件、未发行的电影和剧本。11 月 25 日，索尼关闭了整个网络。索尼 CEO Michael Lynton 表示："这方面没有行动手册。"Kevin Mandia 说："索尼影视娱乐公司(Sony Pictures Entertainment)不可能为袭击该公司的大规模黑客攻击做好充分准备。"他的公司 FireEye 受雇调查此次攻击。

当危机发生时，人们希望获得控制权。房子着火，人们在扑火时总想做点什么来阻止燃烧。在网络事件发生后——从 SolarWinds 供应链事件到勒索软件攻击——网络安全领域的人们感到不得不做一些事情……任何事情都可以！如果没有准备，紧急情况下的决策就会受到影响。危险的是基于错误的风险评估导致过度或不足的花费，并可能采取增加损失的行动。

有时，最好的事情就是什么都不做。一旦用盖子盖住着火的油锅，最好的行动就是等待。谨慎的等待是深思熟虑的选择，尽管看起来和感觉都像是无所作为和瘫痪。最好的办法是让开，让专业人士来做他们的工作。

行动偏见是指宁愿采取行动也不愿等待，即使这会适得其反。它是做某事、做任何事情的冲动，而有时最好的事情就是什么都不做。当意识到采取行动的紧迫性时，更可能出现行动偏见。这场危机可能是一次入侵，也可能是一封声称密码已过期的钓鱼电子邮件。人们之所以屈服于行动偏见，是因为他们认为这表明了他们在控制混乱局面方面的领导力。他们没有意识到，更好的领导力在于准备和实践。

行动偏见并非网络世界独有。关于行动偏见的最初研究着眼于足球比赛中的守门员。[1]罚点球时，当球飞向球门时，守门员决定最好的动作是移动。他们会向左或向右扑，尽管从统计数据看，阻止最多进球的最好方法是保持在原地。

医生也这样做。他们和病人不想采取观望的态度，而是想做一些事情，即使这些事情毫无用处。医生们认为，如果他们只是在监测症状，他们就不是医生；因此，他们必须有所作为。

公司经常购买阻止列表来阻止用户访问可疑的域或 IP 地址。这些列表还用于阻止垃圾邮件 ergo，即名称。这些清单阻止人们去那些糟糕的地方或者从糟糕的地方下载文件。诱惑是买了这份清单，然后立即付诸实施。毕竟，买它是为了阻止坏人。但有时，非恶意域名最终会出现在恶意域名列表中。例如，Twitter 已经被用于指挥和控制僵尸网络。这意味着 Twitter 网站经常会被列入阻止列表，因为指挥和控制是干坏事，封杀它们是好事；然而，由于社交媒体如此普遍而且是合法使用，屏蔽该域名是错误的举动。如果在使用之前不进行分析，我们就可能阻止重要的域。域名最终会因为各种原因出现在阻止名单上，所以如果我们贸然行动，可能会阻止重要客户向我们发送电子邮件。我们想阻止恶意域名，这是保护性的，但在没有实际查看屏蔽的内容的情况下屏蔽所有内容是糟糕的做法。在没有分析的情况下贸然采取行动，看起来很主动，但可能造成更多麻烦，得不偿失。

避免行动偏见的关键是放慢速度。这并不意味着在危机中行动迟缓，而是在危机

---

1 见[5]。

发生前花时间仔细计划和演练如果事件发生将如何行动。很多人都有事件响应预案。好的公司会进行红队攻防和桌面推演来演练计划。即使出现了预案中没有的情况，比如索尼发生的事情，我们仍然对最关键的资产和业务功能保护有合理的计划。前总统 Dwight Eisenhower 说："计划毫无价值，但计划就是一切。"最后，与高管和股东沟通，让他们知道专家们正在做出深思熟虑的决定，而不是在目标面前躺平。

5.2 忽略偏见

引用 Yoda 的话："要么做，要么不做。没有尝试。"

假设在产品中发现了一个漏洞。这是一个严重的漏洞，可以让攻击者接管计算机。如果泄露，公司将花费大量的金钱、时间且声誉受损。如果公司把它藏起来，假装它不存在——也就是说，对漏洞什么都不做，希望没有人发现——就犯了忽略偏见：倾向于不作为(疏忽)而不是行动。尤其是，人们认为痛苦的行动比不作为更糟糕。根据现实的情况，他们认为什么都不做风险较小。而这很可能是不正确的。

2015 年，安全研究人员在汽车遥控钥匙中发现了收发器芯片缺陷。[1]如果收发器不在汽车附近，汽车就不应该启动，以防止电线过热或钥匙未经授权。研究人员发现了漏洞，能够在不到 30 分钟的时间内绕过系统并启动汽车。他们做了负责任的事情，通知了芯片制造公司。

然后，在足够的时间(九个月，足够生孩子了)后，研究人员通知了大众汽车，并告诉他们这些信息将在一个学术会议上发布。大众汽车使用了这些芯片，所以更有责任知道发生了什么。

大众汽车公司没有通知公众并也没有向车主提供新的遥控钥匙，而是决定采取不同的方法——起诉研究人员。该公司决定，对该漏洞不采取任何行动(除了起诉安全研究人员)的风险比实际解决问题的风险更小。

不用说，这不是正确的回应。这个案子经过两年的谈判才得到解决。这与窃取虚拟信息无关；已经涉及偷盗车辆了。根据一些报道，这个漏洞被窃贼利用了。大众汽车没有做正确的事情并解决问题，没有采取行动(并禁止其他人这样做)，从而使情况变得更糟。

掩盖问题(即使躲在律师后面)也不会让问题消失。忽视这个问题也不能使它消失。

为进一步说明这一点，让我们检查一下密码。密码一直是个问题，每个网站都有自己的要求，账户越多，需要记住的密码就越多。此外，传统上更改密码通常被视为一件好事。记住所有密码(尤其是在密码更改后)是很难的。根据 DashLane 的数据，2017年，美国用户平均有 150 个在线账户，每个账户都可能有自己的密码。[2]

这就产生了随机性需要，尤其是在密码要求变化很大的情况下。一个地方需要包

---

1 见[6]。

2 见[7]。

含特殊字符的密码；另一个地方要求它们不包含特殊字符。特殊字符的定义也因地而异。聪明的做法是更改密码，并把它们写在只有你能访问的地方。例如，放在钱包里的一张卡片上，如果钱包被盗，请立即更改所有密码。[1]

如果不这样做，人们将避免更改密码。对密码什么都不做会更容易，尽管这样做的安全风险更大。用户认为这风险较小，因为他们不会忘记密码，但他们忽略了密码本身的风险。不行动，不改变密码，被认为比行动的风险小。

避免忽略偏见的关键是考虑不作为的后果。当给出两个糟糕的选择时，忽略偏见有道德成分，采取有害的行动比不采取行动更让人感到内疚；无论如何都会让人觉得难以承受，从而增加不作为的可能性。这通常称为电车问题(见下面的补充说明)。一定要正确把握不作为的后果，思考不作为的影响，而不是认为无关紧要。

电车问题

《韦氏词典》在关于电车的历史和描述中，将其归因于英国哲学家 Philippa Foot。[2]这是一个关于伦理和选择的思想实验。

这个问题的典型案例是设想有一辆失控的有轨电车在轨道上超速行驶。如果按照现在的轨道行驶，它会导致轨道上的多名工人死亡；假设你正好站在一个道岔开关旁，如果你采取行动，将电车转向侧轨，避开工人们。然而，遗憾的是，在侧轨上有一个毫无防备的人，有轨电车改换轨道会撞死这个人。没有其他选择情况下，[3]你会做出哪个选择？

这个问题有很多变种案例，其中许多目前涉及自动驾驶汽车控制。这也表明了疏忽偏见在现实中是如何发挥作用的。如果没有明确的想法，许多人只是"不想参与其中"。这表明，不做决定就是做决定，即使所有潜在的选择都有不幸的结果。

5.3 幸存者偏见

第二次世界大战的典型例子是幸存者偏见最好的说明。轰炸任务结束后，返航英国的飞机上布满了弹孔——防空火力向飞机猛烈射击——这不是意外的反应。

盟军希望轰炸机能顺利返航，所以他们研究了返航的这些飞机。当它们被击中时，机身上就有弹孔。工程师们的决定是："在弹孔多的地方增加更多的装甲！增加防御，可以让更多的飞机返航！"这个结论是不正确的，也是幸存者偏见的例子。工程师们的

---

1 你确实在保险箱里放了备用的密码卡，对吗？这是一种密钥托管形式。应该确保受保护的关键信息有备用的副本，以防丢失当前的清单或遭遇失忆症；或者防范系统管理员，虽然他知道所有的密码，但他在中了彩票后，突然离职，过上了面朝大海，春暖花开的生活，拒绝接听我们越来越绝望的电话。

2 见[8]。

3 如果电车名为"小林丸"，可能还有一个额外的选择，但前提是你的名字是 Kirk。

研究只限于轰炸行动的幸存者。真正的问题是，"那些没有回来的飞机是什么情况？盟军希望这些飞机在突袭中生存下来，那么他们为什么没有幸存下来？"

正确的解决方案是增加飞机上与幸存者弹孔不同部分的装甲。如果只看幸存者，就会忽略重要的信息。忽略这个问题，"为什么那些飞机没有幸存？"飞机的脆弱部分需要更多的加固，因为这就是那些飞机没有返回的原因。

当只选取通过了选择过程的群体，就会出现幸存者偏见，就像这个案例中倾向于只检查从轰炸行动中返回的飞机。最有趣的往往是那些没有通过的项目。

识别恶意软件的反病毒过程就是另一个这样的过程。我们经常研究的是"幸存"的恶意软件，即被过程标记的恶意软件。我们考虑哪些恶意软件是由反病毒程序发现的，但忽略了可能存在的未报告的其他恶意软件。我们只检查幸存者，而重要的恶意软件实际上是那些被遗漏的部分。被捕获的恶意软件不是威胁，没有被捕获的恶意软件才是威胁。

这样做是因为对整个问题缺乏了解。我们不知道反病毒软件没有捕捉到什么恶意软件；如果不知道，就不能研究，但这很重要。这些就是危险的恶意软件。我们捕获的恶意软件对系统没有危害，没有检测到的恶意软件才是危险的。

应该考虑幸存者的过程，就像盟军对返回的飞机所做的那样。我们错过了什么，为什么我们会错过？

5.4　确认偏见

在侦探案件的电视节目中，经常有一条情节线，特立独行的侦探告诉周围的每个人，无论证据如何，他们都知道凶手是谁。侦探将无视专家，驳回证据，并在节目最后被证明是正确的。毕竟，这就是特立独行的人所做的！

侦探在做研究之前已经决定了结果。这位侦探也非常确信自己是正确的，以至于其他人所做的任何研究都被忽略了。这位侦探陷入了确认偏见。幸运的是，对于所有相关人员(除了受害者和罪犯)来说，剧本确保了正义最终获胜。在现实生活中，确认偏差可能导致灾难。

和这个虚构的侦探一样，人们经常成为误区的牺牲品。他们对答案如此执着，以至于他们愿意忽视专家、证据和任何可能证明他们错的东西。结果是否准确并不重要；他们会相信这些结果。如果是正确的，就不需要做更多工作了，不需要进一步检查，他们的假设是正确的，坏人被阻止了。就像侦探抓到凶手一样，每个人都很高兴，贺喜声一片。

除非……他们可能错了。他们没有确认假设；假设他们是正确的，然后欢快地上路了。这并不是确保正义最终获胜而编写的剧本。

假设 Chris 决定 DRID 唯一需要的安全设备就是防火墙。Chris 假设防火墙会阻止每一次攻击，而且因为 DRID 在上面花了很多钱，所以这就是所有需要的东西，因为它就是那么好。Chris 不仅知道防火墙很好，而且每篇评论和所有营销文献都描述了它是如何阻止所有威胁的。Chris 做出了一个伟大的选择。

简单列一下 Chris 忽略的内容：网络钓鱼、内部威胁、网站涂鸦、恶意媒体、恶意文档、供应链攻击等。Chris 假设防火墙会阻止一切，但电子邮件必须可以通过，内部人员在防火墙的另一端，可以很容易地窃取他们想要的东西，而且网站必须可以访问，软件需要更新，备份需要存储在某个地方。防火墙不能消除所有的威胁。

防火墙可以通过封锁端口来防止类似 SQL Slammer 蠕虫的攻击，但不能防止包含嵌入电子表格的恶意软件的电子邮件。此外，防火墙也经常存在漏洞。如果在防火墙中发现诸如 CVE-2021-26088 的漏洞，该怎么办？该漏洞使攻击者能够使用以特定方式精心编制的 UDP 数据包绕过防火墙规则。如果有人购买了防火墙，并认为这是他们需要做的一切，就会让组织受到其他攻击。

调查总是必要的。第一个想法可能是正确的，但应该进一步深入研究，以确保一直正确。还需要确保考虑所有的证据，而不仅仅是支持理论的证据。

5.5   选择肯定偏见

与确认偏见和沉没成本谬论相关的偏见是"选择肯定的偏差"。当之前做出过选择，而当前的情况与该选择有关时，就会发生这种情况。与其做出一个正确的决定，将我们之前的选择置于负面的位置，不如做出一个错误的决定。

例如，Pat 已经从 FBN(Fly By Night)软件公司为 GoodLife Bank 采购一个重要的安全监控软件。Terry 担心 FBN 的防火墙不完全有效，并希望采购另一个防火墙，与 FBN 的防火墙一起运行。Pat 否决了该采购，因为 Pat 说 FBN 防火墙是全方位服务的解决方案。Pat 是有偏见的，因为是 Pat 做的选择，因此他希望尽量减少对 FBN 的批评，即使有很多不利于 FBN 的证据(正如前文已经提到的，Pat 不是一位称职的 CEO)。

愿意根据新的证据重新考虑过去的选择，不仅在网络安全领域，在其他领域也是可取的。我们需要承认做出了错误的选择，并准备好纠正这些选择；固执和傲慢是不受欢迎的，是拙劣的品质。

5.6   事后诸葛亮偏见

事件发生后，人们会看看是什么原因造成的，可以从中吸取什么教训。这总是一件好事；不愿再犯同样的错误。引用温斯顿·丘吉尔的话："那些没有从历史中吸取教训的人注定要重蹈覆辙。"[1]

问题是，人们经常找某事或某人来背锅。例如，事件发生时工作团队成员应该发现；或者软件应该捕捉到；或者如果我当时在工作，我就会找到；其他人也会观察到，因为这对任何人来说都是显而易见的。任何有心的人都应该看到！

事实是没有人注意到，警报没有响，团队成员没有发现。现在看来，在知道发生了什么的情况下，可能导致对所发生的事情以及当时可能发生的事情产生扭曲的看法。这就是所谓的"事后诸葛亮偏见"。事后诸葛亮偏见是认为事件发生后比发生前更容易预测。相信事件是可以预见的，只是有人错过了线索，如果我们更多地参与进来就能发现。

如果世界是有序和可预测的，我们就能预测这些事件。一切都是可以预见的，我们不必担心错过什么。但事实并非如此——世界是混乱嘈杂、不可预测的。事后诸葛亮偏见是试图让世界变得有序和可预测，而事实并非如此。

事后诸葛亮偏见的显著例子是：我说过多少次了，你从来不听我的观点。不说"如果我们早知道就好了"，而是说"我已经说了很多年了！没有人听，所以当然发生了坏事。"其实他多年来并没有以任何显著和具体的方式发出警告，这就是事后诸葛亮偏见。几十年来，我们中的一些人一直在警告网络安全问题，却被忽视了，而且(令人惊讶的)我们警告的事情仍在继续。这种情况下，这不是偏见，而是作为 Cassandra 的后代感到沮丧的症状。[2]无论哪种情况，重点都应该放在未来以及如何防止未来的问题上。

在事件发生后，人们希望有人受到指责。事后诸葛亮偏见让我们认为一定会有线索，所以没有看到线索的人就是罪魁祸首。SOC 中在一大堆不成功的登录消息中错过了一次远程成功登录的人显然是事件中的过错方。问题不可能是系统没有注意到这一事件的发生——这一定是 SOC 操作员的错，他可能是在偷懒，太不称职了。真遗憾不是我在值班。

从过去吸取教训不是指责某人，而是确定发生了什么，这样就不会重蹈覆辙。互联网是热带丛林，新的威胁不断出现，看起来与旧的威胁完全不同。人们依靠仪器来发现异常；异常现象有时没有被发现。如果攻击是新的，并且攻击者不愿意被检测到，这种情况尤其可能发生(勒索软件除外)。

与其指责别人，并告诉大家我们会抓到它，更好的做法是获取经验并加以利用，避免同样的事件再次发生。

---

1 丘吉尔错误地引用了 George Santayana 的话，原话为"不能记住过去的人注定会重蹈覆辙"，摘自《理性的生活：常识中的理性》。

2 Cassandra 是古代特洛伊的女祭司，她承受着太阳神阿波罗对她的可怕诅咒：她可以准确地预测未来，但没有人会相信她。

5.7   可用性偏见

你的电脑今天被入侵的可能性有多大？在读到这个问题后不久，你的大脑中就会出现一种可以快速得到答案的启发式思维。答案很可能是基于立即想到的入侵案例的数量。如果你想不出最近有多少人遭到袭击，回答可能是很低。如果你整天在服务热线工作，你可能会说被入侵的可能性很高。可用性偏见是指人们最近经常听到的受快速想到的事情影响的倾向。如图 5.1 所示，如果过于专注于最近看到的内容，可能会错过下一个事件！

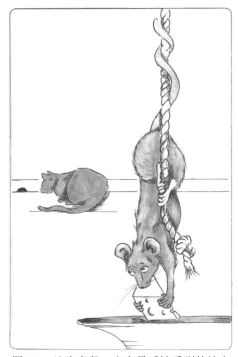

图 5.1   认为老鼠一定在最后被看到的地方

这个陷阱的部分原因是，人们对那些迅速出现在脑海中的事情给予重视，所以认为它们比其他事情更重要、更频繁、更有可能。高估了类似事情再次发生的概率。当公司或政府花费大量资金来缓解最近的事件(如数据泄露)时，这种情况经常发生。这是每个人心中的头等大事，即使这种情况不太可能很快再次发生。

人们看到和听到的东西越多，这些东西就会越迅速地出现在脑海中。如果不知道有谁曾是身份盗窃的受害者，他们可能会作出风险更大的决定，比如不销毁邮寄的信用卡申请。广告商也知道这一点。看到越多墨西哥快餐玉米饼的广告，当饿的时候，就越容易想到它们。在网络广告时代，这种行为更隐蔽，因为广告公司的目标是明示和暗示的利益。是否有人搜索"最佳反病毒软件"或单击有关新无线耳机的新闻报道？很可能会看到更多关于这些事情的广告。

可用性偏见在考虑某件事的普遍性或可能性时最常出现。可以通过放慢思考速度来避免这种启发式方法的错误。我们可以提醒自己，生动的事实和激动人心的故事更令人难忘，但它们不一定是通常情况。无论首先想到什么，都可以问问自己，"这是最可能的答案，还是我首先想到的答案？"当想到什么时，应该提醒自己考虑基数(也在第 4 章中介绍)。假设我们最近看到一家(甚至 100 家)医院受到勒索软件影响的报告。这种情况下，这并不一定意味着其他医院的可能性很高(美国有 6000 多家医院)。

不建议任何人试图忘记或忽视人们首先认为的对策。这种启发式方法可能很有帮助，但需要谨慎。也许脑海中浮现的答案是一个例外。每个人都喜欢认为自己有很好的记忆力，但人的记忆力很容易出错。对于重要的问题，可以考虑开始跟踪可能需要的信息，以便将来做出决定。

坏事总是在星期五发生

如果你在网络安全领域工作，你可能还记得某个周五下午，事情发生了逆转。也许有一个新的关键漏洞，必须尽快打补丁。

记忆中的星期五就是可用性偏见的例子。有很多严重的漏洞是在其他日子被公开的。"永恒之蓝"的细节(CVE-2017-0144)是在星期二被公开的。"心脏出血"(CVE-2014-0160)也出现在星期二。如果这两个例子让人们怀疑星期二是否不同寻常，那也是错误的。尽管微软、Adobe 和甲骨文长期以来一直在星期二发布常规软件补丁，但关于为什么选择这一天，只有传闻的证据。

下图由 Jay Jacobs 创建，显示了通用漏洞披露(CVE)的百分比，发布日期按星期几分组。某些情况下，漏洞是在 CVE 公开之前发布的(Shadow Brokers 于 2017 年 4 月 14 日星期五发布了"永恒之蓝"漏洞，CVE 于 32 天后的星期二发布)。大部分网络防御工作都是在补丁发布时完成的，而补丁通常与 CVE 相关。

CVE 发布的时间可能是 CVE 编号机构的工作流程的产物。

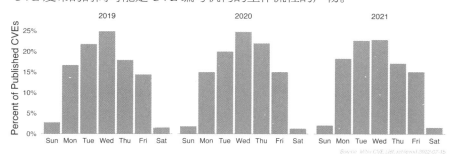

有趣的是，至少一位消息人士说过，披露数据泄露确实在周五发生得更频繁。[1]这可能与想在周末淡化对数据泄露的关注有关。

---

1 见[9]。

5.8　社会认同偏见

Parker 是团队的成员。和许多其他人一样，当面对新的、不确定的情况时，Parker 倾向于观察其他人在类似情况下的行为，并模仿这种行为。许多人在购买什么产品和什么行为是"正常"方面随波逐流。例如，Parker 的公司 GoodLife Bank 正试图决定是否应该模拟网络钓鱼活动。银行如何决定做出何种选择？Parker 是否应该询问其他公司的同事是否正在进行网络钓鱼模拟？

这种现象被称为社会认同，有时被称为跟风效应或从众心理。Robert Cialdini(罗伯特·西奥迪尼)在 1984 年出版的《影响力：科学与实践》一书中列出了影响力的六大原则，其中之一就是社会认同。[1]当人们对决定缺乏信心时，这是减少不确定性的一种方法。如果不知道是否应该进行网络钓鱼测试，但我们的同行正在实施，我们更可能模仿他们的行为。受欢迎东西对人们有吸引力。

社会认同可以用来做好事。想象一下，有人收到弹出窗口，上面写着："在美国，每 10 个人中就有 9 个人打开了自动更新。你目前是少数关掉自动更新的人。"[2]社会认同表明这条消息会说服一些人跟随人群并启用自动更新。

遗憾的是，社会认同也可能是一个陷阱。首先，别人做出的选择对我们来说可能是错误的。我们得出一个合理、全面的结论，然后发现其他人都做出了不同的选择。如果仅凭这一点就改变我们的想法，就会成为从众偏见的受害者。要注意群体思维，以及我们的情况可能与其他人不同——可能会在决策中获得更多信息。其次，要注意广告商可能试图操纵人们做出不会做出的选择。这就是典型的"我甚至不知道我需要这个！"的情况。大多数人似乎越是做出选择("五分之四的牙医推荐……")，从众的压力就越大。这可能是群体智慧，但也可能只是简单的操纵。这种情况下，倾听、寻求更多信息、完善立场或坚持立场是明智的。事实不等于获得多数票！

5.9　过度自信偏见

过度自信偏见是一种夸大自己实现目标能力的倾向。人们常常高估自己的能力，认为自己比一般人强。他们认为自己能在单位时间内完成的工作比实际能完成的多。

例如，老板问你是否可以在三个月内完成一个新项目。可能发生的情况是(a)你估计这个项目只需要三周(在最好的情况下)，所以你同意；然后(b)你忘记了这个项目两个月，因为你认为有充足的时间，然后发现还需要六周。

三分之二的司机认为他们的驾驶技术比普通司机更优秀。普通司机技术水平处于

1　其他五个原则是互惠、承诺与一致、权威、喜欢和稀缺。

2　类似的还有"每 10 个人中就有 9 个人按时纳税。你是少数不按时纳税的人。"

中间位置[1]，比所有司机中的一半强，比另一半差。显而易见，三分之二的司机不可能比一半的司机好！这就是过度自信偏见。

人们高估了自己发现网络诈骗的能力，而且仍然会被骗。即使是那些认为自己永远不会上当的人，也会单击链接。单击发生了。假设我们不会成为一个骗局的受害者，并不等同于不会成为受害者。

在《星际迷航》中，Scotty 总是让 Kirk 船长估计修理发动机的时间；Kirk 总是看起来像个奇迹工作者，因为他修理东西的速度比估计的快很多。在《星际迷航：下一代》中，我们了解到 Scotty 看起来像一个奇迹工作者的诀窍是将所有估计值乘以 4。[2]这样，他就有足够的时间，如果他提前完成，他就是创造奇迹的工程师。Scotty 相信他能及时让发动机工作起来，但他给了自己额外的时间。有一种估计软件开发时间的方法是"加倍，加 1，并提升到下一个度量单位"。因此，估计两小时的工作向管理层报告为五天；经验表明，这通常是一个合理的估计。

经常看到软件工程师保证，"只需要一天时间！"(实际上至少需要六周)，或者销售人员说，"一小时后就可以了！"(实际需要 10 天)。他们对时间的估计过于自信。这是过度自信偏见影响人们的另一种方式：对自己的能力过于自信——不仅是做事的能力，还有所需的时间(尽量减少分心哦)。

对自己的能力和知识充满信心是件好事。过于自信则是陷阱，就像过度吃冰淇淋一样糟糕。一勺是好的，一次吃两盒可能对大多数人来说并不愉快，而被迫一次吃 10 加仑将是令人痛苦的经历。

邓宁-克鲁格(Dunning－Kruger)效应

如果不提邓宁-克鲁格效应，那就太不应该了。邓宁-克鲁格效应是以两位研究者的名字命名的。尽管对此效应的解释有些分歧，但总体来说，邓宁-克鲁格效应认为对某件事情了解最少的人对自身的答案最有信心。这可能部分原因是大多数事物都有大量的细微差别，对于那些没有研究过这些事物的人来说并不明显。这也与人们希望得到整齐、封闭式答案的倾向有关。

与邓宁-克鲁格效应一致，真正的专家往往比经验不足的人更可能给出"并非在所有情况下"和"我不知道"的答案。应特别谨慎地对待那些自称"我知道一条别人都不知道的捷径！"的同事。

5.10　零风险偏见

恶意文档是目前常见的恶意软件的来源。一项研究称，在 2020 年第三季度，恶意

---

1 对于有统计学倾向的人来说，假设是正态分布。
2 第六季第四集。

文档是 41%的恶意软件下载源。[1]人们经常通过电子邮件发送文档，因此接收文档、下载文档并打开文档并不罕见。这就导致了恶意软件和危险。

从历史上看，宏一直是恶意文档出现问题的常见原因。降低恶意文档风险的简单方法是为每个人禁用宏。这样，就不会有恶意文档的不良行为，而且风险已降至零。干得好，团队！

事实上，恶意文档并不是造成麻烦的唯一途径。可以使用远程模板、网站嵌入URL、图片来下载恶意软件。恶意文档会以多种方式引发麻烦，而这些麻烦与宏无关。专注于消除风险的一个因素而不考虑所有其他可能性，就会成为零风险偏见的受害者。

禁止宏确实消除了一些风险，但并没有消除所有威胁。认为通过修复这一可修复的领域已经完全解决了问题是不正确的。这就像站在森林大火中，宣布一切都好，因为我们浇灭了在房子前面燃烧的树苗。

这方面的另一个例子是加密密钥的长度。较长的密钥通常更好，因为更难猜测。如果选择足够长的密钥，那么使用暴力破解来猜测密钥将需要数千年的算力。因此，我们是安全的，没有什么可担心的；我们消除了这一关键风险。

但对攻击者而言，当更简单的攻击有效时，为什么要使用能得到的所有资源来破解密钥？网络钓鱼是一种简单的攻击，只需要发送电子邮件；如果简单的网络钓鱼攻击获得了想要的访问权限，就不需要使用任何特殊资源来破解密码。或者，可以通过在连接键盘的电缆上插入击键记录器，或者通过供应链攻击的间谍软件来读取密钥。或者，可以绑架用户的家人并威胁他们，直至得到密钥。

虽然已经消除了选择不当的加密密钥可能导致的风险，但忽略了避免真正对整个加密发起攻击的风险。我们也忽视了内部威胁。内部人员可以在不必担心 19 301 位加密密钥的情况下窃取数据。

消除简单的风险很诱人，但并不总是最好的解决方案。重新定义问题以确保获得最佳解决方案是对待问题更好的方法。例如，加密很重要，但并不能阻止所有的攻击。与其把重点放在简单的"选择更长密钥"上，不如考虑攻击者如何危害组织以及敏感信息在传输和静止时的风险。加密可能是答案的一部分，但可能不是最重要的部分。

5.11 频率偏见

人们有时会注意到，当他们买了一辆新车后，无论走到哪里，都会看到类似的车辆。或者，在阅读了本书关于偏见的本章后，你是否开始注意网络安全中的偏见？

频率偏见，也被称为巴德尔-迈因霍夫(Baader–Meinhof)现象，是指在看到一次后会更频繁地注意到某个东西的倾向。这会导致一个人产生错觉，认为事件或物体比以前发生或出现得更频繁，似乎无处不在！这在一定程度上与前面讨论的可用性偏见有

---

1 见[10]。

关(但不是一回事)。

事实上，这些东西一直都在，但我们根本没有注意到而已。大脑天生就善于寻找特征，即使毫无意义，也能敏锐地意识到巧合。

如果经常注意到的新发现欺骗了我们，让我们认为这种事情很频繁，那就存在潜在的陷阱。你最近有没有了解一个不知名的网络攻击？虽然很罕见，但你可能会认为到处都是。媒体是否经常谈论勒索软件？这可能会使它看起来比数据显示的更普遍。

最后，频率偏见可以通过广告强化。看到某个特定公司或安全小部件的重复广告，就会认为它很受欢迎或很流行。我们不能控制周边广告带来的冲击，所以在决定购买时，必须仔细检查是否存在频率偏见。

5.12　更多偏见

正如本章所述还有很多其他偏见。作者应用了自己的偏见，选择了作者所看到的最常发生的偏见。以下是简要提及的其他几个偏见。

5.12.1　结果偏见

这是指在不考虑最初决定的意图和背景的情况下评估某件事的结果。本章前面对此进行了讨论。

5.12.2　折扣偏见

X 供应商承诺，如果现在安装其产品，在未来六个月内，网络钓鱼将减少 10%。Y 供应商承诺在未来两年内将网络钓鱼减少 30%，但在使用前需要 6 个月的培训期。这些产品的价格是一样的。如果有人选择 X 供应商是因为它会立即见效，那么他们就是折扣偏见的受害者。更好的选择虽然延迟获得，但随着时间的推移可以看到更显著的减少。

类似的偏见也会对日程安排和支出产生影响。即推迟一些事情，即使成本会更高，也经常被选择，因为这种偏见认为当前的时间和成本在某种程度上更有价值。

5.12.3　地域偏见

地域偏见影响人们对本地与外地的反应。认为本地员工比其他地方的员工更好或不同，或者其他地方发生的事情不可能在本地发生，仅仅因为本地在某种程度上更好时，就会出现这种偏见。这导致了内部人员滥用问题(尽管这不是唯一的因素)。与"其

他人"的距离越远,感知到的差异就越大,没有与"其他人"接触的第一手经验时尤
其如此。

这也适用于其他许多情况。例如,自家地下室洪水的危害比另一个国家遭受的暴
雨危害要严重得多。如果告诉一位祖母,她的孙子和其他人相比,并不那么特别,那
你危险了!

5.12.4   面额偏见

这种偏见表现在购物和从餐馆菜单上点菜时。菜单有一个平价版本和一个昂贵的
花里胡哨版本,还有一个适中版本介于两者之间(很明确,等着你问)。适中版本是供
应商想要出售的选项,比其他两种有更高的利润。这种偏见之所以产生,是因为很少
有人有足够的预算来购买最昂贵的项目,而且这个平价项目似乎不如其他选择。网络
安全供应商有时会利用这种偏见为他们的商品和服务定价——白金计划非常昂贵,相
比之下,黄金计划看起来还不错。

5.12.5   否认偏见或鸵鸟偏见

在政府中看到的这种偏见比在商业中看到的要多。虽然现在已经不太常见,但偶
尔会出现。否认偏见,也被称为鸵鸟偏见,发生在当权者宁愿对风险和问题一无所知,
也不愿被迫采取行动的时候。例如,审计员要求安装 IDS,但管理员没有启用。如果
启用了,他们将需要处理告警,多一事不如少一事,谁希望这样?

5.12.6   光环偏见

供应商 Fly By Night(FBN)提供了很棒的防火墙,做到了我们想要的一切,没有漏
洞,表现出坚如磐石的性能。因此,当 FBN 提供新的 IDS 系统时,也会被认为一定会
很出色。此外,我们听到的关于 FBN CEO 和 CIO 因内幕交易而被起诉的新闻报道时,
会认为这是嫉妒的竞争对手陷害的。这些都是光环偏见的例子:有些东西是人们喜欢
和信任的,所以在某种程度上与之相关的一切必然同样完美。

5.12.7   争上游心态

哦,可怜的首席信息安全官(CISO),如果你的 CEO 受到这种偏见的影响,并听说
另一家公司采用了新的基础架构,那可真是倒霉了!受到这种偏见影响的 CEO 会希
望获得一些更加花哨和昂贵的东西,只是为了在下一次高尔夫聚会时吹嘘一番,无论
是否真的需要。幸运的是,这种确切情况很少发生,但有时会在员工层面看到:一个

分析师获得了一台新机器来替换损坏的机器，然后其他高级人员会要求同样的机器，再加上更大的存储空间和更高分辨率的屏幕，尽管他们之前对自己拥有的一切都感到满意。

5.12.8 锚定偏见

当接触到较新的信息时，人们会把首先听到的信息作为一个锚点。之后，根据与该锚点的关系来判断进一步的信息。如果有人说，他们每天能击退 15 次攻击，人们不知道这是多还是少，但接下来听到的攻击信息将以此作为判断依据。重要的是要认识到，首先听到的可能是一个特例，而不应给予过多重视。

5.12.9 启动偏见

启动(Priming)偏见与可用性偏误(availability bias)有一定的关联。如果人们被呈现出一个与正在做的事情无关的概念，人们更可能在随后选择与该概念相关的东西。例如，假设我们去吃午餐，享用了一份美味的希腊肉卷三明治，配上一份烤蔬菜。当天下午，发现有人试图侵入我们的域控制器，我们会假设这是来自希腊的恶意攻击者。这可能听起来荒谬，但这个效应已经反复多次得到证明(尽管据悉，并没有与希腊肉卷三明治有关的研究)。

5.12.10 知识偏见

读完这本书，你将对偏见和误解有更深入的了解；然而，不要以为你遇到的其他人都读过这本书，也有类似的知识。同样，不要认为与你交谈的人在其他话题上都有与你相同的知识深度。当所涉及的每个人都必须从相同的假设出发时，明智的做法是探索共同点。

但要注意的是，如果经常向已经了解情况的人解释事情，就可能被视为傲慢。更糟糕的是，如果看起来是在假设别人因为肤浅而对某些话题了解不多——例如，男性对女性自以为是的说教！这时，就会被视为傲慢！确定理解程度的最佳方法是提出温和的问题，同时要记住，防止群体中出现从众偏见，有些人不想被认为不知道别人理解的事情。

5.12.11 维持现状偏见

许多人不喜欢改变。建议的变化越大，他们就越反对。这与提议修改的实际优点无关。这种偏见在某些人身上可能相当极端，他们会找到(或制造)理由来避免或最小化提议的修改。无论是更换供应商，使用新的编程语言，还是搬到新的办公室，他们都可能会反对。"我们一直都是这样做的！"是口头禅。理解这种偏见有助于抵制它，但这种偏见在一些人身上根深蒂固。使用苏格拉底式的方法来帮助他们承认变革的好处，通常是克服这种偏见有用的技巧。

5.12.12   "主义"偏见

有人确信他们在下个月会被勒索软件抹去所有数据吗？或者可能是一个相信自己永远不会成为目标的人？两者可能都有"主义"偏见：分别是悲观主义和乐观主义。对于"主义"偏见，对某事的决定不是基于证据或分析，而是基于个人观点。了解自己落在这个范围内的哪个位置是有价值的，这样就知道如何调整对发生的事情的反应情绪。

5.12.13   自私偏见

小心那些倾向于表现出这种偏见的人。如果发生了好事，那显然是他们的成就。当然，如果发生了什么可怕的事情，那显然是别人的错。这样的人不仅在群体环境中有毒，而且如果他们认为自己没有得到公平的赞扬或者指责，也会变得不满。不快乐的员工对企业来说是危险的；尽量让每个人都满意。

第6章

不当激励和眼镜蛇效应

> 即使是最精心策划的计划也常常会失败。
> ——摘自罗伯特·彭斯的诗《给一只老鼠》

GoodLife Bank 的 CISO Terry 向安全团队发送了一份备忘录:"我希望阻止用户在登录账户时将文本粘贴到密码框中。我们不希望让攻击者轻易输入密码。"

这是一个用心良苦的政策,但会适得其反。它建立在谬论的基础上,在这个谬论中,根本问题会比改变之前更糟糕。当合法用户必须输入长而强的密码,而不是从密码管理器中复制密码时,用户可能会创建短而弱的密码。由此产生的用户行为与我们想要的相反。

这种现象被称为"眼镜蛇效应",是以英国统治印度时发生的事情命名的。政府想要减少眼镜蛇的数量。因此,政府为每一条死去的眼镜蛇提供了赏金。起初,起了作用,眼镜蛇的数量减少了。但是,毫不奇怪,人们开始饲养眼镜蛇,因为他们知道可以得到奖励。后来英国人发现了这种情况,就取消了赏金。饲养眼镜蛇的人不再有任何动机继续饲养眼镜蛇,于是他们把所有的眼镜蛇都放归野外。结果是,与赏金计划之前相比,眼镜蛇的数量反而增加!

眼镜蛇效应是一种不当激励,导致了与创造者意图相反的意外和不可取的结果。遗憾的是,在网络安全中也发现了这种现象的多个案例。本章将探讨这些例子,避免采用这些具体的方法,并预防产生意想不到的后果。

揭示不合常理的激励有时是很困难的。在网络安全领域,总是希望激励更多的安全行为。不合常理的激励也会鼓励一些错误的行为。

例如,合规标准可能导致组织仅为了满足要求而采用最低限度的安全,而不是采取更多措施来管理风险。例如,HIPAA 不需要多因素身份验证,但这并不意味着医疗诊所不需要。与联邦机构网络安全相关的美国 FISMA 标准也因控制不力而臭名昭著,却被用作不采取更多措施的借口。标准应被考虑为最低实践标准,而不是实际范本。

当涉及物质激励时，非预期后果和不合常理的激励尤其有害。前言中提到一个古老的误区，即反病毒公司制造恶意软件是为了人为制造其产品的需求。如果一家公司按照服务工单关闭数量支付奖金，有人就会创建许多不必要的工单，目的只是为了关闭它们并获得奖励。另一个例子是加快淘汰计划：供应商生产寿命短的廉价产品，导致消费者需要不断购买替代品。这有利于供应商而不利于消费者。所以，本章从网络安全公司和利润的误区解释开始。

6.1　误区：安全供应商的目标是确保你的安全

"企业的社会责任是增加利润。"1970 年，Milton Friedman 在《纽约时报》的一篇专栏文章中如是说。[1]Friedman 说，这一原则同样适用于猫粮公司和软件供应商。

因此，不要被愚弄：网络安全供应商的主要目标是增加利润。是的，他们在销售安全产品和服务；我们会反驳说，如果硬件和软件不安全，人们就不会购买。然而，事实表明，市场上的一些产品不如广告中的效果好，有时根本不起作用。这种情况比预期的要多。

供应商和服务提供商需要说服购买者，产品成本合理，提供高质量的产品就是他们的责任(从长远看)。毕竟，声誉确实有助于销售；然而，营销的目标是影响购买者，更多的是心理而非事实，流行产品(如 NFT)的出现就是明证。广告商非常善于推销产品，而这些产品可能并不是他们所声称的那样优秀。

正是这种对利润的追求影响了市场上的许多产品。例如，软件订阅是自动续订的，这一功能对供应商来说比对客户来说更方便。另一个例子是新版本的发布周期，经常被质疑新功能的实用性，这些版本的出现是因为供应商需要一个稳定的收入来源。因此，不必在意发布特定的版本，因为未来版本的效率和安全性会更高，并用来作为新版本的卖点。此外，即使在安全方面，一些公司也可能有这样的态度，"呃，如果有缺陷怎么办，我们会在补丁中解决。"[2]

供应商将商业利益放在首位的另一个副产品是，他们有时会给客户想要的，而不是客户需要的。这种考虑可能危及安全。如果 EDR(端点检测和响应)供应商了解到或认为客户想要机器学习功能，他们就会添加一些功能，即使这些功能无效。毕竟，目标是为了销售更多产品。这也产生了一个反馈循环，如果供应商添加了一些基本上无用的功能，以便带来更大的销量，会鼓励公司(以及市场上的其他公司)继续添加这些功能。因此，"机器学习、基于量子的云威胁智能和区块链的分布式企业可视化"成了必要功能，尽管它增加了复杂性和成本，带来的好处微乎其微(甚至可能是负面的)。

顺便说一句，我们光顾的非安全业务的供应商可能不关心安全，因此，他们产品的

---

1 见[1]。

2 这不是 bug，而是一个特性！

安全性可能远低于可接受的标准。想想健身房或健身中心，前台电脑或者管理服务器是否有强大的密码或锁定屏幕，以便对爱管闲事的观众隐藏你的个人信息？这些公司可能接受比想象的或你所知道的更多的风险。据悉，有一家公司每年节省 500 万美元，每五年可能会有一次 1000 万美元的网络相关损失。虽然安全性较低，但总体上节约了 1 500万美元。如果公司丢失了我们的信息，对他们来说并不是什么重大损失。

即使供应商没有把我们的安全放在第一位，我们仍然可以做一些事情。永远不应该认为其他人关心我们的最大利益。采取你能控制的预防措施。例如，使用密码管理器为健身俱乐部选择一个唯一的密码，这样即使俱乐部未能充分保护你的账户，泄露的密码也不会威胁到其他账户。不要相信他们不会出售你的电子邮件地址，所以使用辅助电子邮件。担心信用卡号码的安全吗？Capital One 和花旗银行等信用卡公司可以为你生成虚拟卡号。供应商提供了许多闪亮的新功能？评估产品，看看①它们是否有效，②它们是否对你有帮助。

6.2　误区：你的网络安全决定只影响你自己

Drew 和 Cameron 不给他们的电脑打补丁。他们不想这样做，也不希望有人告诉他们该怎么做。因此，他们禁用了自动更新。幸好 Windows XP 仍然运行良好。他们相信，如果他们的电脑被泄露，受害的只有他们自己，他们会处理的。

他们的 ISP 则会采取不同的立场。互联网服务提供商会对被感染的机器进行隔离，这种方法被称为"围墙花园"[1]。进入一台机器的攻击者会定期扫描网络上的其他机器以进行感染。Drew 和 Cameron 的糟糕安全状况使其他人处于危险之中。

考虑另一个例子：电子邮件。Cameron 和 Drew 错误地认为他们可以选择弱密码，这是他们独自承担的风险。遗憾的是，攻击者会破解这些弱密码，并利用被攻破的Cameron 和 Drew 的账户发送钓鱼邮件，来伤害他们的朋友和客户。Cameron 和 Drew不了解真正的风险，从而增加了其他人的风险。

公司为自己的利益做出决定，个人的安全会影响其他人的安全，很少有安全决策会考虑到整体。

无论我们吸入二手烟、在河流中倾倒化学品，还是没有接种传染病疫苗，对其他人来说也是一种危险。更糟糕的是那些根本不关心公共利益的人，我们不得不增加额外的费用以保护我们免受威胁和他们自私自利的影响。

不要像 Cameron 和 Drew 那样。

1　见[2]。

共同利益？

眼镜蛇效应发生在理性的一方被刺激去反对看似共同利益的东西。某种情况下甚至鼓励所有理性的各方积极反对集体安全！想一下"公地悲剧"吧。这经常在寓言中被描述：镇中有一块"公地"——共享的公园。所有人都共同拥有这个公园。镇上的一个居民看到公地有茂盛的草场，所以把羊群赶到公地。羊群吃草，长得很肥，有优质的羊毛。其他邻居们看到这一点，也决定把他们的羊群赶到公地。不久后，公地里到处都是羊，它们吃掉并糟蹋了所有植被，还在上面拉满了羊粪。人们再没有野餐和玩飞盘的地方了，如图 6.1 所示。

不幸的后果有目共睹。每个人都可以通过抵制在公地上放羊的诱惑来解决这些问题；然而，与那些在公地里放羊的人相比，这意味着自己明显吃亏了。

图 6.1   公地悲剧

从中可以看到与互联网和安全文化清晰的对应。

决策影响他人的另一种方式是第三方风险。有出色的风险管理计划，但并不能控制所有风险变量。这是因为我们是别人商品和服务的消费者，其他人如何管理风险影响着我们：这就是第三方风险。

想象一下，公司使用第三方信用卡处理商处理业务，通过共享客户信用卡信息与该公司分担风险。多年来，他们一直很可靠并值得信赖。处理商宣称符合支付卡标准，然而，在你不知情的情况下，他们忽略了安装一个关键的安全更新，攻击者可以快速利用该更新窃取客户的敏感数据。因此，你的公司分担了供应商安全事件的后果。

永远记住，安全不仅受到自身行为的影响，也受他人行为的影响。供应商、员工和客户都可能影响安全态势。

6.3 误区：漏洞赏金计划将漏洞从黑客攻击市场中淘汰出局

Santiago Lopez 19 岁时获得了超过 100 万美元的漏洞奖金。他买了两辆车和一栋海滨别墅。[1]寻找漏洞是他的全职工作，他已经发现了各种软件程序中 1600 多个大大小小的缺陷，并因报告这些缺陷而获得报酬。Lopez 是个人生产力的极端例子，但雇人负责任地披露漏洞是大生意。HackerOne 公司负责协调修复软件的漏洞赏金计划，已与 1200 多家公司合作，发现了超过 10 万个漏洞，并获得了超过 1 亿美元的奖励。漏洞收购商为可能被攻击的缺陷提供奖金。2022 年初，漏洞收购商 Zerodium 为"安卓持久性全链零单击"漏洞提供高达 250 万美元奖金，并为"Windows 远程代码执行错误零单击"漏洞提供高达 100 万美元奖金。[2]

提交给漏洞赏金计划的大多数缺陷的价值远远低于 100 万美元。以金字塔的角度来看，低价值、更容易发现的缺陷数量在底部，而罕见、复杂、高价值的缺陷则在顶部。如果说有什么不同的话，那就是雇用缺乏训练的开发人员的商业化场景制造了更多漏洞。

HackerOne 并不是唯一协调漏洞赏金的实体。数量不详的跨国经纪人、漏洞收购商和政府都有兴趣从财务或其他方面获利。如何阻止攻击者将信息出售给漏洞收购商，然后从漏洞奖励中获利？道德和合同可以限制这种行为，但也会有问题。

漏洞利用市场有许多商业模式。根据一份报告，"灰色市场参与者租赁、出租、承包或授权他们的漏洞利用，因此保留了所有知识产权。"[3]甚至在漏洞被出售给经纪人后，经纪人也可以自行决定将其出售给多个买家。

法律合规情况呢？在美国，买卖零日漏洞利用是合法的。而大多数情况下，利用有缺陷的计算机的行为是违法的。占有和使用是不同的，而且围绕发现问题有一系列的政策。截至 2022 年，没有任何美国法律要求披露漏洞。

从供应商的角度看，如果能在漏洞奖励上花费十分之一的资金，他们为什么要为高安全保障的软件工程团队提供资金？如果有什么不同的话，漏洞赏金计划可能导致供应商在保证、设计和测试方面敷衍了事。

漏洞奖励可能有助于鼓励负责任的披露和更安全的软件，但迄今为止的经验表明，认为奖励会缩小漏洞利用市场或减少软件中的缺陷是不正确的。

---

1 见[3]。

2 见[4]。

3 见[5]。

6.4　误区：网络保险使人们承担更少风险

想象一下，一家初创公司购买了网络保险，以支付与数据泄露相关的费用。它每年为 100 万美元的保险支付 1500 美元，并有 1 万美元的免赔额。维持合理的安全和防止漏洞的动机是什么，尤其是在网络安全成本超过 1 万美元的情况下？为什么不简单地赌一把事件不会发生，如果发生了就支付免赔额呢？

这是道德风险的例子，即某人被鼓励接受风险，因为他没有承担风险的全部成本。这并不是什么新鲜事，也不是网络独有的现象。传统上，保险公司通过设定足够高的免赔额和最高赔付限额来应对道德风险。他们通过降低安全可靠网络的保费来鼓励良好行为。他们越来越多地考虑投保人投保的风险。例如，保险公司 Chubb 最近询问申请人是否每年进行渗透测试，以及是否将敏感数据存储在网络服务器上。[1]如果保险公司能够证明被保险人未能继续遵守保单条款，他们也可能拒绝支付索赔。

事实上，拥有网络保险的人会将风险转移给第三方。如果保险公司没有办法评估申请人的风险，而且许多人购买保险而不是做好网络安全，那么系统性风险塔就会摇摇欲坠。针对许多被保险人的大范围网络攻击，对保险公司来说是灾难性的。

请注意，风险转移转移的是财务损失。声誉风险不能转移给第三方，运营风险也不能。保险可能会弥补一些损失，但运营的无形影响则不能通过经济补偿来弥补。

如今，网络保险正在发展。保险公司应为减少索赔可能性的安全措施提供激励，其方式类似于激励客户戒烟以换取更低的人寿保险费。了解哪些投资能够有效降低风险需要更多的研究(建议每个员工至少买一本本书,这样公司就有资格享受保费下调优惠！)

6.5　误区：罚款和惩治使风险减少

从执行安全驾驶行为到适当的网络安全，对违规行为的惩治被用作对不良行为的威慑和惩罚。例如，违反 HIPAA 的罚款从每次 100 美元到 50 000 美元不等，具体数额取决于疏忽程度以及其他加重和减轻处罚的因素。截至 2022 年，最高限额为每年 150 万美元。当然，事故发生后还会产生额外的财务费用，包括补救措施。

2018 年，快递公司 UPS 因在纽约市递送包裹时产生的停车罚单支付了 3380 万美元的罚款。[2]对 UPS 来说，这不是惩罚。一位发言人表示："UPS 支付停车罚单，这是支持关键商业物流的业务成本。"同样，一项研究发现，当日托中心开始向晚接孩子的

---

1 见[6]。

2 见[7]。

父母收取少量费用时，接孩子迟到的人数就会增加。[1]父母只是将罚款视为更长日托时间的代价。

有人可能会问，如果企业能够负担得起作为经营成本的影响或处罚，为什么要遵守规则。根据一项分析，"如果企业平均每年因欺诈而损失 5%的收入，而网络事件的成本仅占企业收入的 0.4%，那么可能得出结论，这些黑客、攻击和粗心行为只占企业面临的成本的一小部分，也只占经营成本的一小部分。"[2]

一些企业则无法承担罚款的成本，这是遵守规则的强烈动机。100 万美元的罚款可能使其破产。一家癌症护理提供商在被处以 230 万美元的罚款以解决潜在的 HIPAA 违规后申请破产。[3]对于这样的公司来说，诉讼和处罚可能有效地降低网络安全风险。但大企业有能力承担罚款。研究人员研究了数据泄露如何影响上市公司的股价。[4]尽管有证据表明不利事件会降低股价，但公司很少倒闭。2017 年 Equifax 数据泄露后，Equifax 支付了高达 7 亿美元与政府和受害者和解，公司的股票受到打击，但随后恢复。[5]

底线是，罚款和惩治并不总是具有监管机构和政策制定者想要的效果，并可能导致不正确地接受网络风险。

6.6　误区：反击将有助于制止网络犯罪

"被攻击者正迫不及待地想要反击" 2014 年的一篇新闻文章开头这样写道。[6]银行和其他网络犯罪受害者已经(而且还在继续)厌倦了等待执法部门采取行动。在美国，根据《计算机欺诈和滥用法》，私营企业进行反击是非法的；也就是说，受害者不能对犯罪者发起反击。许多其他国家也有类似的法律。

人们很容易理解那些想要伸张正义的受害者的挫折感。有些人希望恢复被盗数据；有些人想消除威胁；而另一些人只是想要报复，使情况更加复杂的是，执法部门没有资源调查和起诉每一种犯罪，无论是勒索软件还是汽车盗窃。鉴于该领域总体上缺乏足够的人才，这些公司很可能比执法部门有更好的能力(速度也更快)，这增加了采取私人行动的诱惑。

反击，即使是合法的，也会产生重大的意外后果和风险。正如我们在第 12 章和第 13 章中所讨论的，归因是极其困难的。如何证明反击的实体是真正的罪犯？如何定义反击目标的合法限度？有权捍卫或攻击的"财产"界限在哪里？哪些法律适用，谁来执行这些法律以防止错误和鲁莽？如果有人反击并意外伤害了无辜的第三方，他们可

1　见[8]。

2　见[9]。

3　见[10]。

4　见[11]。

5　见[12]。

6　见[13]。

能面临经济和刑事责任。

　　考虑一下，当黑客攻击的目标是外国时的情况，反击可能是获得报复感的唯一途径。[1]然而，这可能会适得其反，并增加成为该国情报和军事部门更高级别攻击目标的风险。假设该国与你的国家签订了引渡条约，或者你在国际旅行中路过该国或者与该国有引渡条约的其他国家，这种情况下，你可能在外国被捕并接受审判(甚至更糟)。

　　这也与眼镜蛇效应有关。如果公司和个人开始反击，将促使对手攻击更多网站，使它们成为其主要攻击的代理，进而使更多的第三方成为受害者。总攻击量很可能会上升！

6.7　误区：创新增加安全和隐私泄露事件

　　本书描述了将网络安全视为风险管理的重要性。漏洞和威胁对数据和隐私构成风险。技术和非技术缓解措施有助于降低风险。有些人则通过保险来分担风险。

　　欢迎甚至鼓励风险的环境如何？初创公司通常会直面风险，比如开发可能存在漏洞的新代码。学术机构也是类似的创新环境，重视开放和合作，但有时网络安全控制过于严格。这就提出了一个问题：创新和网络安全事件之间是否存在紧张关系？我们是否应该期待在创新环境中发生一定程度的安全和隐私泄露事件？

　　20 世纪在发展核武器方面也提出了类似的论点。第二次世界大战和冷战的紧迫性导致了创新的无情压力，走捷径，发生了事故，包括导致有人因辐射暴露和环境污染而死亡。从事基因工程的科学家有时也会对限制他们所能做的事情的规则感到恼火。我们认为，负责任的科学和工程是在适当考虑风险的情况下进行的，保障措施的资本化应该是这一过程的一部分。

┌───┐
│ **道德与职业操守**

　　在对道德风险的讨论中，描述了因为支付保险免赔额的费用比防止违规行为更便宜，个人或公司允许发生事故或违规行为。这是成本考量，而不是普遍认可的决定。我们建议，维护共同利益的道德行为是值得的，尽管它并不总是在损益表中产生效益。

　　所有主要的计算机和网络安全专业组织都有行为准则或道德规范。例如，信息系统安全协会(ISSA)、(ISC)[2]、IEEE(电气与电子工程师协会)和 ACM 都有这样的准则。读者可以去了解这些准则，特别是 ACM 职业道德准则，该准则将"避免伤害"作为一条主要准则。
└───┘

　　人们想要的某些积极的东西，比如创新，可能会增加风险。也许错误是不可避免的后果，需要进行研究来评估这一说法。

---

　　1 例如，请参见[14]。

　　将网络事件的根本原因归咎于创新是简单但不正确的。每个环境中的许多变量都会导致风险，从预算到劳动者的经验。与其他变量相比，很难将更多或更少的网络攻击归因于创新。而且，随着时间的推移，创新很可能会降低整体风险。

　　不应忽视这样的事实，即严重网络安全事件的主要原因是人们的贪婪或恶意。责任应该首先归咎于肇事者。

　　最后，必须考虑反向因果关系。想象一下，你的竞争对手因未打补丁的第三方供应商而出现了重大的数据泄露。因此，你投入巨资确保你的系统打上了补丁。即使你的补丁可能更有效，但因为其他因素，你仍然可能成为网络威胁的受害者。显然，打补丁并没有增加你的风险。尽管如此，从统计数据看，尽管你注意打补丁，但你的业务或部门可能更容易受到攻击。反向因果关系发生在当受害风险增加导致人们做出网络安全改变以降低风险时，但这些改变不是太少就是太晚。

第7章

问题与解决方案

> 人们不想买四分之一英寸的钻头，他们只想要一个四分之一英寸的洞！
>
> ——多·莱维特，任职于哈佛商学院

计算就是解决问题：如何才能有效地存储、处理和接收数据？如何提高重要计算的速度？如何存储并访问宠物视频？有什么方法可以让客户付费获得更好的结果？网络安全的核心也是解决问题。用户意外单击了网络钓鱼链接，网站成为 DDoS 攻击的受害者，或者勒索软件感染了核心服务器。这些都是网络安全中发现的需要解决的问题。这个领域充满了为问题创造的解决方案，每天都会出现需要解决的新问题。这是一个永无止境的循环：解决一个问题，出现一个新问题，或者旧问题找到了解决方法，但又回到了开始处。

网络安全不同于数学。一旦找到解决方案，数学问题就不再是问题了。[1]找到大部分函数的导数相对直接。当每个苹果值 1 美元的时候，我能用 14 美元买多少个苹果？这是简单的算术题。

一些网络安全问题需要额外的洞察力或这个领域知识来解决。经常使用的段子是如何训猫。众所周知，猫不喜欢听指挥；解决这个问题的关键点：移动食物。有了这个领域的知识和一罐金枪鱼，问题就迎刃而解了！

网络安全并不简单明了。是令人愉快(或烦恼)的技术与人的综合体，往往有一个、多个或没有解决方案。关于这一领域的问题和解决方案，有许多误区和误解，本章将讲述其中一部分内容。

---

1 是的，数学有时会随着找到更优雅的解决方案而进步，但通常情况下，解决方案意味着问题已经完成。

7.1　误区：在网络安全中，不应有失败

如果关心安全，往往不喜欢思考失败。失败表明发生了糟糕的事情，但失败也具有指导意义。如果从失败中吸取教训，就能避免再次失败。[1]这些都是重要的教训，例如，telnet 是连接到远程系统的协议但并不安全。当该协议创建时，人们并不知道或意识到未加密通信的危险性，但通过试验并在互联网上使用来了解这种危险。DNS 也不是第一种将主机名映射到 IP 地址的方法；它是后来才取代了使用 hosts.txt 文件的原始解决方案。[2]

这些例子是关于架构的，说明了当前的设计选择和部署在将来可能被认为是不安全、低效或不适当的，甚至是失败的。很少能第一次就做到完美、自然，在构建新事物时会有一个过程。罗马不是一天建成的，当它建成时，一些建筑物很壮观，一些被拆除(或倒塌)。整个城市不是一开始挥舞着魔术棒就完美地构建起来了；相反，这是罗马人持续完善提高的实际例子。

在网络安全的日常运作中，也会出现不良事件。这不是在构建新的东西，而是在应对当前形势。例如，反病毒软件没有阻止最新的恶意软件，或者用户单击了他们不应该单击的链接。这些都是可能导致组织机构出现问题的不良事件。

当这些事情发生时，指责别人很容易，但指责别人并没有建设性。更好的办法是从经验中吸取教训，将其视为负面结果，而不是失败。科学上，负面结果是不支持预定假设的发现。例如，假设网络钓鱼培训会降低公司中网络钓鱼事件的数量，但尝试后，事件的数量并没有减少。这是一个负面的结果，因为结果推翻了假设，但我们从尝试中学到的是宝贵的知识。[3]

这些结果看起来像是系统的故障，但事实并非如此。系统按设计运行，没有发现问题，因为网络安全从来都不是静态的。变化是网络安全中唯一不变的。总会有新的攻击出现。在商业领域，往往是用过去的业绩来预测未来的业绩。根据去年的预算来预测今年的预算应该是多少，根据上一年的收入来预测今年应该赚多少钱。按照同样的逻辑，理论上应该有机会在先前攻击的基础上预测下一次攻击。然而，事实并非如此。

回想一下第 3 章的 3.13 节，我们不善于预测未来的威胁。对手不可能永远使用同样的攻击手段，他们知道当前的攻击手段是已知的，并且会被抓住，所以他们想找到不会被抓住的新手段。他们可能会重新使用目前的方法，但再说一遍，也可能不会。将对未来的全部分析建立在当前最先进的基础上，可以防止我们受到新的、恶劣的攻击。

虽然没有抓住这些新的攻击似乎是系统的失败，但这无法预测，就像人们无法预

1　悲观主义者会补充道："因此，我们把时间花在了新的失败上。"

2　见[1]。

3　网络安全通常在记录和分享负面结果方面做得很差。我们不应该总是看到关于积极成果的演讲和论文，还应该分享尝试过但没有成功的事情，这样其他人就可以从我们的尝试中学习。

测黑天鹅事件[1]或在 1900 年预测互联网的诞生。科幻小说在猜测可能发生的事情方面非常出色，但我们不能据此做出决定。企业是建立在数据和赚钱的基础上的，而不是阅读科幻小说和做一些不知所云的猜测。

总之，网络安全方面的负面结果告诉我们，一些新的和意想不到的事情发生时，是调整和适应的恰当时机。应该从这些结果中吸取教训，而不是认为是系统故障，或者是系统不工作(或不会工作)的无可争议的证据。

7.2   误区：每个问题都有解决方案

网络安全专业人员天生就是问题解决者。我们喜欢把东西拆开，看看它们是如何工作的，改进并解决问题。这种心态可能是有帮助的；然而，网络安全的复杂性和模糊性意味着并非每种情况都有完整的解决方案或缓解措施。例如，反病毒软件可能只捕获 50%的恶意软件；它仍然有帮助，我们需要它，但这不是恶意软件威胁的完整解决方案。

退一步来说，考虑一个简单的应用程序。这个应用程序的开发人员在创建时知道希望它做什么，文档作者在编写文档时知道它应该做什么，用户在使用它时也知道想要它做什么。

这是否意味着我们知道程序的所有可能的行为？总的来说，软件开发人员、技术编写人员和用户应该知道软件将要做的一切。在某些有限的情况下，可能知道。即如果该软件是使用严格的正式方法开发的，经过详尽的测试，并且仅使用通过相同技术开发的库和操作系统，就可以对程序的行为有很大的信心。除非硬件中的某些东西出现错误，或者不太可信的软件被加载到系统中，或者操作员犯了错误，或者小程序是用这种正式的方法开发的。即便如此，软件也会出现人为错误。对于其他没有受到严格限制的软件，一般情况下，我们无法确定它会做什么，尤其是如果是由他人创建并提供给我们的。请参阅下面的补充说明"网络安全与停顿问题"，现在考虑一下恶意软件。恶意软件是由其行为定义的，它做了一些违反安全策略的事情。如果我们不能确定计算机程序的所有可能动作，怎么能知道随机程序的活动是否有害？正因为如此，如果没有额外的知识，就无法明确识别所有恶意软件。[2]

查找程序中的所有漏洞也是类似的问题。当允许某人违反策略利用软件的行为时，就会出现漏洞。"行为"这个词又出现了。通常，我们无法列举所有输入的行为，因此无法以编程方式列出任意软件中所有可能的漏洞。

这两个问题没有完整的解决方案。我们想象，有一个黑匣子，把软件扔进去，如果是恶意软件，就会亮红灯。或者制造一个黑匣子，软件放入其中，就能打印出发现

---

1 见第 4 章关于"黑天鹅"的讨论。

2 这里掩盖了一些细节，但这是基本的想法。此外，请注意，如果没有安全策略，就没有什么可以用来评估行为的。

的每一个漏洞。这两种方法都可以解决无数问题。但这些黑匣子不存在，也不可能存在(同样，请参阅下面的补充说明)。除了一些狭义的情况之外，"这是恶意软件吗？"或"这个软件有什么漏洞？"等难题没有简单的解决方案。我们得到了这些问题的近似解，但没有得到确切的解。我们总会错过一些事情。

网络安全与停顿问题

　　计算机领域有一个著名的问题称为"停顿问题"。它始于这样的问题，"对于任意的程序和输入，计算机能确定程序是否会完成或永远继续运行吗？"

　　这是不可判定问题的例子，对于这个问题，没有算法总是为每个输入值给出正确的真或假的判定。这些证明意味着，如果允许任意程序无限期执行，则无法通过检查来确定程序是否会表现出特定行为。我们也许能运行一个针对所有输入的特定程序，但通常情况下，我们没有时间或资源无限期执行程序。想想就有点脑筋急转弯。
为什么这种计算理论对日常应用的网络安全很重要？正如我们之前所讨论的，恶意软件检测是值得注意的例子。应该意识到，理论表明，永远无法建立恶意软件检测系统来完美地标记任意文件。尽管如此，恶意软件检测并非没有希望，我们应该在现实生活中使用尽可能有效的网络安全解决方案，即使并不完美。理论是网络安全的重要基础，我们实施的实际情况也是如此。

　　接下来讨论另一个问题。有可能列举出针对系统的每一次攻击吗？同样，答案是"不可能"。虽然我们宣称有最好的防御解决方案，可以捕获和记录每一次攻击，但仍然会错过一些东西。人们会错过它们，甚至不会意识到错过了。系统只能捕捉到知道的东西，但如果创建了一个全新的攻击，系统就不会知道；可能会幸运地捕捉到蛛丝马迹，但不会看到全部。此外，如果针对日志系统进行了成功的攻击，那么在进行审查之前，任何痕迹都可能被删除！有时我们会错过不成功的攻击，这听起来似乎并不那么可怕；耶，谁在乎我们是否错过了？但这凸显了日志记录中的漏洞。没有看到攻击者尝试，但如果他们尝试了一些稍微不同的东西呢？而且我们还可能错过成功的尝试。

7.2.1　误区：可以用大数据解决所有问题

　　网络安全的核心是数据。互联网的主要功能是移动数据。我们可以称之为图片、电影、音乐或文本，但从本质上讲，是在计算机之间移动的所有数据。网络安全研究这些数据是如何被恶意软件、漏洞、恶意网站或任何其他不良行为滥用和更改的。因此，应该能够"抛出"数据来解决所有安全问题，如图 7.1 所示。

　　相信可以用数据解决所有问题是一厢情愿的想法，也是一种希望。这也是推动机器学习和人工智能解决方案的人所做的(错误)主张。

　　9·11 事件后，调查人员发现，在政府各部门收集的无数信息中，都有关于劫机者的信息。[1]这些信息有时在一个封闭的系统中为人所知，有时淹没在噪声干扰中，但这两种情况都未能引起分析人士的注意。同样，在网络安全事件发生后，我们经常在日志或其他数据收集中发现我们本应注意的证据痕迹，但由于某种原因错过了。例如，在一个案例中，调查人员发现，一个文件本不应该是全局可写的(这使得攻击者可以访问)。[2]这些数据是存在的，但没有人注意到或及时采取行动。

有那么多潜在的网络安全数据可供我们使用。假设所有流量都被记录，即使是小型组织也可以每天创造 1TB 的网络流量。任何想找出少量恶意行为的方法都会出现更多的误报。[3]这还是假设收集到了正确的数据，或者甚至可以过滤噪声从而收集到需要的数据。

我们收集的数据中也经常缺少上下文。假设我们怀疑某个特定的 IP 地址是攻击的来源，因为数据表明"攻击来自这里"。这是否意味着该 IP 地址指向了起源的系统？遗憾的是，不是。因为 NAT 和 VPN， IP 地址上可能有一台或数千台计算机。IP 地址上的计算机也可能被用作中继代理。这些情况我们压根就不知道。

图 7.1　认为可以用数据解决所有问题

1　见[2]。

2　见[3]。

3　请参阅 4.7 节，了解为什么这是真的。

并不是说数据无用，只是强调越来越多的数据本身并不能解决所有问题。在最近的历史中，我们将这些大型集合标记为大数据。大数据特点通常以 V 打头的词来描述，如数量(volume)、速度(velocity)、多样性(variety)和真实性(veracity)。具有这些属性的数据本身并无好坏之分；然而，正如所讨论的，一些数据科学家仍然存在误解，认为更多的数据才能解决所有问题。

网络安全专业人员希望找到危险项目，想阻止攻击者，但数据量可能过于庞大而且是不完整的。仔细思考大数据带来的启示，以及存在的局限性和挑战。

7.2.2　误区：有且只有一个正确的解决方案

Perl 编程语言有一句口号："有不止一种方法可以做到"，或 "TIMTOWTDI"(读为 "Tim Toady")。这句口号的要点是，语言的设计是灵活的，而不是指定一个且只有一个有效的解决方案。

另一种说法是"如果它很愚蠢，但有效，那就没那么愚蠢。"若希望设计出时尚简洁的解决方案，有时用包装板条箱和胶带就足够了；对于一个简单的任务，采用 Rube Goldberg 工程解决方案显得有些古怪。Rube Goldberg 是美国漫画家和工程师，以创作复杂机械装置的漫画而闻名。Rube Goldberg 这个名字已经成为描述用不必要的复杂或繁杂方法来完成任务的代名词。[1]

工程师有时无法控制自己。他们想解决一个问题，而且会以一种对他们有意义的方式来解决这个问题。这意味着每个问题可能都有多个解决方案，但并不是每个解决方案都完全适合你的问题版本。

考虑管理软件的补丁。管理医院的主要系统的软件补丁与管理 ISP 的软件补丁有很大不同。对于医院来说，需要考虑诸如"进行此次升级是否意味着必须关闭用来支持病人的系统至少 24 小时？"对于 ISP 来说，可能担心更新是否会断开客户的连接。在错误的时间对错误的系统进行更新可能导致故障。医院希望让人们活着，互联网服务提供商希望保持连接。两个不同的目标有着相同的结果：脆弱的软件需要被修补，但不是马上。

这不像是在迷宫中找路。有开始也有结束，我们通常可以用右手法则找到出路。[2]网络安全更像是有 10 个入口、12 个出口和许多路径的迷宫。我们的目标是从某个入口开始，然后完整地到达某个出口而不是找到唯一的路径，因为如果存在的话，可能就不会只有一条。哦，前文是否提到住在迷宫里的 Minotaur(人身牛头怪物)？

网络安全需要灵活性。坚持有一个正确的解决方案，而且只有一个的想法，是一种固执的方式，既会花太多钱，浪费时间，也会创建一个可能效果不佳的不灵活的解决方案。

---

1 Donald Knuth 表示，"所有罪恶的根源都是过早的优化。"虽然我们怀疑并非所有罪恶都是如此，但确实适用于大量的计算。应该避免在其他重要任务尚未完成时，花费宝贵的时间和精力去优化一个只用几次的解决方案。

2 右手法则说，当你进入迷宫时，把右手放在墙上，然后继续沿着右边的墙走，这最终会把你带到出口。我们也可以使用左手规则，但不能同时使用。

7.2.3　误区：每个人都应该以同样的方式解决特定的网络安全问题

CVD(协调漏洞披露)流程管理漏洞,特别适用于处理多个供应商产品的故障(bug)。例如,针对心脏出血漏洞的 CVE(CVE-2014-0160)列出了九家已知产品易受该漏洞攻击的不同公司。这九种产品当然不是受影响产品的完整列表,但它是一个重要的子集。名单涵盖了从老牌公司到开源项目的各种供应商。

关键是,这些供应商中的每一个都有不同的方法来处理漏洞。大公司的流程通常与开源项目不同。开源项目在很大程度上依赖于志愿者。大公司有软件开发人员可以开发补丁,而小公司可能不得不雇用承包商或从其他项目中调动人员。

他们都有不同的修复漏洞的过程,这意味着他们都有一个不同的时间框架来提供补丁。假设"每个人都能在 5 天内完成!"是错误的。如果我们将 5 改为 7,甚至改为45,这仍然是不正确的。CVD 过程试图控制这种差异,但它仍然就如谚语所说的"萝卜青菜,各有所爱"。

每个组织都有其特殊的要求和需求。举个极端的例子,医院和家庭有不同的要求。保护家庭用户笔记本电脑的软件与保护核磁共振成像(MRI)机器截然不同。笔记本电脑很容易更新,而核磁共振成像系统则不然。任何安全策略都需要适应应用程序环境的特殊差异。

7.3　误区：传闻是网络安全解决方案的好线索

个人经历和第一手知识可以成为可靠的事实来源。你有没有尝试过一种自动检测错误配置的新功能,并发现它很有用?太棒了!同样有价值的是知识,即多个人对事实的仔细、彻底和深思熟虑的评估。科学知识体系就是一个例子。总的来说,在评估如何应对网络安全挑战时,这些知识是很好的来源依据。

传闻证据是基于某人的故事和观察,没有独立客观数据支持的个人陈述。如果一位同事报告说踢电脑总能解决问题,那么这种没有依据的传闻是否可以说服我们也这么做?

有些传闻是道听途说,只是根据某人听到的故事重复。但是,正如我们从转述电话游戏中所知道的那样,在复述中,报告可能会被听错、误解或改变。像"我的朋友Shawn 说……"或"我知道一个案例"这样的短语有潜在的危险。这些经验可能不是平均水平,如果传闻耸人听闻或不同寻常,那么更有可能被重复传播。误区就是这样开始的。

多年来,网络安全专业人士普遍认存在"丢失的优盘"攻击。这则传闻称,用户很容易拿起并插入他们在停车场发现的优盘,这种行为会导致他们成为网络攻击的受害者。这个故事缺乏证据,但在 2016 年,一个研究小组对这个误区进行了研究,并在对照实验中证实，用户会受到这种类型的攻击。[1]这个故事不再是传闻。

　　避免该误区的关键是要有健康的怀疑态度，并评估这个故事是否可以被证实。特别是，要警惕可能是非典型的单一例子。调查引文和文献，如有必要，进行自己的试验，以核实或反驳你所听到的。

7.4　误区：发现更多"坏事"意味着新系统技术提升

　　想象一下，你在一家科技初创公司工作。你们正在开发一种令人兴奋的新产品，并开始受到媒体的广泛关注。公司正在成长，系统已经从免费的桌面安全软件升级到每台机器安装了高端防御系统，以确保知识产权得到良好保护。不久后，你收到了大量关于可疑活动的警报。这是否意味着新系统使用了比旧系统更好的方法来发现坏事？不一定。公司出现在新闻中(有充分的理由)，攻击者读到这篇文章后可能会想，"嘿，新目标！让我们看看进入有多难"，并设置了圈套。你看到了更多的警报，并不一定代表系统技术取得令人难以置信的飞跃；这可能只是因为宣传因素，攻击者也会阅读新闻文章。

　　这是新冠肺炎大流行的一个不幸的副作用。随着公司和个人开始在家工作，视频会议的增长迅速而显著。Zoom CEO 在给用户的消息中报告，平均每日会议参与者人数已从 1000 万激增至 2 亿！[2]毫不奇怪，电话会议袭击和劫持事件的数量会同步增加。[3]

　　检测到更多的攻击并不意味着突然创造了一种新的检测方法。他们的增长可能是因为宣传和受欢迎，如 Zoom。可能是攻击者的工具箱里有一个新工具，正在每个人身上试用。可能有许多原因在起作用。

　　这个误区的另一个例子是恶意软件。恶意软件研究人员经常创建新的方法来有效地检测恶意软件，许多人喜欢宣称他们的新方法是最好、最新的，能发现最多的恶意软件。有可能确实是最好的；然而，正如本书在其他地方所指出的，声称发现最多恶意软件的检测器其实是简单地把检查的每一个软件都标记为恶意软件的检测器。因此，发现的恶意软件比任何人都多！它错误地标记了大多数软件，但没有人报告这个信息(应该很重要，但往往没有报告)。不过，这并不是新型的恶意软件检测器。我们可以称之为新型，因为它发现了更多恶意软件，但事实并非如此。假设新系统突然发现了以前系统没有发现的很多恶意软件。这并不一定意味着新系统是用一个令人难以置信的新方法来检查软件。这可能是最近公司上了新闻，恶意软件攻击者的想法是"嘿，这看起来是一个不错的目标！"或"他们上了新闻，一定很有钱。让我们干一票！"也可能是不熟悉背景的攻击者重新启用了旧的攻击方法，并对系统进行了攻击。

1　见[4]。

2　见[5]。

3　见[6]。

这个问题也不仅局限于攻击者。很多时候，防御方会重新启用一些他们认为是新的防御技术，因为他们不熟悉该领域的背景。他们对"新"方法重新包装，比如通过添加一些新功能来提高现有系统的效率。但并不意味着这种方法是新的，也并不意味着防御方创造了有价值的东西。该领域的专家们有很多关于"全新、军用级别、定制、牢不可破"密码系统的故事，其实这些密码系统采用了数百年前的想法并早已被破解(另请参阅第 1 章的 1.12 节)。

7.5   误区：安全流程都应该自动化

一些快餐连锁店已经实施自动化，顾客们站在柜台前，不是和收银员交谈下单，而是用触摸屏挑选食物，结算付款，然后等待订单号码被呼叫；在顾客取餐之前，没有人参与互动。

网络安全正朝着无情的自动化方向发展，这是提高生产力和效率的一部分。人们的想法是，参与的人更少意味着成本更低，错误更少，反应更快，以及坏人更少。倡导者们表示，我们将拥有基于 PB 级入侵数据的人工智能系统，这些系统可以自动标记每个问题。整个安全防御系统变成用户可以为网络定制安全措施的触摸屏。然后，用户可以坐下来玩游戏，直至收到网络攻击分析报告为止。哦，它会完美无误地工作，对吗？

看看快餐店的情况，我们只能在柜台前点菜单上的菜，不能突然决定要一杯草莓大黄奶昔。如果菜单上没有，它就会神奇地出现？这是不可能的，我们只能买到巧克力或香草奶昔，而不是菜单上没有的其他口味。

自动化适用于常规问题，但不太适合变化的情况。对于程序员来说，这是简单的算法：如果事件 A 发生，那么执行操作 B。[1]如果我们突然有了初级魔法网络安全屏幕，情况也是如此。它不会知道新的攻击，只知道创建时存在的攻击。如果新的攻击利用了网络浏览器中的新漏洞，系统将不知道如何阻止它，因为系统不知道新攻击的存在。除非更新，否则系统无法识别新的攻击。

如果初级魔法网络安全屏幕使用 ML，结论仍然是正确的。ML 不是万能，也是基于当前知识进行学习。如果出现了与其他攻击不同的全新攻击，基于 ML 的系统将不会自动识别和学习。这类似于学习代数，并期望基于此，可以突然理解微分计算！虽然都是数学，是的，微分计算使用了一些代数计算，但从复杂性和使用的知识而言，它们有天壤之别。

勒索软件于 1989 年首次出现，但直到 2008 年比特币被发明，才成为一个大问题。[2]赎金不再容易追踪，因此不再轻易被追踪的情况下发起勒索软件攻击突然变得可

---

1 这在计算机科学中极为常见。它还催生了一家名为 IFTTT(If This Then That)的商业公司，用户可以根据天气、电子邮件或他们的位置等因素触发自动操作。

2 见[7]。

行。2012 年，发现了 3 万个不同的勒索软件样本。2021 年，据估计，每 11 秒就有一名新的勒索软件受害者。

现在想象一下 2009 年的初级网络安全魔法屏幕，已经可以识别比特币，但勒索软件并不常见，不足以成为掌握的知识。勒索软件是攻击方式的转变；突然之间，不是窃取数据，数据仍然存在，但无法使用。

人可以说，"这很有趣……"；但计算机不能。计算机看不到这种转变，并认为，"这太奇怪了，应该进一步调查"，但人类可以。人可能会被新的攻击弄糊涂，但仍然可以处理它。初级网络安全魔法 ML 屏幕要么会忽略它，要么会感到困惑，这取决于代码是如何编写的。

最后，创建和维护自动化还有机会成本。长期来看，会节省时间和金钱等前期成本，但这并不总是正确的。例如，研究人员已经探索了与手工测试相比，自动化软件测试的性价比。[1]特别是，他们建议将视角从最小化成本转变为最大化价值。这是重要的见解，因为以往认为自动化的普遍动机是节省成本。

总的来说，这只是一个局部误区。也就是说，是否自动化取决于实际情况，而且，自动化从来都不是完整的解决方案。

7.6　误区：专业认证无用论

人们喜欢用标签来组织他们对世界的看法，有时标签只是为了分组——这些水果是红色的，而那些是绿色的。其他时候，标签用于以某种方式对物品进行排名或排序，例如龙舌兰酒的排名是 blanco、repado 和 añejo。通过这种方式，向其他人发出信号，帮助他们做出明智的选择。其他类型的信号，例如承包商实验室的合格章、J.D.Power 颁发的奖项或普渡大学的学位，都表明他们具有过硬的资质。

计算机科学(尤其是网络安全)是一个较新的领域——形成连贯的研究体系所需的知识直到最近才形成正式的学位课程。第一个正式的计算机科学学位课程是 1962 年10 月在普渡大学开始的(令人惊讶)，[2]第一个网络安全学位于 2000 年在普渡大学启动。与化学、心理学和数学相比，这些都是新领域！网络安全作为一个正式研究领域，还不到人类一代人的年龄(人类一代通常为 30 年)。

随着对从事这些日益复杂领域的工作人员的强烈需求，不熟悉该领域的雇主会寻找在这些领域表明精通专业知识和表现卓越的信号。传统上，来自认证机构和大学的学位是第一种信号，学术奖项和参考文献增加了信号强度。第二种信号是专业认证，即某人被公认的机构认证为具有一定程度的经验和掌握能力。第三种是在知名雇主的行业工作经历。还有其他信号。

不过，这些信号也存在问题。并不是每门学位课程都很严格，或者涵盖了雇主期

1　见[8]。

2　见[9]。

望的所有要求。同样，也不是所有的认证项目都很严格，有些认证项目就以只要付费就可认证通过而闻名。当雇主仅根据这些学位或证书之一就为人们的就业设置门槛时，合格的人可能会被排除在外。这也让一些潜在的合格人员很难起步并积累经验，特别是那些尽管拥有必要的技能和知识却无法负担课程和考试费用的人。

以下是关于员工资格的几个误区。

7.6.1   从事网络安全工作是否需要计算机学士学位

并非每个组织机构都拥有或需要网络安全专业人员。有些组织机构即使想要有经验的安全员工，也负担不起。相关方只会得到他们支付过的服务。而对于那些有能力雇用网络安全人才的组织机构来说，知道选择谁是一个棘手的问题，需要什么知识或技能？如何知道申请人或承包商是否具备这些知识或技能？

一项研究分析了 11 938 个入门级网络安全工作要求的资格。大多数职位(60%)需要相关领域的大学学位，整整 29%的职位需要某种证书。学位和证书应该让雇主对申请人的知识水平有信心，这些申请人至少通过了考试并支付了账单。对许多人来说，这是个人的成就，也是自豪的源泉。

这是一个双刃剑的误区。一些人认为，要想在网络安全(以及计算机)领域取得成功，大学学历是必不可少的。其他人则认为这是不必要的，甚至有些"碍手碍脚"。如果完全相信这两种立场，那都是误区。

正如本书不断指出的那样，人是不同的。人们有不同的观点、长处、弱点和工作风格。这也是拥有一支多元化团队如此有价值的原因之一。当面对特别棘手的新问题时，拥有多种观点和技能是有益的。

从逆向工程到法律和政策，网络安全角色也多种多样。目前 NIST[1]国家网络安全教育倡议(NICE)框架概述了 7 个领域的 33 个专业，但可以说它并不完整！

一些网络安全角色需要在一个或多个领域拥有深厚的技术专长。其中一些领域需要大学学习或获得大学学位。其他的可能不需要学位，但在被认可课程中获得学位会带来更好的知识和技能。有些可能不需要学位，但需要深入的自学和实践，这只能是特定的个人才能实现的。

例如，决定从事网络安全法工作的人通常需要本科学位和法学博士学位，并需要通过一次或多次律师考试。在顶级大学讲授网络安全的人需要博士学位或同等学力。相比之下，那些将要从事逆向工程或在 SOC 工作的人很可能能够在没有大学学位的情况下独立掌握这些技能。

一般来说，与自己职业相关的良好的大学课程不仅可提供一般的知识，还可加强辅助技能，如技术写作和公开演讲。大学学位课程还应该提供解决问题、团队合作和基础概念的实践。根据学位和课程的类型，可以强调使用当前实践工具(例如，社区学院和理工学院课程)或基础概念和理论(例如，计算机科学的大学课程)或结合使用。

---

1 见[10]。

正如之前指出的，第一个网络安全学位是在 2000 年设立的硕士水平学位。目前还没有足够的正式网络安全课程(截至 2022 年)满足网络安全专业的本科学位学习，因此并不会排除潜在的合格人才。在未来几年，随着本科级别的网络安全课程变得越来越普遍，这种情况应该会改变。例如，预计会有越来越多的本科课程根据 ACM、IEEE、AIS 和 IFIP TC-11 的《网络安全课程指南》[1]来设置。也有一些没有正式学位的非常有才华的技术人员。如今，越来越多的"非传统"渠道可供人们学习和发展网络技能。夺旗比赛、开源软件贡献和黑客马拉松要求参与者展示技能和主动性，这些都不是特定职位成功的良好指标。从事网络安全工作的机会不必局限于有能力获得高价教育的人。沉浸在自学中的人，包括参加军事训练或行业实习，有着巨大的动力和天赋，也可能拥有深厚的技能。这些人带来的技能可能比拥有大学学位的人更深刻，尽管可能不那么广泛。对于目前的一些职位来说，可能比学位更可取。

目前大多数与网络安全相关的大学课程侧重于计算机科学、计算机工程或信息系统。一些网络安全覆盖面很肤浅，因为没有足够的训练有素的专家来授课，而且很少有供应商愿意提供价格合理的教学工具。其他课程已经运行了几十年，由行业领导者授课并提供建议，并培养出该领域的一些精英。与许多学术课程一样，严谨性和覆盖范围各不相同，具体取决于可用的资源(包括师资)。

预计情况会随着时间的推移而改变。以前，人们可跟随执业律师并阅读法律书籍，从而成为一名律师。可以通过跟随医生和阅读医学文献成为一名医生。现在已经不是这样了。现在的趋势是，拥有学位将区分网络安全的业余爱好者和专业人士，尽管这还需要几年的时间。然而，这是每个主要职业的趋势，从执法部门到医药行业，甚至那些高端的汽车机械师。

这可能太过分了。过分严格要求网络安全工作资格的做法被称为"设置门槛"。过高的要求表现为多年工作经验或认证证书，这在很多情况下是不切合实际和不必要的。这种排他性使人们无法找到合适的工作，尤其是在职业生涯的早期。此外，这样往往会排除那些在与人和新问题打交道时能够带来丰富思想和经验的候选人。拥有一支高度同质化的高级员工队伍似乎是个好主意，但在许多环境中，这可能导致群体思维和步调一致的错误。总之，为网络安全职位寻找人选时，要仔细评估申请人能力、学习意愿，以及是否匹配复杂的工作。除非真的需要学位，否则不要要求学位，因为这可能排除理想的候选人。此外，不要认为一个明显不相关的学科(如心理学或音乐理论)的大学学位是无用的，因为这些学生无疑也获得了宝贵的技能并使用了计算机。最后，除非了解这些课程，否则不要认为相关领域的大学学位一定有用。甚至一些知名学校也提供有问题的学位；还要记住，每个学位课程中都有 50% 的毕业生排名在班级后半部分！

因此，结论是，需要学位的这种误解部分正确。

---

1 见[11]。

关于简历核实

如果不提到申请人错误地解释他们的经验和资格,甚至完全捏造,我们就不是安全人员。

我们知道有一个案例,申请人把以前的职位列为"数据录入和客户关系管理"和"故障排除和补丁管理"。这些职位看起来不错,直到背景调查发现,他曾经是快餐店收银员和轮胎店的修理工。尽管招聘经理认为这些职位被过度美化,但最后他没有被取消资格(他没有得到 SOC 分析师的工作,而是被录用到市场营销的职位)。

在另一个案例中,申请人申请一个高级管理人员职位。他之前曾担任过一系列高级职位,拥有一所重点大学的 MBA 学位,并具备相关技能;然而,他在工作中有三年的空档期,他的解释是"利用这段时间学习新的知识并反思过往的经历"。有自我意识,经验丰富,是不是?是的,除了这三年,因为这三年他是在联邦拘留所里度过的,他被判犯有欺诈罪。哎呀!

目前,持有假证件的墨西哥人正在美国大公司寻求远程工作职位,尤其是加密货币和网络安全公司。雇用他们可能导致严重的法律处罚;如果这种关联没有被发现,让他们成为内部关键岗位人员会导致更糟糕的事情发生。

请务必核实任何受雇于关键职位的人的背景和声称的资格!

7.6.2   网络安全认证是否有价值

认为有或者没有价值这两个误区与之前关于学位的误区有关。各种论坛上有关于不同专业证书价值的辩论。它们值这个钱吗?能证明你有价值吗?可能会在简历的名字后面加上获得认证的标注,但这些到底是什么?

一些证书证明了拥有初级或新进入该领域的基本知识。在这方面,很有价值,有助于区分申请人。对于另一些证书,则需要申请人深入了解认证领域,并需要掌握一些动手技能。遗憾的是,还有一些证书是只要给钱,就能拿到。所以,不是所有证书都是一样的,也不是所有证书都证明了有价值的技能。

同样的情况是,在该领域拥有更多经验和经过实践检验的专业知识的人可能不会从一些认证中受益。因此,应该根据他们的工作记录和推荐来评估这些人,而不是根据简历中名字后面的一串字母。然而,资深人士保持一些认证可能有一些价值,因为这表明他们在该领域接受和参与了继续教育。

有些证书与工作专业不匹配(请参阅之前关于学位的讨论)。例如,SSCP、IAPP或 CISM 认证不会为逆向恶意软件工程师职位的申请人提供多大帮助。有些专业还没有相应的证书值得拥有;一些商业机构也提供认证,但更多的是为了赚钱,而不是提高学生的技能。

在招募时，仔细思考认证的含义。[1]研究认证的详细要求，以及检查认证是否真的达到目的。思考一下，如果认证如此重要，组织是否愿意资助一名合格的员工获得认证？这与许多雇主会资助优秀员工获得研究生学位的原因相同，而不是一开始就要求拥有。如果没有兴趣帮助其他合格的员工获得证书，也许证书就没有必要了。

在技术和威胁不断变化的领域，继续教育不容忽视。招聘经理正在面试十年前获得相关学位或证书的人。很好，他们还能跟上这个领域的发展吗？例如，一位漏洞研究人员在 10 年前表现出色，但现在不知道 Spectre 和 Meltdown 等推测性执行攻击是如何发挥作用的，他没有跟上该领域的步伐。许多证书需要持续教育，以至少证明当前的知识水平。反过来，即使没有证书的人，也能像他们工作的组织一样，从提高技能中受益。一项研究[2]发现，超过一半的受访人员表示，他们考虑换工作是因为缺乏提高技能的机会。因此，继续教育既有直接的好处，也有间接的好处。

对于安全行业的从业者来说，证书有助于显示资历、知识范围或寻求新工作。适当的认证有助于提升专业形象，并有助于支持那些正在寻求建立标准的组织。拥有证书和职称的资深成员是领域内初级人员的榜样和典范。认证的作用不应该是支付费用和通过测试。相反，它应该指明技术能力和专业素质。

同样，非营利组织的高级会员等级也是如此，如 ACM(高级会员、杰出会员、研究员)和 ISSA(高级会员、研究员和杰出研究员)。无论是否继续持有证书，参与这些组织都能通过促进共同价值，推动专业发展带来价值。

通过分析可以得出这样的结论：这个误区部分观点正确，部分观点错误。认证对一些人有价值，但不是对所有人都有价值。

7.6.3　网络安全人才是否短缺

美国每年约有 6.5 万名大学毕业生获得计算机科学学位。中国和印度的这一数字要高得多，分别约为 18.5 万人和 21.5 万人。[3]这些毕业生中只有一小部分进入网络安全领域，其他专业的毕业生和非毕业生也在进入网络安全领域，供应充足。然而，网络事件仍在继续，许多组织希望雇用更多的人。

大多数企业都在寻找经验丰富的网络安全专业人士。CISO Helen Patton 表示："我们要求候选人拥有多年的安全工作经验，而不是招聘有潜力的候选人。"[4]结果是，有经验的人太少了，尽管那些新进入该领域的人也可以减轻团队的工作负荷。

这是一个鸡和蛋的问题。如果我们只雇用有经验的网络安全专业人员，如何培养有经验的网安专业人员？

一些高管说，他们不想雇用没有经验的人，对其进行培训，因为这些人会在获得

1　美国国家标准协会(ANSI)有标准的认证程序：ANSI ISO/IEC 17024。这也是国际标准化组织(ISO)的标准。人员资格认证需要符合这一标准。

2　见[12]。

3　见[13]。

4　见[14]。

经验后跳槽。在这种情况下，应该问做什么可以留住合格的人员，而不是让他们离开。一些公司引进新员工，对他们进行良好的培训，然后根据他们的新技能提供相应的福利和职责。许多人不仅留下来，而且往往表现出色。

如果想吸引人才，成功的网络从业者的两个特点是好奇心和竞争力。这个群体需要追求进步和战胜挑战(但不是到了超负荷的地步)。

与此相关的是如何更普遍地培训计算机人才的问题。教人们如何编写计算机代码和操作计算机，却没有教他们基本的安全和隐私保护知识。从根本上讲，问题在于他们被教导如何让事情运转起来，而不是如何安全地工作。然后，需要培养更多网络安全专家来清理他们的遗留问题。Spafford 几年前有类似的比喻：与其担心如何培养更多的消防员，不如努力减少用汽油浸泡过的轻木建造房屋。

7.6.4　学习与实践是否脱节

如果在不同的场合与足够多的人交谈，很可能会发现一种情况：学术界的人不知道"现实世界"是什么样的，而从业者对该领域更深层次的问题一无所知。各种误解强化了这一点，例如：

- 从业者会议(cons)和学术会议上，参与者的重叠程度很小。
- 一些参考期刊讨论的理论和系统永远不会在实践中使用。
- 该领域的著名奖项(例如 ACM A.M.图灵奖)只授予在学术期刊上发表文章的教授和科学家。
- CISM、SSCP 和 Security+等认证在学术界并不重要。
- "你和他们中的一个谈过吗？他们对刚刚听说的重大新闻一无所知！"

与任何概括性说法一样，这些说法都有一定道理，但它们并不总是或普遍是真的：

- 一些研究人员参加了从业者会议并发言，[1]而一些学术活动欢迎非学术人士。[2]
- 许多"学术"期刊定期发表关于时事和实践的文章，一些专业组织(如 ACM、ISSA)也有主要关于实践的期刊。ACM 的 Digital Threats: Research and Practice 就是一个例子。
- 著名的奖励(例如成为 ACM 或 ISSA 研究员，获得 ISACA Joseph J. Wasserman 奖)授予了研究人员和从业者。[3]
- 一些学术项目确实将认证作为招生过程的一部分进行评估，或者鼓励学生毕业后参加认证。
- 肯定非常多的有意识和交叉参与，尤其在社交媒体上。

现实情况是，研究确实有助于找到切实可行的解决方案。谷歌研究院和微软研究院的研究人员不仅与自家的产品和生产团队合作，还与从业者合作并开发新功能。有

1　本书的三位作者已经这样做了。

2　例子是社区全体成员正在进行的一系列讨论，记录存档于[15]。

3　ACM 的成员自称为"研究人员"和"从业人员"的人数几乎相等。见[16]。

时，很难看出一项基础研究是如何在实践中改变网络安全的方式的，但线索是存在的。研究人员通常必须解释为什么他们的工作很重要才能获得资助或批准。在拟立项的研究中，广泛使用的 Heilmeier 问题是"谁会在乎？如果成功了，会有什么不同？"[1]

　　同样的情况是，许多(甚至是大多数)计算技术都来自基础研究实验室。[2]例如，产生云计算的研究始于 20 世纪 60 年代。有时，从这些实验室到实践需要数年时间，但今天的一些蓝天研究(指没有直接实用价值的基础科研)最终会影响实践。人们都应该认识到这种连续性。

　　然而，仍然存在着差距。许多从业者不了解这个领域的历史，也不重视高级学习和研究的价值；这会导致他们对已知情况缺乏认识。许多学者也不了解实际问题，更重要的是，不了解实践中面临的问题的真实规模，因为这超出了他们的个人经验。这种脱节很大程度上是因为这个领域相对年轻：我们需要更多的经验和融合。学术机构无力负担(因此无法向学生展示并用于研究)当前的通用技术，加剧了这一问题。出于对信息披露的担忧，商业和政府组织不愿与学术界和研究机构共享数据和日志。因此，实验和教学往往使用虚构的、非常少量的数据集。

　　因此，存在巨大的鸿沟是一个误区，但确实有些脱节。弥合这一点的最佳做法是认识到经验和实践的价值。不要设置门槛。不要认为标签能获得全部知识和潜力，应该扩大对该领域材料的研究。

.

1　见[17]。

2　见[18]。

第 III 部分

背景问题

第 8 章

类比与抽象的陷阱

> 文字如果没有与其描述的真实可怕事物关联，就无法打动人心。
> ——摘自美国作家爱德加·爱伦·坡的著作《红死病的面具》

2006 年，前阿拉斯加州参议员 Ted Stevens 谈到互联网时说："互联网是一系列管道。"许多人仍然对这种高度简化的类比嗤之以鼻。虽然 Stevens 可能没有深刻理解或修饰他的类比，但将其呈现给对技术知之甚少的人可能不是糟糕的起点。好的类比取决于背景和接受者的认知水平。

网络安全有很多相似之处，从钥匙和锁到特洛伊木马，"大海捞针"到"驱逐驻留在系统中的恶意软件"，甚至辩论"内置"和"外挂"安全。正如将在本章中探讨的那样，这个领域使用的语言和类比借鉴了许多不同的领域。例如，"防火墙"是建筑施工的术语，在应用于网络安全之前已存在 100 年。[1]

网络攻击和防御经常被比作生物世界。使用"病毒"和"被感染"等常用术语来描述和传达数字威胁。使用这样的类比可能会有帮助，但也可能不完整，甚至更糟。

在网络安全领域，人际沟通是一项被低估的技能。我们可能更喜欢独自构建、创造和修补系统，但如果不能与他人沟通，网络安全就很难实现。一般来说，技术是通过类比来描述的，以向同行和非专业观众传授和解释复杂的主题。例如，电子邮件可以被比作发送明信片，任何看到明信片的人都可以看到上面的内容。网络安全也经常被比作城堡的物理防御，在城堡中，强大的防护边界保护着人们及其财产。这些思维方式形成了启发式表述，主要是为了帮助交流抽象的网络安全概念，并将其转化为非专业人士更熟悉的领域。类比有助于用户形成一个心理预期模型，了解他们的设备发生了什么，或者他们应该如何做出决定。

由于人们注意范围有限，类比也很普遍。简短、明快的标题吸引了更多的单击和

---

[1] 1920 年，美国国家消防协会年会对该术语进行了辩论。

广告收入。它们吸引人的是恐惧，而不是清晰的沟通。"SolarWinds 后门感染科技巨头"和"勒索软件攻击 JBS，致其关闭运营"是基于类比构建的标题。评论员没有技术上的见解来解释类比的细微差别，甚至有些词(如后门或感染)对网络安全界有特定的技术含义。图 8.1 是一个网络对比图。

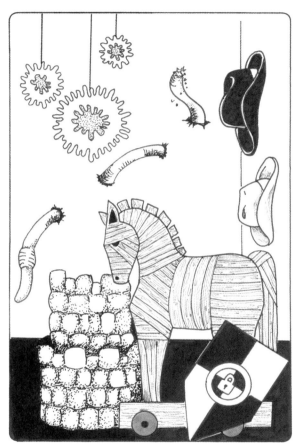

图 8.1　网络类比的阁楼

　　类比可以帮助解释基本的网络安全概念，但往往忽略或过度概括了重要细节。因为相似度不成比例，可能造成误导，有时甚至是故意误导。例如，目前还没有任何网络武器造成现代常规武器的物理破坏。正如第 5 章中所讨论的，使用类比的方法具有类似于启发式的效果。因此，有时使用删除了细节和特殊情况的抽象描写。早在云成为在线服务的代名词之前，云的图形就被用来隐藏电话或计算机网络的细节。第 2 章中引用了开放系统互连(OSI)网络模型，该模型总是被描述为类似于蛋糕的七层堆叠，一层在另一层之上，并被称为协议栈。计算领域的每个人都使用这个模型学习网络。该模型是一个抽象概念，几十年来用来帮助理解现代网络，使人们能够理解总体概念，忽略了其中的许多细节。

　　然而，有时也必须提供这些细节，以充分理解其中的细微差别。协议栈并不完美；

无论多么有用，都不是精确的类比。必须解释堆栈中"向上"和"向下"的方向性，因为这些都不是直观的。在工程设计和网络图中，当我谈论信息"南北移动"与"东西移动"时，方向同样存在问题。[1]这些短语可能被技术人员理解，但非专业人士无法理解。即使是专家也必须学会记住所有 OSI 层的名称，相关的记忆法是 Please Do Not Teach Stupid People Acronyms(请不要教愚蠢的人缩写字母)。[2]抽象有助于理解广泛的概念，但除非清楚地了解其局限性，否则可能会被误解为完整的解释。

统计学有一句著名的格言："所有模型都是错的，但有些是有用的。"类比也是如此。尽管存在缺点而且不准确，但在适当的情况下使用类比或抽象会有所帮助。在所有书面或口头交流中，都要问问自己，"我是对谁说的？"以及"我想达到什么目的？"如果我们仔细考虑听众，更有可能清晰地交流并取得最佳结果。请记住，非技术人员不太可能知道特定领域的术语，也可能不想知道。

使用类比、抽象和隐喻来塑造技术的发展、实践和策略。类比不仅仅是简单的修辞，而是具有规范性的维度；有时，可以用来帮助用想象塑造现实。

本章探讨了网络安全中类比和抽象的使用及滥用。首先探讨来自物理世界、医学和生物学、战争和军事以及法律的类比，然后讨论在使用类比和隐喻时避免陷阱的技巧。

8.1　误区：网络安全就像物理世界

数字世界是由存在于物理世界中的计算机和网络组成的。然而，我们仍然将其描述为不同的现实和物理场所："网络空间"有电子桌面和文件、加密密钥和锁、数字防火墙和论坛。网络空间本身就是现实空间的类比。

当我们开始关注网络空间时，会注意到数字工作中的物理世界语言。例如，我们会听到同事讨论在工作场所实施保护数字行为的护栏。这种类比通常被理解为描述可接受行为的边界，类似于阻止访问超出某些限制的物理特征。如果网络应用程序防火墙允许网络浏览但阻止对赌博网站的访问，这就是一道护栏。

网络防火墙与物理世界的防火墙是不同的。在物理世界中，防火墙并不允许火通过！在建筑施工中，防火墙旨在防止火灾从一个房间蔓延到另一个房间。在网络中，防火墙用于阻止或允许特定的流量。虽然大多数防火墙都有阻止特定"火灾"(从红色代码蠕虫到心脏出血漏洞)的规则，但阻止网络攻击的传播是一个副产品。

到了 20 世纪 70 年代，人们开始谈论特洛伊木马的电子版。类似于希腊人如何使用木马隐藏并潜入特洛伊城，网络攻击者诱骗用户执行看似正常的软件，攻击原本受保护的计算机。

这些类比可以说明边界防御的建设、成本和维护，但也强化了过时的模式，助长

1　在网络图中，北向(或上游)是指向互联网移动的数据。东西向(横向或下游)是指专用网络内主机之间的通信。

2　这些词对应于 OSI 层：物理(Physical)层、数据链路(Data Link)层、网络(Network)层、传输(Transport)层、会话(Session)层、表示(Presentation)层、应用(Application)层。

了公众对复杂问题的误解。特别是，当我们有便携计算机和无线连接时，物理边界类比是没有帮助的。

密码学是另一个容易产生误解的复杂话题。在所有网络安全领域，最著名的研究结果揭示了普通人对加密的理解程度。[1]在物理世界中，同一把钥匙用于锁门和开锁。在公钥密码学中，由于一个密钥用于加密，而另一个密钥用于解密，所以这种类比就失效了。这是一个让非专业人士感到困惑的细微差别。在解释一次性密码等更复杂的概念时，也存在不完美的类比。

物理锁可以被撬开；这是电视和电影中常见的场景。角色们拿出开锁器，一点一点匹配每一个锁齿。人们认为，因为把密码加密类比为锁和钥匙，所以加密解密也是如此。事实并非如此，密钥必须是精确的，并且不能一点一点匹配。这意味着，如果密钥是"My Cat Rerun"，必须完全匹配；不能首先用"My"，然后用"My Cat"，最后用"My Cat Rerun"来一点一点地解密字符串。

另一个物理世界的类比是爆炸半径。在物理世界中，爆炸产生的能量波从源头开始传播，并能破坏周围的物体。物理学使我们能够测量撞击以及到震中的距离。网络安全专业人士采用了这个短语，并不准确地将其应用于凭证盗窃的情况。如果攻击者泄露了一个密码(某种意义上的爆炸)，那么损害能传播多"远"？但凭证更像钥匙，而不是炸弹。如果我们丢失了钥匙，即使考虑到可能造成的破坏或损失，也不会用爆炸半径来描述可能的破坏。

使用数字 DMZ 会限制数字爆炸的半径。非军事区(DMZ)的概念是从现实世界中借来的。计算机网络 DMZ 是网络的特殊分区，即使家庭或商业网络的其他部分受到更严格的保护(通常是防火墙)，面向公众的服务器(如电子邮件或网络服务器)也可以访问互联网。DMZ 子网络在某种意义上是"非军事化"的，因为它存在于强化的内部网络和来自互联网的攻击部队之间。这就是这个比喻的由来。实体世界非军事区是由敌对团体之间的协议建立的，双方同意不在此区域内进行军事活动。这与网络上的情况相去甚远；计算机 DMZ 中的服务器不断受到攻击和轰炸。

8.1.1　误区：网络安全就像保卫城堡

网络安全中最初的类比之一是保卫城堡或堡垒。直觉上，人们理解的简单想法是石墙或城堡的护城河可以加强城堡，从而免受外部攻击，并保护城堡内的人和物。城堡的防御当然不含蓄，因为城堡不会试图隐藏或移动。

许多人说，网络安全就像一座城堡。在计算机网络的早期，计算机网络的边界是明确的。公司里的每个人都在一栋大楼或一个校园里，他们所有的电脑都通过公司控制的路由器从"内部"路由到互联网。

人们最终走出了数字"城堡"，网络也随之发展。随着互联网接入人们的家中，计算机也变得可移动，员工们希望并需要访问公司网络。企业网络的边界变得可渗透，

---

1 见[1]。

城堡的类比也随之消失。与堡垒不同，今天的网络不再是静态的，固定的防御措施是不够的。安全需要防御以前未知的攻击并满足不断变化的用户需求。如今的网络安全越来越不像保卫城堡。

一种取代城堡类比的安全模式是零信任。[1]零信任是一种心态和原则，专注于保护数据，消除隐含信任，并承认一个无边界的世界。虽然糟糕的营销使其成为一个流行词，但零信任是现代世界安全思想的演变——不再有城堡的围墙。遗憾的是，正如在第 1 章中所解释的那样，这也是一个糟糕的名称，因为仍然需要信任几个组件(包括硬件、操作系统和身份验证机制)才能拥有可用的东西。此外，这个术语暗示用户不能(或不应该)被信任，这不是一个有帮助的立场。

8.1.2　误区：数字盗窃与实物盗窃一样

一般来说，人们都知道，在盗窃方面，实体物品只有"还在"和"被盗"两种状态。如果有人偷走了公寓钥匙，我们就没有了。这是盗窃，因为合法的主人已经没有钥匙了。相比之下，拿走数字复制品并不构成盗窃，因为原件归失主所有，而小偷拥有相同的复制品；所有者并未被剥夺该物品的所有权。

当物理媒体——唱片、磁带和 CD——可以作为数字文件被无限地复制和传播时，音乐行业就有这样的担忧。如果没有对音乐传播的控制，唱片公司就无法保护艺术家的权利。他们将"盗版"一词普及到这种复制行为中，使其看起来似乎是由无法无天的团体犯下的严重罪行。美国有关数字拷贝的规定主要涉及版权和知识产权保护。数字盗窃的影响远比电影和音乐收入本身更重要，也比法律语义更重要。尽管如此，几十年来，"盗版"这个词一直促使双方对话。数字盗版不是盗窃，也不涉及绑架、谋杀或勒索！

令人困惑的是，人们用同样的词和短语来描述实体盗窃和数字盗窃。"小偷偷走了我的手机"和"攻击者偷走了客户端数据库"使用相同的动词，含义相似，甚至可能产生相似的后果。那么，为什么人们似乎认为盗窃知识产权与盗窃实物产权不同呢？学者们发现，有些人认为数字盗版是盗窃，但不是犯罪。[2]这与大多数社会规范截然不同，大多数社会规范认为从超市偷窃是不可接受的，而非洲海岸的海盗则是需要用海军武器打击的惯犯！

将数字盗窃与实体盗窃相比较的隐患在于，我们可能认为它们具有同等的价值或风险，或值得作出相同程度的反应。

"战利品"的估价也存在差异。一艘被海盗劫持的现代船只可能获得数千万美元的赎金；像 Netflix 这样的一家公司持有的所有数据的总价值是这个数字的 1000 倍。[3]使用"盗版"作为类比掩盖了其中的许多差异。

1　有关零信任的更多信息，请参阅附录 A。

2　见[2]。

3　见[3]。

8.1.3 误区：用户是"最薄弱的环节"

链条的强度取决于它最薄弱的环节。链条中的一个断开的环节会导致整个链条在该点失效。在网络世界，人们普遍认为用户是网络安全中最薄弱的一环，但这一观点没有引起足够的争议。这是一种不公平和不完整的观点。

在第 3 章中，我们讨论了用户行为不理性的原因。图 8.2 部分说明了这一点：有些用户高估了自己的能力。那一章还讨论了为什么将所有责任归咎于最终用户是不恰当的。最终用户并不是网络安全生态系统中唯一的人。开发人员是开发工具的用户；他们也是人，也会犯错。对手也是人，他们的选择会影响受害程度。所有人都有局限性，而不仅仅是用户。实际上，任何导致失败的缺陷都可以追溯到人：所有环节都同样薄弱。

图 8.2　用户做出错误的选择

安全界有一段傲慢的不幸历史。"对抗"的心态是典型的，但毫无帮助。同理心，以授权为目的，鼓励人们成为安全领域的积极伙伴，态度的转变将建立更牢固的关系。让用户能够报告错误并帮助他们纠正错误，这比对他们犯错说三道四的态度好得多。

愚蠢用户的故事

多年来，一直有"愚蠢用户的故事"的类比。人们在聊天消息或者喝咖啡时讲述这些故事，取笑天真的电脑用户。这些故事是关于有人使用台式电脑中的 CD-ROM 托盘作为杯架，并拿起电脑鼠标指向屏幕做"单击"动作。

也许这些故事有点幽默，但讲述方式很刻薄，取笑试图使用这些技术的人。也说明了那些设计计算机和文档的人没有考虑到他们的受众，如果人们试图按照错误的指示来完成工作，或者误解了某件事的作用，那是不幸，而不是幽默。

作者曾有在国外旅行的经历。我们很感激当地人没有嘲笑我们试图用当地语言问他们简单的问题。当面对外国火车时刻表或神秘设计的厕所时，这种困惑感(偶尔也会感到恐慌)与第一次坐在电脑键盘前的感觉相似!

现在，越来越多的人从小就接触到了计算机，他们很少害怕提问和尝试。因此，"愚蠢用户的故事"在许多地方已经消失。但它们不时出现，应该被理解为：对糟糕的用户界面设计和缺乏同理心的控诉。

如今，用户负担很重。例如，尽管用户能力有限，仍然要求他们选择强密码并记住，要求他们分析电子邮件以避免网络钓鱼。希望他们报告发现的奇怪行为，给他们提供设计拙劣的交互界面，然后指责用户犯了错误，这些都是不公平的。人为因素是心理学和生理学原理在产品、过程和系统的工程和设计中的应用。人为因素工程、人机交互和用户体验(UX)方面的专家研究并创建有助于人们使用的计算机界面。例如，为了使系统对用户友好，应该包含可学习性、效率、可记忆性和满意度等原则。

用户体验和设计不仅是用户界面，还涉及根据用户需求确定适当的功能需求。如果功能架构不正确，那么设计就存在内在的缺陷。因此，俗话说："形式应当遵循功能"。

1999 年，Anne Adams 和 M. Angela Sasse 写了一篇题为 Users Are Not the Enemy[1] 的重要论文。这是对可用安全领域的首次探索之一。Adams 和 Sasse 发现，"用户确实可能在知道和不知道的情况下破坏计算机安全机制，如密码验证"，但"这种行为通常是由安全机制的实施方式和用户缺乏相关知识造成的。"

假设如果没有用户，网络安全将是完美的，但这没有意义。零日漏洞的冲击和持续的软件补丁证明了软件并不完美。用户做了所有正确的事情，而系统仍然可能被破坏。此外，正如第 3 章中所探讨的，相信人会理性行事是一个误区。安全就是管理风险，而不是认为风险是可以消除的。

8.2　误区：网络安全就像医学和生物学

从互联网出现的早期开始，恶意的在线活动就采用了生物学的命名方式。这不仅

1　见[4]。

是因为这些活动有潜在的危害，而且他们到处蔓延。20 世纪 80 年代中期出现的恶意软件采用生物学的病毒作为名字。1989 年的互联网和 WANK 蠕虫出现了。[1]后来不断涌现重要的蠕虫，从 Conficker 到 Stuxnet。

就像在生物世界中一样，蠕虫是自我激活和自我传播的。然而，病毒需要宿主作为载体并激活。与新冠肺炎和其他病毒类似的数字病毒具有高度传染性和破坏性，对易感宿主造成损害。对病毒和蠕虫使用"感染"一词，就像生物寄生虫的感染一样(第 12 章会对此进行更深入的讨论)。

网络卫生习惯类比

大多数父母教孩子洗手(防止感染)和刷牙(防止蛀牙)。这些都是个人卫生的例子，有助于保持健康和预防疾病。作为类比，网络卫生习惯是一种描述预防行为的方式，在一系列问题发生之前保护用户及其系统免受影响。例如，选择强密码和使用双因素身份验证是有助于确保用户安全的基本做法。

良好的卫生习惯所带来的预防益处有助于抵御许多威胁。当攻击者未能破坏没有通用密码的账户，或者由于安装了最新的补丁程序而导致攻击失败时，人们甚至可能在不知情的情况下受到保护。

请记住，简单的预防措施可以预防简单的风险。洗手并不能预防癌症或心脏病，强密码不太可能阻止 APT。在健康或网络方面，良好的卫生习惯是必要的，但不是充分的，所以我们应该小心，不要认为仅有良好的卫生习惯就足够了。

可参见图 8.3。

图 8.3　网络卫生的新观点

---

1 有关蠕虫的更多信息，请参阅附录 A。

技术威胁和非技术威胁之间的一个关键区别是防御。当然，"卫生"在健康和保健中发挥着作用(见补充说明"网络卫生习惯类比")。人类有一个内置的、自我增强的免疫系统，但数字设备目前还没有。普通用户总是不容易理解为什么需要反病毒软件，为什么应该为它支付额外费用并投入资源来保持更新。有数十亿个独特的恶意软件文件，但用户没有将这些恶意软件带来的风险内置化。[1]

除了病毒和蠕虫，人们还将一些恶意软件描述为兔子和细菌，这些术语现在很少再使用了。甚至有被称为"藤壶"的间谍软件，但只有一个案例中提到。还有将恶意软件作者称为"害虫"的。可能还有其他面向生物学的术语，尤其是在其他语言中。命名缺乏准确性，逐渐导致公众将所有恶意软件称为病毒；然而，我们认为将恶意软件作者称为害虫仍然有很大的发挥空间。

将恶意软件概念化为生物威胁鼓励了确定性思维方式。病毒在自然界中的唯一目标是复制。在网络中，我们经常关注非复制组件，如恶意软件是否会窃取或破坏数据？将恶意软件视为病毒产生了类似免疫系统的、基于特征的反病毒软件和其他防御措施。

人类的免疫系统会自行地不断变化以适应来自外部的压力，通过使用疫苗来训练或学习攻击系统中不应该存在的东西。反病毒系统不是免疫系统。人类免疫系统可以识别新的威胁并动员起来抵御它们，虽然有时反应良好，有时则不然。免疫系统有时需要外部帮助，但通常会识别出新的可怕的东西，并能压倒它。

反病毒系统不一定能模仿人类的免疫系统。杀毒软件通常有一套已知的恶意软件清单，而新的威胁被忽视了。将反病毒软件视为免疫系统导致了"反病毒软件会识别新的、可怕的东西！"的论点；实际上，除非得到提示，否则它不会识别。即使是机器学习的反病毒系统也不会像人体那样发挥作用。机器学习不同于我们的大脑和身体的学习方式(如果考虑人体自身免疫出现的问题，这可能是一件好事)。

8.3 误区：网络安全就像打仗

关于网络攻击的报道听起来往往很像对物理攻击的描述。媒体可能会报道一家公司"遭到网络攻击"——这句话让人想起了来自遥远对手的精确制导导弹，如图 8.4 所示。

军方采用了大量物理世界术语来描述网络空间和网络活动。例如，美国国防部的理论指出，关键地形是指如果被占领或保留，可以为攻击者或防御者提供优势的地方或区域。在物理世界中，这可能是一座小山或一座桥。网络关键地形可以指网络空间的有限子集，例如系统、软件或连接。

指挥路由器与控制山顶不同。路由器是一个复杂得多的系统，其访问取决于电源、网络连接和补丁级别。

---

1 这与自然界中生物病毒的数量相去甚远。据估计，地球上存在大约 10^{30} 种病毒，比宇宙中的恒星数量还多！

图 8.4　砰砰！

与灾难性事件相关的情感联系导致人们将过去的事件与假设的未来事件进行比较。今天，许多美国人会回忆起 2001 年 9 月 11 日恐怖袭击造成的毁灭性破坏。尽管有第一手经验的人很少，但大多数美国人都知道珍珠港袭击事件。与这种创伤相关的震惊、恐惧和愤怒情绪会影响人们的余生。将其与假设的未来"网络珍珠港"进行比较，是"还记得你在那次物理世界攻击中经历的恐怖吗？这就是当它们发生在网上时你会感受到破坏和痛苦的原因。"

8.3.1　网络珍珠港

当人们谈论"网络珍珠港"或"网络 9·11"时，将其比作物理世界的攻击。这种呼吁旨在引起人们的注意并灌输恐惧，以防止网络空间的灾难性影响。但在本章描述的所有类比中，网络 9·11 是最抽象和不精确的。这样的比较也很难动摇："网络珍珠港"可以追溯到 1991 年 Winn Schwartau 在国会的证词。

有人说，这些比较的范围与破坏电网或供水的网络攻击类似。其他人则谈到破坏金融系统或电信。无论如何，这些类比在引起人们对网络空间实际风险、概率或防御的关注方面既没有提供相关信息，也没有表达正确见解。正如 Ciaran Martin 所说：“到目前为止，世界上遭受网络攻击的经历是长期的、使人衰弱的破坏，而不是对生命和肢体的灾难性风险。”[1]

8.3.2　网络武器

想想“网络子弹”——被用作笑话的短语已变成现实。开发的用于攻击的网络能力通常被描述为武器。但即使是进攻和防守也更多是意图而非能力。根据背景不同，删除文件可以被认为是合法的或破坏性的。虽然完成目标的代码是相同的，但意图已经具有法律意义并带来不同后果。

《武装冲突法》(LOAC，也称为《战争法》和《国际人道主义法》)，与意图密切相关，[2]是通过各国的法律体系、外交渠道或国际争端解决方案(包括国际法院)执行的。[3]当一个国家或非国家武装组织打算参与武装冲突时，该法律适用。然而，即使没有人承认他们参与了武装冲突，武装冲突也可能存在。《武装冲突法》规定了进行敌对行动和保护战争受害者的义务，包括军用和民用损失的比例原则和禁止制造不必要痛苦原则。其中一项原则是，除非必要，否则应避免以平民和民用基础设施为目标。对于网络武器，如恶意软件，这一点值得怀疑——有激光制导的弹药，但没有激光制导的计算机病毒！

网络武器具有与物理武器截然不同的特性。[4]例如，炸弹和子弹等常规武器具有一致、永久和可预测的效果。网络武器可能具有可变的、潜在的、可逆的和可定制的效果。网络武器经常被比作常规武器，因为常规武器有着理论、经验和专业知识的悠久历史。当今网络战领域的大多数军事领导人的职业生涯都是在坦克和飞机上度过的。在军事领导层出现数字原生代之前，常规思维的文化不太可能改变。

8.3.3　网络恐怖主义

网络恐怖主义是另一个充满误用的短语，更不用说混淆了。这个词至少有 37 种不同的定义。[5]这意味着至少有 37 个不同的人对如何定义它存在分歧……而且这还不是简单的基本定义，网络恐怖主义是否针对计算机，是否使用计算机，甚至是否散播恐惧都有不同意见。

恐怖主义也是如此。恐怖主义的定义取决于被问到谁、何时被问到以及如何被问到。随着时间的推移，定义发生了变化，这确实让事情变得混乱。

1　见[5]。

2　参见《美国国防部战争法手册》，网址为[6]。

3　关于网络冲突如何成为战争罪的学术文章，请参阅[7]。

4　关于网络武器和物理武器之间的异同的更深入讨论，请参见[8]。

5　见[9]。

例如，仅在美国，某个联邦机构就将恐怖主义定义为：

为实现政治或社会目标，对人员或财产非法使用武力和暴力，恐吓或胁迫政府或平民。

然而，另一个联邦机构，联邦紧急事务管理局(FEMA)，将恐怖主义定义为：

恐怖主义是指违反美国刑法，以恐吓、胁迫或勒索为目的，对个人或财产使用武力或暴力。

中央情报局、国土安全部和国务院都有自己不同的定义，许多国际组织也是如此。[1]其中许多定义坚持认为，恐怖主义需要暴力，计算机不能造成暴力；因此，不存在所谓的网络恐怖主义。

然而名为 Stuxnet 的小恶意软件(实际上并不是那么小)设法破坏(甚至摧毁)了伊朗的核离心机。不需要太多想象力就能想到，因为计算机控制着核反应堆，一些恶意软件可能导致堆芯熔毁。计算机还控制飞机、火车、医疗设备、电网和各种其他系统。恶意软件致使其中任何一个失败，都会导致重大问题。如果恶意软件传播谣言，导致某些群体暴乱或攻击其他群体，这些都包括暴力。

很幸运(到目前为止)，还没有事件被明确确定为网络恐怖主义事件，但认为不可能发生是不正确的。

8.4 误区：网络安全法与物理世界法律类似

法律通常是基于类比来解释的，毫无疑问，网络安全就是这样。有关详细说明，请参阅第 9 章。

8.5 类比和抽象小提示

2022 年 3 月，NPR 的旗舰新闻节目播出了一个关于打击加密货币犯罪的故事[2]。里面说：区块链就像电子标签，可以想象为贴在物品上的便利贴，可能是文件、加密货币或艺术品。每次这些物品易手时，交易都会在便利贴上注明时间、日期、涉及的人员等信息，而这个便利贴永远都无法撕掉。

虽然区块链可以用作交易记录，但与文档或条目本身是分开的，不像粘贴在物品上的便利贴。这种混乱可能让人误以为区块链就是这样运作的。

表述很重要。对网络安全的教育和认识是实现重要成果的关键组成部分。类比是练习和交流网络安全的一种工具。类比并不全是坏事，抽象可以帮助受众理解深层次

---

1 见[10]。

2 见[11]。

技术概念。偶尔，即使是谨慎使用的城堡图片也会引起人们的共鸣。反映现实的类比将促进更富有成效的对话和适当的解决方案。如果有什么不同的话，"凌迟处死"可能是网络中最真实、最准确的比喻。

　　表 8.1 总结了常见的类比以及本章中介绍的利弊。正面因素是指对物理世界真实的类比，对沟通复杂的网络安全话题有帮助。负面因素是数字世界对物理世界的不合适类比。根据不同的环境，负面因素超过正面因素，就需要避免使用这样的类比，或需要进一步解释。

表 8.1　网络安全中使用的类比的优点和缺点总结

类比	正面	负面
钥匙	必须拥有的解锁/解密信息的东西	在公钥密码学中，不同的密钥被用来锁定和解锁
防火墙	可以阻止危险的网络流量	通过设置允许某些东西通过
爆炸半径	可以感觉到破坏的范围，包括次生影响	攻击的影响并不总是与物理空间限制相对应。不是爆炸！
DMZ	与强化的内部区域相比，这是对公众访问更加开放的子网络	双方(网络所有者和互联网访问者)并未达成在此区域不发生冲突的共识
城堡	强化的、分层的安全有助于保护人们和贵重物品	网络和数据周围不再是固定的边界
最薄弱环节	安全链条依赖于多个变量，如果其中一个环节被破坏，整个系统安全就会被破坏。强度取决于链条上最薄弱的环节	终端用户不是网络中唯一的人。系统应该对会做出错误决定的人的行为进行弥补
病毒	常用术语，传达了污染和传播的概念	不是内生的、自我增强的免疫系统。人类的免疫系统能识别新的威胁并自动做出反应
文件	以有意义的顺序排列的数据集合	存在许多相同的副本。不需要存储在一起或存储在相同的地方

　　如果必须使用其他类比，请记住以下提示。

　　在交流网络安全问题时，要注意背景。简单而不完美的类比在朋友间的闲聊中可能是合适的，因为其中的风险很低。尽管如此，使用的类比越多，它们在人们心中就越根深蒂固，难以改变。要小心过于简单化会混淆听众，而不是澄清主题。使用时，要同时解释类比中的相似之处和不同之处。例如，电子邮件安全就像一张明信片，任何人都可以看到邮件内容。与加密电子邮件不同，纸质信封可以很容易地打开和检查(在美国，一级邮件内容受第四修正案保护——需要法院签发的搜查令才能阅读)。

　　类比和抽象似乎是将技术主题翻译给非专家的最佳或唯一方式。不要忘记工具箱中的其他工具。试着用故事、个人经历或最近的事件来帮助观众理解类比的话题。

　　鉴于自身的影响力，政策制定者和提供专业意见的网络安全专业人士在使用这些方法时应特别小心。当这些群体过于依赖类比时，影响非常明显。使用类比可能会无意中强化特定的社会或政治信息，从而破坏网络安全目标的包容性。领导人可能会通过与珍珠港或 9·11 等之前的灾难进行类比来合理化他们的决定。政策制定者也使用历史类比来证明他们的选择是合理的。此外，类比可能会不必要地限制安全策略的选择；在部署网络安全或制定政策时，必须看到世界的现状：复杂、繁杂和不可预测。替代的选择往往是不正确的心理模型的误导。

　　考虑到数字世界的复杂性，人们会被简单化的解释所吸引，必须认识到并注意抽象和类比所隐藏的东西不会多于它们所揭示的。负面后果是，从开始就把现实误认为是这些类比。此外，确认偏见使解释更加根深蒂固，更难随着时间的推移而改变。

第 9 章

↗↗

法律问题

法律看起来冷酷、严厉、没有人情味，它实际上就是如此冷酷、严厉、没有人情味。
　　　　　　　　　　　　——David Frost (英国记者、主持人和电视制作人)

网络安全与法律、法规和制度有着深刻而自然的联系。尽管人们可以生活在没有法律限制的世界里，但这会让世界变得不安全。甚至还有法律鼓励保护数据免受自然灾害的影响。例如，HIPAA 要求相关实体(包括医院和私人执业医生) "制定(并根据需要实施)策略和程序，以应对破坏包含受保护的电子健康信息系统的紧急情况或其他事件(例如，火灾、故意破坏、系统故障和自然灾害)。"[1]这些法律法规，以及其他法律法规，旨在保护我们的安全权利和自由。

许多法律法规都涉及欺诈、滥用和电子侵入。1986 年颁布的《美国计算机欺诈和滥用法案(CFAA)》[2]禁止未经授权或超出授权范围的访问，以及对计算机或数据造成损坏。它被用于起诉包括网络蠕虫、网络欺凌、间谍活动、窃取机密信息等在内的犯罪。世界各地有许多网络安全法律，既有相似之处又不完全一致，还有许多法律，旨在防止政治异议和宗教思想的表达。有些法律甚至将持有某些形式的软件和数据定为犯罪。

鉴于法律法规普遍应用于数字世界并产生巨大影响，本书用了一整章的篇幅来讨论这个话题。本章将探讨网络法律、法律执行和其他法律问题存在的一些误区和困难。在此强调，本章(或整本书)中的任何内容都不应被视为合格的法律建议。建议你始终从在执行网络工作的司法管辖区执业的授权律师那里获得建议。你应该适当采用上述律师的专业法律意见；而不是向水管工程师寻求有关网络安全的详细建议，也不是向网络工程师寻求法律建议！

---

1 参见《美国法典》第 45 卷第 164.308(a)(7)(i)节。

2 编为《美国法典》第 18 卷第 1030 节。

9.1 误区：网络安全法与现实世界法相似

可扩展第 8 章中的讨论，类比是法律论证中的基础概念。思路是案件应该以特定的方式处理，因为有类似案件的处理方式；法律的适用范围应前后一致。随着技术、计算机和网络安全进入法律体系，它们与非数字的类似物进行对比。将数字文件、纸质文件和文件柜里的数字文件之间的权利和保护进行类比。这样更容易理解。制定法律的人(立法者、政治家、说客)习惯了现实世界，并试图进行类比。那些解释法律的人(法官、行政人员)，同样喜欢将密码类比为钥匙或身份证。然而，当云存储中的数字文件在技术上以碎片形式存储在多个不同司法管辖区的硬盘时，这些类比方式就不适用了。[1]

除了文件等物品外，法律也在与数字活动的类比中摇摆不定。非法入侵就是一个例子。传统上，非法入侵是指未经许可进入他人的土地或住所。"住所"已扩展并应用于数字系统。当攻击者未经授权故意访问系统时，他们可能会被指控非法侵入计算机。法律用"未经授权访问计算机"取代了传统的"非法入侵住所"。它基于这样的概念，类似于个人需要获得许可才能出现在他人的土地上，即个人必须获得"许可"——明示或暗示可以"进入"他人的计算机。这似乎很简单，但法院一直在努力区分授权和未经授权的访问，甚至需要区分"访问"的构成。法院很难确定这个人正在访问谁的计算机或数据，可以访问的许可范围，在什么情况下给予同意后可以撤回。结论是，"非法入侵"这个概念——长期存在于普通法中——在法律上处理跨国、多目的、基于云的计算机网络事件，可能已不是最佳类比方式。尽管如此，它仍然是最常用的类比之一。

关于是否将先验的、广义的原理(如论文和侵入)应用于技术产生的新问题，也存在着长期的争论。这种争论可以从法官 Frank Easterbrook 和 Lawrence Lessig 教授之间关于"马的法律"的辩论中体现(见图 9.1)。Easterbrook 认为，专门针对网络的法律与那些与专门针对马的法律(如销售、伤害、许可证或兽医护理)一样没有必要。国会最初同意并拒绝制定计算机犯罪法规，因为人们认为信件或电信欺诈等法律足以涵盖计算机犯罪。Lessig 反驳说，网络空间是独一无二的，网络法规对于确保明确性是必要的。[2]

在过去 20 年里，法律的制定者(即法官、立法者和监管机构)基本上同意这两种方法：尝试使用通用准则，如果这些准则不起作用，则寻求应用新的专门准则。1986 年，颁布了 CFAA，旨在弥合类比不成立的差距。经过 30 多年的进步和变革，CFAA 已经落后于时代发展，关于如何协调快速变化的技术和法律的争论再次出现。

这里的误区是，网络世界是现实世界的完全模拟，现实世界定律可以充分应用于网络空间。因为这两种方法都在使用，不能说这一定是误区。

---

1 可参见第 8 章。

2 见[1]。

图 9.1　关于马的法律

9.2　误区：你的法律不适用于我的所在地

在法律界，法律大多受地理环境的约束。司法管辖权是指能作出法律判断和裁决的权力。司法管辖权的范围可以由宪法、立法部门和国际协议来界定。例如，在美国，联邦、州和地方管辖权可能重叠。

如果有人在密尔沃基的小巷里被抢劫，行凶者和受害人当时都在密尔沃基，威斯康星州法律和美联邦的法律都适用。大多数情况下，抢劫(或其他犯罪)事件重要实施部分所在地或者所有司法管辖区都可以起诉罪犯。如果玩家在《我的世界(Minecraft)》游戏里的一条小巷中被抢劫，目前尚不清楚管辖范围以及可能涉及的法律。

正如在第 1 章中所提出的，互联网是全球性的、去中心化的，没有所谓唯一所有者或控制者。受害者、攻击者和涉及的各种数字系统可能位于不同的地理位置，这些地方都有各自的法律。不能将互联网和网络空间简单地视为法律管辖区！

司法管辖权如何处理网络犯罪？攻击者可能坐在英国，闯入一家在爱尔兰拥有云服务器的美国公司，影响了目前正在印度尼西亚度假的犹他州居民。适用哪条法律？与纸质文档不同，一个或多个服务器上文件数据的物理位置无关紧要。云提供商总部的位置可能比服务器的位置更重要。例如，《澄清海外合法使用数据法(CLOUD Act)》是一部美国联邦法律，允许联邦执法部门强制美国科技公司交出存储在服务器上的数据，而不考虑数据的物理存储位置，包括属地原则(犯罪发生地)、国籍原则(受害者或行为人的公民身份，包括公司法人)、保护原则(基于受影响的国家利益的管辖权，例如间谍活动)、普遍性原则(犯罪者的拘押权)，以及被动人格原则(受害人的国籍或民族特征)。然而，在网络犯罪中，犯罪是"无处不在"和"在无名之地"同时发生的。某种行为可能受到一个主权国法律的保护，但受到另一个主权国家的禁止：某人坐在印第安纳州 Delphi 城的电脑前，可能在希腊的 Delphi 城或乌干达的 Delphi 城犯下罪行。

几乎可以在任何地方提起民事诉讼(起诉)。著名的计算机律师 Bill Cook 将其描述为"如果你能看到，你就可以起诉。"他的意思是，如果有人能在网上看到他们认为具有攻击性或破坏性的内容，就可在所在地提起法律诉讼。如果地方法院认为没有适当的管辖权，可能不会接受诉讼。有两种不同的管辖权，都主要基于地点。事务管辖权意味着法院、检察官或诉讼当事人有权对网络空间发生的事情在特定的司法管辖区产生的诉讼理由(民事诉讼)或可起诉罪行的案件进行判断。另一种被称为"个人管辖权"——也就是说，即使在俄罗斯违反了法律，俄罗斯政府能否证明此人(或公司)与俄罗斯有足够的联系，从而有理由将此人带上俄罗斯的法庭？网络空间的问题不仅在于必须证明做错了什么，还要证明是在禁止这种行为的司法管辖区实施的。无论具体情况如何，可能仍然需要被告在该地区聘请律师来寻求无罪。

这是一个不断发展的法律领域。随着分布式/网格计算的普及和万物互联(IoE)的扩展，只会变得更加复杂。一旦在空间轨道或月球上建立了云数据中心，人们将面临有趣的诉讼问题！

9.3 误区：我的第一修正案权利受到侵犯！

当人们呼吁保证第一修正案的权利时，存在两个错误概念：对法律的无知和对司法管辖权差异的理解。

技术是实施法律的一种方式。根据法律规定，在线平台可以允许或禁止仇恨言论和色情等特定内容(这两种内容在全球范围内都没有明确定义，有时被定义为压迫少数群体)。例如，技术可以帮助检测、跟踪和消除非法传播儿童色情制品和支持毒品贩运的金融交易。可以揭露未经授权的计算机访问，例如《计算机欺诈和滥用法案》所禁止的访问。

技术也可以用来强制执行法律权利。例如，对于欧盟公民来说，技术公司必须遵守被遗忘的权利。[1]

美国宪法第一修正案涉及权利和言论。其中规定：

国会不得制定任何关于创建宗教或禁止自由信仰宗教的法律；不得剥夺言论或新闻自由；不得剥夺人民和平集会和向政府请愿的权利。

下文将探讨对这些权利的两个误解。

---

1 被遗忘的权利在欧盟被定义为一项隐私权——如果在某些情况下对某人有损害，本人可以要求删除/屏蔽这些内容。这就要求搜索引擎在欧盟国家删除这些条目。

9.3.1　对法律的无知

如今，当人们在社交媒体上写的内容被删除或限制时，他们经常提到第一修正案。通常，这些东西是侮辱性的、误导性的、淫秽的(或更糟糕)。帖子的作者和支持者抗议他们的"第一修正案权利"遭到侵犯。

在美国，有人因为言论自由而有权在社交媒体上为所欲为吗？当然不行！私营公司运营社交媒体平台。第一修正案中的言论自由(与美国宪法规定的所有权利一样)保护美国人民免受政府干预。政府不能剥夺任何人的言论自由，但 Facebook 没有义务为言论提供平台。

第一修正案禁止政府通过任何限制言论自由的法律。一般来说，对私人当事方(如媒体平台运营商)没有任何限制。运营该网站的公司有自己的规则和标准来发布内容，这些都是用户协议的一部分，作者在获得具有发布权限的账户之前需要先同意(即使他们没有阅读)。

出版商可以制定他们想要的任何出版规则，包括禁止某些主题或用户。这并不违反第一修正案。这是他们的第一修正案权利，他们可以发布他们希望用户贡献的内容。从法律上强制平台发布所有内容将侵犯他们的权利！除非该平台的运营商是按照政府的指示或要求下行事，否则根据第一修正案，他们可以允许或拒绝任何人的发言(受一些与公民权利、平等访问和非歧视性法律的限制)。无论社交媒体和搜索引擎网站多么强大，法院都不愿意将其比作隐藏了访问权的"公共广场"或公共市场。

同样，当这样的实体拒绝传播内容时，这也不是"审查"。审查意味着政府在限制言论或表达。当私人实体这样做时，无论该实体有多大，作为一般规则，它都被称为"执行服务条款"或其他同样俗气的东西。如果有人不喜欢，可以创立自己的媒体服务。在符合要求前提下，用户可创建自己的网站和媒体平台，并按自己的规则运行。在美国，可以发表任何内容的权利并不是绝对的，多年来法院对其进行了进一步的定义；例如，发布儿童色情内容或发布威胁美国总统和内阁生命和安全的详细信息，可能会被逮捕，网站可能被关停。如果发生这种情况，作者可以在法庭上就自己的观点进行辩论。

此外，从 Twitter、TikTok、Facebook、Instagram、Medium、WordPress、MySpace、4chan、Tinder 或美国任何其他平台上删除帖子(或账户)都不受宪法第一修正案权利的限制。

9.3.2　司法管辖权差异

2022 年初，加拿大卡车司机抗议活动后，也发生了同样有趣的事情。有几个人因在示威活动中行为不端而被捕。出庭时，他们声称抗议是他们有宪法第一修正案权利。这让法官们感到困惑，因为第一修正案在加拿大法律中显然与抗议没有关系。

加拿大确实有第一修正案，维多利亚女王于 1867 年签署了《英属北美法案》，也称为《宪法法案》。它将加拿大建立为一个由几个殖民地组成的自治领(Nova Scotia 省、New Brunswick 省和 Canada 省,后来 Canada 省被分为 Quebec 省和 Ontario 省)。而第一修正案是 1870 年颁布的《Manitoba 法案》,该法案使 Manitoba 省成为加拿大的第五个省。

可以想象,当抗议受到新冠肺炎限制的人声称这是他们的权利(因为 Manitoba 省在 150 年前就已经加入了加拿大),这样的行为让法官们会感到多么迷惑和可笑!

这是地点很重要的例子。一个司法管辖区的法律在另一个司法辖区可能没有类似的法律,它们当然不能被用来证明在司法管辖区之外的行为是正当的。[1]了解你在哪里以及哪些法律适用于该地区是至关重要的。

同样,美国公民没有第二修正案规定的携带枪支跨越国界和在其他国家使用的权利。如果有人在玻利维亚、马里或泰国被捕后没有阅读他们的米兰达权利(警察必须告知被拘捕者其权利,包括有权保持缄默,以及他所说的话可能用作对他不利的证据),这并不意味着对他们的指控将被驳回。权利是由所在地决定的,而不仅仅是公民身份。在互联网上,个人既可以在他们实际所在地,也可以当成在他们产生影响或作用的地方。因此,例如,在美国使用电脑的美国人可能因为侮辱马来西亚君主,而违反马来西亚法律。任何国家是否能够起诉,更多的是要先能够对这个人进行拘押;如果美国人在这些国家的审判中主张他们的"言论自由"权利来反对这种起诉,可能是徒劳的。

9.4　误区: 法律准则取代计算机代码

法学家 Lawrence Lessig 有一句名言:代码就是法律。他在著作 *Code and Other Laws of Cyberspace* 中提醒读者,人类构建了网络空间。我们在那里能做什么,不能做什么,是由代码决定的,而代码是由人决定的。计算机代码可以快速创建,而且计算机代码可以有效地执行现实世界的规则和制度——立法者需要花费多年时间来制定。因为计算机代码的步伐更加灵活和快速,从某种意义上说,比法律准则更有效。

Lessig 并没有争辩说代码将取代法律。他请人们思考软件和互联网架构如何管理运营。谁来决定代码的规则?计算机人员喜欢相信是他们干的。1996 年,John Perry Barlow 撰写了 *A Declaration of the Independence of Cyberspace*[2]。

在相当长的数年内,该宣言是互联网社区许多人的集结号,从来没有比这更令人向往的了。如今,它与主权公民关于不受任何"虚构"政府约束的声明一样有分量。但两者都无法使人摆脱法律上的困境;当发现自己陷入困境时,试图引用这两个声明都可能使事情更复杂、更糟糕。

---

1 为了尊重加拿大读者,作者注意到《加拿大权利和自由宪章》第 2(b)条规定,"每个人都有⋯⋯思想、信仰、意见和表达的自由,包括新闻和其他传播媒体的自由。"《加拿大权利法案》第 1 条也规定了言论、集会、结社和新闻自由的权利。

2 见[2]。

实际上，代码是在法律管辖范围内编写的并在法律管辖范围内运行，因此受这些司法管辖区内的法律管辖。聪明的代码试图影响或回避现实情况，但无法明确现实情况。法院一再重申，代码不是法律，人们正在寻找艰难的道路。[1]

从根本上讲，法律不是算法。法律(大概)是由人民的意志通过他们的代表决定的，并定义了什么是对的、错的、允许的和不允许的，代表着价值判断和相互竞争的利益。法律往往是交叉作用的，不合逻辑，写得很烂，模棱两可，而且有时这种含糊不清是故意的。即使是最基本的原则"你不应该杀人"也会受到成千上万的解释、辩解和争论，而且不是绝对的(例如，战争、自卫、执法的正当行动、死刑、对重病患者的治疗等问题)。

9.4.1   误区：法律可以简单地转换为计算机代码

想象一下，有人说："让我们把所有的法律条款转换成计算机代码——用 IF…THEN…ELSE 语句表示所有的法律准则"；这种类型的条件逻辑在计算机程序中很常见。**IF(如果)**用户单击"确定"，**THEN(那么)**关闭对话框；**ELSE(否则)**什么都不做。难道汽车就不能同样有个限速软件吗？**IF(如果)**车辆的速度超过了限制，**THEN(那么)**就给司机开一张罚单。

立法者不会用代码思考，也不会书写代码。因此，法律包含固有的语言模糊性，根本不可能反映在计算机代码中。这就是存在法院的原因：必须对法律进行解释，通常需要对术语进行(重新)定义，并通过之前判例的视角看待问题，还需要对提交证据的数量和类型作出主观决定。有些人幻想有机器人法官 Dredd 能够立即伸张正义，但这既不可能，也不可取，因为代码中充满了缺陷。[2]

即使有明确的规则，也很难避免矛盾和歧义。粉丝们知道 Isaac Asimov 关于机器人三定律的故事，模糊性和边缘案例提供了故事情节和戏剧性。[3]

第一定律：机器人不得伤害人类，也不得因不作为而允许人类受到伤害。

第二定律：机器人必须服从人类下达的命令，除非这些命令与第一定律相冲突。

第三定律：机器人必须保护自己的存在，只要这种保护不与第一定律或第二定律相冲突。

在许多国家，政治上最令人担忧的讨论涉及人类对法律的解释。考虑一下美国最高法院和欧盟法院每年做出的各种判决。歧义、判例和至上主义都在这些裁决中发挥作用，而这些概念很难用算法编码，至少很难用确定性的方式编码。再加上编程错误和不可判定的问题，会使代码变得更加混乱。

即使这种方法可行，大多数人也不会欢迎他们的新机器人主人。这条路上，潜伏着《终结者》里的人工智能天网(Skynet)、折磨人类的超能洛克蛇怪(Roko's Basilisk)，

---

1 见[3]。

2 建议读者观看 Terry Gilliam 1985 年的电影《巴西》。

3 如[4]。

以及对铲除机器人的 Butlerian 圣战的需求。

9.4.2　误区：立法者/监管机构/法院对技术的了解足以进行监管

2018 年，美国参议员 Orrin Hatch 问 Facebook 首席执行官扎克伯格："那么，你如何维持用户免费的商业模式？"扎克伯格回答说："参议员，我们经营广告。"看来，这位参议员不理解现代互联网服务的基本概念。

律师 Damien Riehl 转述给我们的一句话在一定程度上解释了这种情况：

立法者中有很多律师，他们通常是文科专业的，所以不了解技术细节。

即使立法者和监管机构了解技术，通常也无法访问监管的代码，尤其是被视为商业秘密(非开源)的代码、被政府机构归类为敏感的代码以及机器学习的"黑匣子"。相反，立法者和监管机构只看到技术系统的输入和输出，因此也受到本书中讨论的相同误解和偏见的影响。因此，他们容易(a)反应过度和(b)误判因果关系，引入可能无效(常见情况)或有害(最坏情况)的法律法规。

立法者(和法院)在很大程度上依赖各个领域的技术专家。可能有具有技术背景的工作人员，但他们的倾向取决于技术界的投入。在许多司法管辖区，这一过程可能由拥有大量经济资源的各方主导(类似"游说"这一词；在某些国家，游说可能是贿赂)。结果往往明显偏向于那些特殊利益集团，这让其他人非常恼火。

非营利组织，如 ACM、电子前沿基金会(EFF)、民主与技术中心(CDT)和电子隐私信息中心(EPIC)[1]在美国和其他一些国家发挥着重要作用，确保听取企业以外的意见。如果读者对这些组织的使命与观点产生共鸣，鼓励你们支持和参与这些团体(或类似团体)。

注意，这不仅是因为律师不懂技术——作者认识许多技术水平很高的律师，还有以前计算机科学学生和同事毕业于法学院。技术人员也不是不了解技术的法律、社会、政治和道德含义。这两个领域都有着各自的微妙之处和细微差别，需要格外小心和研究才能理解它们是如何交叉和互动的。法律、伦理、政策和技术汇集在一起，称之为技术政策和法规。自动驾驶汽车是否应该作为驾驶员受到监管？还是作为产品或其他东西？应该要求医疗机器人与医生一样或更高的医疗事故标准，还是应该被视为"设备"？如果 ML 系统在不良数据上进行了训练，并做出了不可接受的带有偏见的决策，谁负责？在这个融合的政策空间里，这些问题和相关问题都没有简单的答案。

9.4.3　误区：法律和法院过度约束开发者

鉴于前面的章节，这是个必然的误区，即法律和法院过度和不适当地约束了开发者。

由于立法者和法官通常对技术的理解不足，无法对其进行监管和裁决，因此几乎

---

1 这些组织的网址是[5]。

没有什么可以阻止开发人员编写不安全(从安全角度看)、有害(从道德意义和字面意义上来说)和非法(从立法意义上讲)的代码。

立法者和法官最多可以猜测代码在做什么,或者试图制定法律(和司法意见)来解决他们认为的因果关系。如前所述,他们也受到经济利益的影响。因此,在美国,有一些相当详细的(有些人声称是压制性的)复制权法律,但很少有隐私保护。引起争议的两个例子是《出口管制条例》和《数字千年版权法(DMCA)》。

出口管制

作为政策和法律问题,许多国家限制出口可能用于生产武器技术。

在数字环境中,这种控制是不可能的。此外,许多物品都是"两用"的。例如,保护个人隐私的相同技术也允许向执法部门隐瞒非法物品。我们如何允许"好"用途,并防止"坏"事情在其他地方发生?

考虑加密算法。如果有一种没有人能破解的快速、高效的加密方法,世界上大多数人可能希望全球合法银行在内部使用,而且不希望犯罪分子使用。该怎么办?每次出现这种精细化的规定,都会引发争议。这同样适用于渗透测试工具、超级计算机、人工智能和其他计算机相关技术。

美国有三个限制敏感技术出口的监管框架。

- 《出口管理条例(EAR)》规定了具有双重用途的商业产品技术的出口、教学和销售。
- 《国际武器交易条例(ITAR)》涵盖了军事应用。
- 《外国资产管制条例(FACR)》涵盖了运往受制裁国家的物品。

这些限制通常通过条约义务在其他国家之间共同遵守。

深入讨论这些问题已经超出了本书的范围,与这些技术相关的开发人员、研究人员和教育工作者都受到了限制,而且隐藏着潜在的"陷阱"。即使有人不了解或不同意,也不意味着不存在,可以被忽略。请记住我们的建议,如果有任何问题,请咨询法律顾问。

数字千年版权法(DMCA)

1998 年,美国颁布了 DMCA,包含了几项与版权有关的条款,但其中最具争议的是将保护机制的逆向工程定为犯罪。之所以增加这一点,是因为版权所有者报告了重大损失(或预计会出现此类损失),因为人们交换了有关如何规避许可限制的信息。

最常见的版权规避案例之一与 DVD 有关。DVD 过去带有防止复制的控制装置。不想付费的个人试图绕过这种控制,为朋友和家人复制 DVD,另一些人想大规模生产未经授权的拷贝来赚钱。这些复制工作减少了版权持有者的收入。因此,DMCA 将执行逆向工程和发布可用于逆向工程的工具定为犯罪。

不出所料(对计算机专业人士来说),这项法律干扰了合法的研究,并被商业利益滥用以减少竞争。研究人员因调查安全漏洞而面临受到诉讼的威胁,为了避免进行可能与 DMCA 冲突的研究,而不进行符合公众利益的研究。同时,一些公司利用 DMCA 的威胁,将需要通用零部件和服务的竞争对手拒之门外。罪犯当然无视法律。

DMCA 有一种机制，允许为合法的研究提供小范围的豁免，多年来已经增加了一些；然而，增加豁免并不简单，而且需要每隔几年更新一次。DMCA 在识别新威胁和新需求方面进展缓慢。

几乎没有修改 DMCA 的政治意愿，因为它表面上保护着拥有大量版权的大公司。这是一个法律约束数字活动的例子，某些情况下，这可能是有益的。

这也是游说团体如何确保一项可能不完全符合公众利益的法律得以实施和保留的一个例子。

关于版权、DMCA、逆向工程和相关事项的许多详细问题超出了本书的范围。然而，底线是肯定的，与这些技术相关的开发人员、研究人员和教育工作者都受到了限制。其中一些限制对公司来说似乎相当合理，或者在最初制定时似乎是合理的。如果你参与了复制或逆向工程，建议你深入研究这些主题。如果你发现自己并不特别符合当前的一些法规，你还应该研究[5]中提到的那些非营利组织。

9.5　误区：执法部门永远不会回应网络犯罪

2022 年 2 月，内布拉斯加州林肯市一名 74 岁的男子成为计算机欺诈的受害者。[1]一条据称来自微软的弹出消息称，他的银行账户已被泄露。他拨打了电话号码，一名骗子说服他向骗子转账 21 万多美元。

四天后，同一城市的一名 76 岁女子在一次类似的弹出式电脑诈骗中损失了 13 万多美元。[2]在这两起案件中，钱都没有追回，案件仍未解决。

这些都不是孤立的案例。互联网犯罪投诉中心(IC3)平均每天收到 2000 起来自美国公众的投诉，美国执法部门估计这占所有网络和计算机相关犯罪的 10%。[3]一项估计是，向 IC3 报告的事件的解决(执行)率为 0.3%。[4]令人沮丧的是，根据这些统计数据，执法部门似乎不太可能拥有解决这些案件的资源。

这是否意味着人们不应该向执法部门寻求帮助？不。许多变量决定了执法部门能够和将要在多大程度上调查犯罪。巨额经济损失的犯罪通常被优先考虑，但这并不意味着较小的损失被完全忽视。联邦贸易委员会执行美国联邦消费者保护法。"我们无法单独解决你的个人报案，"他们说，"但我们使用报告来调查和起诉欺诈、诈骗和不良商业行为。"[5]

在美国，如果收到投诉，一些州和地方政府也可能调查和起诉计算机犯罪。在美国以外的国家，有各种各样的潜在执法援助。有必要报告罪行以便进行调查。正式报

1　见[6]。

2　见[7]。

3　见[8]。

4　见[9]。

5　见[10]。

案可能是从保险中获得赔偿的一个条件。如果你可能是目标，不妨与律师谈谈，然后根据律师的意见，在有迫切需要之前与执法部门进行一些接触。

在改进网络犯罪法律的执行方面有很多机会。[1]最明显的选择是(a)减少犯罪和(b)提高调查和起诉犯罪的能力。两者都必须追求。另一种减轻负担的方法是使用辅助支持。例如，在英国，网络帮助热线是一个非营利组织，将志愿技术专家与网络犯罪受害者联系起来。[2]它不起诉犯罪，但"向所有受害者提供保密、免费和务实的建议，帮助他们重新获得安全，并将影响降至最低。"

目前，在调查和起诉与计算机有关的犯罪方面存在障碍。报告犯罪仍然很重要，因为犯罪活动的规模有助于执法部门为获取资源和提请立法提供理由。如果没有证据表明有未解决的犯罪，就没有动力做出改变。报告会被调查，犯罪者也会被抓住。因此，从技术角度看，执法部门不进行调查是一个误区。

9.6　误区：可以通过起诉来隐藏信息

Streisand 效应是以美国艺人 Barbra Streisand 的名字命名的，她试图从加州海岸记录项目中删除她家的照片。她让律师起诉要求删除照片，大概是为了保护她的隐私；然而，这种操作方式是公开的，反而引起了人们对她想隐藏的事情的关注。[3]这是一种意外的后果，在某种程度上与眼镜蛇效应有关(在第 6 章中讨论过)，如图 9.2 所示。

试图阻止某些东西在网上传播是引起对想要隐藏的东西的关注的好方法。这方面的例子是索尼对 DVD 加密的诉讼。索尼不想让人知道解密 DVD 有多容易，所以该公司起诉了那些展示它有多简单的人。[4]索尼使用的加密技术不够强大，诉讼相当于租用了广告牌并将这些信息写在上面。

另一个例子是就漏洞发现提起诉讼。这种情况偶尔发生在 CVD 中。一家供应商威胁要就其产品中的漏洞报告提起诉讼，希望能压制它。[5]这并不能掩盖漏洞，因为提起诉讼的行为表明"这里有漏洞。"一旦人们知道这里有漏洞，它就会被再次发现，而且一定会被找到，因为人们现在知道该去哪里找。引起人们的关注并没有达到阻止的目的，反而加强了这一过程。

如果提起这样的诉讼，可能是对的，而且可能赢得诉讼。但诉讼的副作用往往是，每个人都知道你试图压制的信息。矛盾的是，为保持私密而提起的诉讼可能使其变得不那么私密。

1　见[11]。

2　见[12]。

3　见[13]。

4　见[14]。

5　见[15]。

图 9.2 Streisand 效应

9.7 误区：提起诉讼以阻止信息泄露是个好主意

数据泄露是一个需要处理的可怕事件。数据在世界范围内散布，超出了公司的控制范围，公司不知道人们会用它做什么。简而言之，这不是一件好事。

假设最坏的情况发生了，你就是这种泄露的受害者。安全研究员是告知你事情发生的人，他们还有一份有人发给他们的数据副本。研究人员已经联系你并告知你。你该怎么做？

最好的办法是核查该研究人员，确定他们的资质，然后与他们讨论问题。最糟糕的做法是立即告诉所有人，是研究人员错了，他们撒谎并想制造麻烦，如果他们告诉任何人，你就用诉讼或逮捕来威胁研究人员。

试图诋毁真诚的研究人员不仅是让问题更加公开的好方法，还会造成负面形象。你甚至可能因为诽谤而被起诉！想想这个先例：下一个发现缺陷的人更可能私下向你透露信息，还是会以公开和尴尬的方式匿名发布信息？

9.8　误区：条款与条件毫无意义

脸书的用户可能看到过这样的帖子:"我不允许脸书或任何与脸书相关的实体在过去和未来使用我的图片、信息、消息或帖子。"这些帖子的本质是错误地认为,这些声明会在某种程度上增加已经同意脸书条款与条件的用户的隐私保护。不是这样!"条款与条件"声明是具有法律约束力的合同。[1]

陷阱在于,用户不能单方面更改(或免除)具有约束力的合同,包括 Facebook 的条款和条件。张贴反对信息或任何法律术语声明都没有法律效力。软件或在线平台的使用受用户同意的平台条款与条件的约束。表明不同意的唯一方法是取消账户并停止使用该平台。

用户通常忽略软件的条款与条件。包含这些信息的文档通常太长、太密集、太混乱。只有当出现问题时,用户才能返回查看他们接受了哪些条款。与许多合同一样,特别注意的标准部分包括免责声明、责任限制、一般陈述、保证以及赔偿。其中一些是用大写字母写的,以确保读者知道它的重要性。其中可能包括"使用风险自负"和"我们进一步否认所有明示和暗示的保证,包括但不限于对适销性、特定用途适用性或非侵权性的任何暗示保证。"[2]

如果软件控制的是医用呼吸机或电气设备,你会对这些术语感到满意吗?令人惊讶的是,一些供应商在他们的产品中使用了带有免责声明的代码,然后在销售时免责。毫不奇怪,一些第三方供应商会在安全关键系统中使用该代码,但忽略了传递具体的警告信息。

"Clickwrap"是术语"打包单击"的意思,适用于新用户必须肯定同意所有条款与条件的情况,例如单击就能全选的复选框。网站可能也有条款与条件,但很少有访问者的肯定同意。网站所有者可能认为用户仅仅通过使用网站就接受了网站的条款,但事实证明,这越来越不可执行。一般来说,用户必须能够查看、审查并采取行动,确认他们同意条款和条件,合同才能生效。

请注意,这取决于不同司法管辖区的不同法律,因此,如果你有顾虑,请寻求专家建议。

9.9　误区：法律站在我这边，所以我不需要担心

回顾本章,你会发现法律往往是模糊、微妙和复杂的。它们在涉及各方和司法管辖权方面也非常复杂。因此,你也许应该至少有一点焦虑。

首先,你没有想象中那么了解法律,并且不了解你的地位以及谁的法律适用于你。

---

1 前提是它们被正确地设计、呈现和跟踪。

2 这些出现在许多软件许可证中,包括 Java 许可证。请参阅[16]。

几乎在每个司法管辖区，对相关法律细节的无知都不能成为违反法律的借口。

其次，即使你没有违反任何法律，也不意味着你不会被另一方指控犯罪或在民事法庭上被起诉。这种情况一直在发生：人们被错误地逮捕和指控，无论是严重的还是无聊的，每周都有成千上万的人提起诉讼。即使你对任何指控都是无辜的，你也需要用辩护来回应。这可能既昂贵又耗时，如果你运气不好，还可能会输(遗憾的是，成功的概率往往取决于司法管辖区以及你能花多少钱为自己辩护。法律在实践中并不像理论上所说的那样公平和完美地运作)。

如果你在做生意，应该聘请律师或律师事务所作为法律顾问并定期咨询他们。如果你参与公共活动，尤其是可能被人视为犯罪的活动，那么在你的电话列表上有一位经认可的律师也是件好事。这两种情况下，确定保险是否涵盖法律费用也是明智的。在你走出国门之前，了解一下你要去的地方的关键法律问题。

第 10 章

↗↗

工具的误区和错误概念

> 人已经成为工具的工具。
> —— *Henry David Thoreau*

工具在网络安全中的作用就像铺在路面的沥青。仅凭人的思想和身体，在执行具体的网络安全事务是远远不够的。最好的想法必须付诸实施，工具这个词是软件、算法、服务和执行任务或实现目标的各种方法的抽象概括。军事环境使用"能力"一词作为实现预期目标的能力的类似概念。两者都涵盖了广泛的领域，从 vim 和 grep 到 Wireshark 工具，从垃圾邮件检测、机器学习模型、ElasticSearch 到 VirusTotal。为便于本章的讨论，将不分析"工具"这个词的精确定义。

据估计，大型企业平均拥有 76 种安全工具。[1]网络安全专业人员依靠这些工具来执行各方面的工作，从安全软件开发到生成和分析入侵检测日志。工具是网络安全实践的支柱，除了效率外，还导致了对其创建和使用的误解和假设。删除或更换工具也很难，因为担心这样做可能破坏工作流程。所以，工具堆积如山。

本章开头的一句话提醒我们，对工具的依赖使它们成为拐杖。最终，没有它们，我们就无法行走。在某些方面，这对我们有利。计算机在分析大多数数据方面比人类更快、更准确。当人类把太多的思维外包给软件时，就会适得其反。当开始相信工具无懈可击的时候，它就会出问题。不言而喻，计算机会快速、准确地犯错。关于工具的各种哲学会影响它们的创建和使用方式。UNIX 的哲学包括格言：让每个程序只需要做好一件事。这自然而然地产生了许多单一用途工具，这些工具可以被组合起来执行更复杂的操作。UNIX 工具 grep 是网络安全中查找数据的强大工具。[2]与此相反的是"一个工具完成所有"的方法。有人称之为单层玻璃板策略，用户在一个屏幕上操作、分析和可视化不同的数据源。

---

1 见[1]。
2 有些人使用 grep 作为事实上的金牌标准工具。

本章将探讨一些关于网络安全工具的误区和误解。

> **关于 TTP**
>
> 缩写"战术、技术和流程"(TTP)在网络安全领域不断被热议。因此，你可能会认为每个人都知道它的缩写含义，但它经常被滥用。TTP 确实是以两个字母 T 开头的单词，但有些人惊讶地发现，这两个单词都不代表工具(Tool)，而是代表了对行为越来越精细的描述，包括防御者还是攻击者的行为。其他框架确实考虑了使用的工具。例如，在入侵分析的 Diamond(钻石)模型中，[1]四个组成部分是对手、能力、基础设施和受害者。这里，能力是指对手使用的工具和技术，如勒索软件、网络钓鱼等。

10.1　误区：工具越多越好

工具堆积是网络安全中的一个问题。网络分析师或事件响应者将多台笔记本电脑和手机放在触手可及的范围内，以"保持对整个系统或网络的不同活动的认识"，这并不罕见。他们还可能有多个硬件授权令牌，每个令牌用于授权访问特定系统或工具。所有这些都会导致环境非常复杂，会加重疲劳、倦怠和错误。简单地说，工具积累得越多，风险就越大。

某一天，组织决定要阻止恶意附件流窜。为此，管理人员宣布，任何带有特定类型附件的信息都将被发送到一个由 SOC 监控的特殊邮箱中。[2]

然后，SOC 人员将：

(1) 下载发送到邮箱的文件。

(2) 分析文件中的恶意软件。

(3) 将上一步中发现的恶意软件列表提交给反病毒软件供应商。

(4) 如果供应商不知道该恶意软件，则会创建新的恶意软件特征代码并将其传递回组织。

(5) 然后，组织将该特征代码添加到其本地反病毒解决方案中。

这仅仅是针对一封电子邮件的措施，还有更多的电子邮件需要处理。现在，引入一个工具来分析带有这些附件的电子邮件中出现的域名。如果还想知道这些电子邮件是不是网络钓鱼，则还需要另一个管理工具。分析所有这些都很累人——想象一下还要不断重复地做这些事情。

其中部分可以自动化，例如第一项任务"分析附件"，但随后需要有人密切关注，以确保正常工作，并至少每天检查结果。"密切关注"是一种需要持续关注和监控的警

1　见[2]。

2　见[3]。

戒任务；人类在这方面表现不佳。

这只是针对具有特定附件类型的电子邮件。最终成为垃圾邮件的电子邮件怎么办？知道有人试图对组织实施鱼叉攻击[1]很重要，所以需要另一个工具来分析这一点。此外，人们经常报告他们收到的可疑电子邮件，因此需要对每封报告为可疑的电子邮件进行分析。

此时，还没有看到 IDS 的结果。[2]IDS 可能每小时发出 1375 个警报，供人过滤和分类。称之为低信噪比：大量垃圾需要进行分类才能找到关键条目(信号)。

分析电子邮件至关重要，它们是一个攻击载体，重要的是要知道组织是如何成为目标的。为每一个可以从电子邮件中收集到的潜在信息提供一个新的工具是矫枉过正，对 SOC 中的人来说也是超负荷的工作。工具应该有助于他们的工作，而不是增加工作量。

任何东西多到一定程度都会过量。你可能觉得多吃巧克力有好处，但若被迫每天吃 50 公斤巧克力，你会痛苦不堪。

误区：每个新威胁都需要新工具

加密劫持[3]是较新的威胁，它不窃取钱或信息，而是利用计算机的算力来挖掘加密货币。短信钓鱼是另一个新的老威胁。这仍然是像传统网络钓鱼一样的欺骗性信息，但现在是通过手机(而不是电子邮件)发送的，对手仍然希望我们单击链接。最糟糕的情况是没人单击。[4]

这些新的威胁需要新的防御。加密劫持是在窃取我们的算力，而不是钱！短信钓鱼攻击的是手机，而不是电子邮件！太糟糕了！是时候购买更多工具来对抗这些新的威胁了。将它们添加到 SOC 已经拥有的无数工具中，人们可以受到保护，免受这些新威胁的影响。

除此之外(也许不一定)，添加过多的工具只会增加 SOC 的负担，还会产生新的许可成本，导致更多的软件需要更新以及更多的日志和配置需要保护。但是，应该如何应对新的威胁？

一种方法是仔细检查攻击的前提和操作。例如，加密劫持涉及渗透防御和安装软件，应该已经有了对应的防御措施。勒索软件和安装远程访问特洛伊木马(RAT)软件也是如此。如果有保护措施来阻止入侵者并监视新程序，就可以用相同的方案来解决所有问题。只有目前的产品存在加密劫持的盲点，才需要研究更新或更换该产品。

短信钓鱼怎么样？也可以使用一些现有的解决方案。目前对员工和同事进行培训，以避免网络钓鱼电子邮件。让他们清楚地知道，短信钓鱼也是同样的问题！此外，调查一下现在安装了什么——许多流行的智能手机都有一个功能，可以忽略来自未知发

---

1 单独指向某人的钓鱼攻击，就像鱼叉叉叉鱼。

2 有关 IDS 的更多信息，请参阅附录 A。

3 见[4]。

4 见[5]。

件人的短信。简单地打开它，而不是安装一个新工具。

供应商的赚钱方式是识别新的特殊情况并说服人们需要在他们的产品上花钱来处理这些情况。应该仔细评估新的特殊情况到底是否真的特殊。

还需要这些工具吗？

考虑添加新工具的想法的必然结果是检查现有工具。定期检查它们的性能是很有帮助的，以确保它们能够捕捉/预防其他程序无法处理的事情。随着时间的推移，可能会发现，同样的功能已经内置到其他工具中，并可通过消除冗余来节省资金(以及降低复杂性和系统负载)。这与第 4 章中讨论的沉没成本谬论有关：不应该仅仅因为已经支付了费用而继续使用这些工具。

在计算机病毒出现的早期，一些组织同时支付并运行了多达五种不同的反病毒程序，因为没有一个组织能捕捉到所有病毒。几年后，随着行业的成熟，最好的工具集中在检测相同的威胁上。对检测进行 A/B 比较的公司发现，他们可以通过改用单一、高度可靠的产品来节省资金和开销。我们怀疑，一些公司仍在为运行多个冗余程序支付额外费用，也降低了系统的性能。

10.2　误区：默认配置始终安全

工具出厂时都有默认配置。供应商甚至认为它们是"最佳"设置。[1]这让非专家的事情变得很容易：安装工具，启动运行，通常就可以工作了。这个默认配置对组织来说可能并不完美，但应该能很好地工作。在使用一段时间后，我们发现对配置做了一些改变，但开始时基本配置似乎没有问题。毕竟，它正在发挥作用。

默认设置并非安全工具独有。事实上，它们出现在每一个软件工具中：网络服务器、Active Directory、会计工具等。每个带有选项的程序都附带一个基本的、默认的"应该适用于大多数情况"的配置。

人们自然认为这种配置是安全的。选择的选项应该是对组织最好的，这意味着不会让组织受到攻击。"默认值统治世界。"[2]

默认配置是这样的：所涉及的"最佳"可能不是针对我们，而是针对典型客户，甚至是供应商自己。为什么呢？大多数供应商不喜欢在呼叫中心(即帮助热线)运营上花钱，开箱即用的配置目的是在大多数组织中安装和运行，而无需客户寻求帮助。供应商不想花时间为每个客户调试选项或回答严重依赖于自定义环境的问题。供应商也不希望人们因为其产品太难安装而拒绝使用，因此提供了一套基本的选项来让它们工作。

---

1 如果公司确定不知道这些设置，我们就相信它是好的。

2 Will Dorman, CERT/CC。

作为典型的案例，Active Directory 的默认配置可用来让随机用户获得管理权限。[1]在设置时没有做任何修改导致这个问题，它是默认的。这种事情也不是什么新问题。CVE-1999-0678[2]——已有超过 20 年的历史——讨论了默认安装如何允许用户读取 Apache Web 服务器上他们没有权限的文件。这种读取权限仅限于/usr/doc，但让人们读取随机文件仍然是个坏主意。

并不是每个默认配置问题都会导致 CVE。SyGate 5.0 个人防火墙默认配置默认允许端口 137 或 138 上的流量。利用这一点，攻击者可以绕过防火墙，这是一个相当大的漏洞。[3]恶意软件还利用了默认配置，其中包括使设备可操作的选项。默认密码是该配置的一部分。Mirai 僵尸网络使用默认密码接管物联网设备，并将其添加到攻击者网络中。[4]

人们希望安装的软件或设备在没有任何额外步骤的情况下"正常工作"，这就是"即插即用"设备背后的动机。供应商希望客户也相信这一点，因为这使销售复杂的软件变得更容易。人们不必阅读数百页厚的手册来安装软件。[5]相反，安装，然后眨眼之间，它就工作了！

这是以工具做有益的事情为前提的。过去有些出售的工具带有花哨的界面和选项，但没有任何用处。从互联网下载的工具甚至是间谍软件或计算机病毒的投放者！目前是否有供应商这样做尚不清楚；但是，某些政府禁止某些公司的产品在其网络上使用，因为存在敌对政府的威胁(如后门或间谍软件)。

这里的底线是，不能依赖默认配置来确保环境最安全，而应该仔细检查安装的任何东西。

10.3 误区：一种工具可以阻止一切坏事

家门的锁是物理世界的安全工具。人们希望这是一个有效的方案。但想想家所面临的威胁，锁是挡不住的。火灾就是一个例子。为敲门的人开锁是另一个例子。门锁并不是为了防止所有坏事发生。

商业防火墙源于 20 世纪 80 年代末开创的网络保护方法。[6]防火墙的设计能够通过 IP 地址、端口和协议过滤流量。这似乎是一个神奇的工具，因为在此之前，在 UNIX 系统上，必须记住编辑 inetd.conf 配置文件，以阻止人们连接到系统；在 Windows 系统上，什么都没有，要么全通要么全屏蔽。[7]

---

1 见[6]。

2 见[7]。

3 见[8]。

4 见[9]。

5 很少有供应商再提供手册了。如果幸运的话，可能会有一些网页并不太过时。

6 见[10]。

7 本书的作者之一是黑客攻击的受害者，因为一次升级将 inetd.conf 文件设置为完全开放状态。

简单地说，防火墙改变了游戏规则。如果有人发送了糟糕的流量，可以识别并阻止它。

此外，可以只阻止那个地址，而不是整个世界。

最困难的部分是：识别糟糕的流量。正如在第 4 章中讨论的，基本速率谬论表明只有少量的流量是坏的。防火墙(或其他工具)必须编程去查找内容。有一个令人震惊的例子：在互联网上传播的 SQL Slammer 蠕虫攻击了那些向世界开放 1433 端口的服务器。保护 SQL 服务器的简单方法是只允许服务器连接到该端口并阻止到该端口的其他任何流量；在那次袭击之前，没有人意识到这是个问题。

攻击者一直使用标准端口，尤其是向世界开放的端口。[1]Stuxnet 使用端口 80(网络服务器端口)进行通信，近四分之一的恶意软件使用端口 443，即 HTTPS 端口。[2]恶意软件目标端口很常见，因为人们通常不会屏蔽它们。一般不阻止访问 443 端口的行为，因为网站使用这个端口是常态。人们经常会访问网站，也无法阻止所有组织到网站的流量，尽管有些流量可能传输到恶意网站。上下文是需要的。蜜獾并不关心是否缺乏上下文，它只想在数据中游泳(图 10.1)。

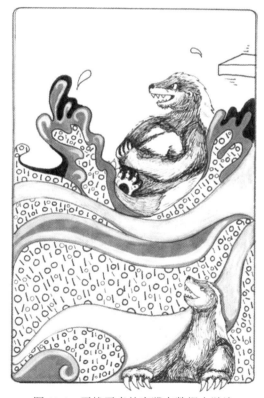

图 10.1　无忧无虑的蜜獾在数据中游泳

1　见[11]。

2　见[12]。

这是针对流出流量，流入流量如何呢？log4j 漏洞过去是(现在也是)一个可怕的零日漏洞。[1]当这个威胁出现时，管理员认为 log4j 是安全的，并使用它来改善日志基础结构的 Web 服务器。服务器必须向世界开放，允许人们访问内容；否则，拥有 Web 服务器有什么意义？遗憾的是，一旦 log4j 的远程攻击可用，Web 服务器就很容易受到攻击。这是一个打地鼠游戏：有人尝试攻击，我们在流量监控中注意到了，然后屏蔽了那个 IP 地址。其他人继续尝试，然后我们继续屏蔽。就像冲洗干净，再涂上肥皂，再来一次。

IDS 也是如此。对于 log4j 之类的全新远程攻击，除非事先设置，否则 IDS 不会主动检测。远程攻击者试图进行 "jndi" 查找，[2]以便能够执行任意命令。除非我们告诉 IDS 这是很重要的事情，否则它不会知道。这不仅适用于 log4j，而且适用于任何新的威胁。

防火墙和其他重要工具需要仔细配置、保持最新状态并进行监控。通过适当的选项和调整就可以抵御很多威胁，但不要认为任何工具都能抵御所有威胁！

10.4　误区：从工具中确定意图

锤子定义为：[3]

(1) 一种长柄上有重金属部件的工具，用来把钉子打入木头。

(2) 一种木质头的工具，用来把东西弄平，会发出噪声等。

锤子是一种工具。它可用来做好事(比如盖房子)，也可用来做坏事(比如随意打破窗户)，但本质上它既不好也不坏——它只是一种工具。使用意图无法通过观察物品得出(图 10.2)。也许有人想拆掉一堵墙，于是用锤子来做这件事。除非知道背景(这堵墙在保护什么？这个人是否得到了拆除墙壁的许可？)，否则不可能做出明确的判断。

有人可能会想，"网络安全工具是用来发现坏事的。所以，如果它们发现了什么，我可以假设背后有恶意。"这样想很好。人们想相信，如果查找坏事的工具发现了什么，那么这些东西就是由怀有恶意的人做的。

首先，要忽略误报，也就是说，当这些工具告诉我们发生了不好的事情，但其实工具是错误的。[4]

网站出现明显的 DDoS，可能只是因为该网站很受欢迎而出现病毒式传播。这甚至有一个名字：Slashdot 效应。[5]当一个受欢迎的网站链接到另一个网站，突然间(通常是较小的)网站流量超出了承受能力时，就会产生这种效应。全世界的人都会试图访问

1　有关 log4j 的更多信息，请参阅附录 A。

2　见[13]。

3　见[14]。

4　关于误报的更多信息，请参阅第 14.4.4 节。

5　这个短语起源于流行的科技新闻网站 Slashdot，它会在帖子中粘贴网站链接，有时会让网站的访问量突然激增。参见[15]。

该网站，这似乎是一次分布式攻击。事实并非如此。简单地说，这个网站在今天很受欢迎，每个人都想上网去查看。其意图不是恶意的；相反，如此受欢迎可能是件好事。

图 10.2　工具不决定创造或破坏

边界网关协议(BGP)路由是流量在互联网上的定向方式。组织向所有人广播其拥有的网络，这些信息用于引导流量。协议没有内置安全性，因此任何人都可以广播网络。[1]有一天，我们上班时发现，所有流量现在都被路由到另一个不属于我们的组织。

想象一下，坏的行为者决定窃取我们的流量，并向全世界宣布他们是网络的所有者，从而造成严重破坏。因此，他们可以拦截邮件，冒充我们向外发送不好的东西，损害我们的声誉，通常还会做一些顽皮的事情。显然，从监控此类公告的系统中得到警报时，我们可以直接得出这个结论。这不可能是因为有人犯了错误。一定是因为有人想通过实施路由身份盗窃来冒充我们。

但是，这通常是一个错误。[2]假设组织拥有 IP 地址范围为 10.10.0.0/24 的网络，并通过 BGP 向世界广播。然而，错误地宣布我们的 IP 地址范围为 10.12.0.0/24。两个比特的移位可能是错误的原因。人们有时确实会犯错！如果你曾经不小心打错了电话，你就很容易理解这种操作错误是如何发生的。

1　有附加的安全措施可以防止在整个互联网上传播，但没有什么可以阻止广播。

2　BGP 劫持的真实事件每年发生一到两次，但配置错误要多得多。参见[16]。

　　理解网络安全需要背景。发出警报的工具缺乏这种背景：它只是表明"这里发现了可疑的问题"。类似于汽车警报器。汽车警报器是一种工具，是一个警告有某人或某物正在推搡汽车的工具，但当它响起时，我们需要更多的背景信息。任何东西都可能引发过汽车警报：风、猫、地震或警报中的传感器损坏。警报响起并不一定意味着有坏人试图闯入汽车——警报响起的原因很重要。网络安全工具也是如此。下结论时要谨慎。

10.5　误区：安全工具本质上是安全和值得信赖的

　　"这个软件一定是安全的。"你听过这样的说法吗？可能与心脏起搏器、发电厂或者网络安全工具有关。这些都是错误地将人对任务的安全性和重要性的感知与工具的整体质量混为一谈的例子。医疗是一个生死攸关的风险，所以控制软件必须具有最大的安全性，对吗？

　　遗憾的是，这是危险和毫无根据的假设。安全关键系统面临许多漏洞。这包括起搏器、自动驾驶汽车、自动驾驶仪和许多其他产品。同样的误解也适用于网络安全工具。人们会认为，旨在帮助提供网络安全的软件是高度安全的。然而，这些事情没有标准。

　　文献中包含大量专门设计用于帮助提供安全性的工具存在缺陷的案例。举几个例子：

- 2020 年，超过 10 000 家公司正在使用 SolarWinds 公司的 Orion 平台。该软件被认为可以帮助监控和管理 IT，包括政府网络。安全研究人员发现，该软件在一次供应链攻击中遭到破坏，使用户容易受到远程攻击。
- ESET 的反病毒和其他安全软件受到好评，并被广泛用于保护计算机的安全，但它的软件也可能受到漏洞的攻击；例如，利用 CVE-2021-37852 漏洞[1]，攻击者可以获得更多的特权。这有点讽刺：对手利用旨在阻止不良行为的程序来执行不良行为。
- Snort IDS[2]存在会导致拒绝服务(DoS)的漏洞。另一个具有讽刺意味的例子：旨在捕获 DoS 的漏洞工具受到了 DoS 攻击。

同样的事情在许多不同供应商的软件上反复发生。

　　最后，要告诫大家不要想当然地认为在网上找到的所有软件和源代码都是安全的。从在线网站复制和粘贴可能会完成一个功能性的解决方案，但也可能引入漏洞。第 1 章讨论了开源软件天然比闭源软件更安全的误区。对于开发人员来说，重复使用网上找到的库和其他代码片段并假定这些代码是正确和安全的是很危险的。大多数在线网站(如 GitHub)不要求代码以任何方式进行验证，但实际上已经发现了欺骗 GitHub 元数

1　见[17]。

2　见[18]。

据的供应链攻击。[1]

2017 年，NSA 年度最佳科学网络安全论文竞赛的获奖论文题为 "你所寻找的决定了你的去处：信息来源对代码安全的影响"。在这项研究中，54 名参与者编写了安全软件，并被分为 4 组：可以自由选择资源、只使用 Stack Overflow、只使用 Android 官方文档或只使用书籍。[2]结果显示，那些只使用 Stack Overflow 的人编写的代码安全性明显降低。

2022 年，CISA 发布了一条警告称，匹配到一些人的虚假在线账户正在申请远程软件工作。这些冒名顶替者的目标是加密货币公司。知情者猜测，如果被雇用，他们将可以访问代码库，在那里他们可以更改各种区块链/加密货币系统中其他人信任和使用的代码。然后，他们会利用安装的后门偷走贵重物品。他们不会直接攻击系统，而是会更改开发人员纳入系统的支持代码。

鉴于用户对安全软件的盲目信任，安全软件可能成为攻击者更大的攻击目标。为了避免相信安全工具本质上是安全的和值得信任的陷阱，至少要谨慎从事。漏洞可能无处不在。

10.6　误区：没有发现意味着一切安好

关于报告或者不报告问题方面存在一系列误解。

10.6.1　误区：扫描没有发现问题意味着很安全

扫描程序是网络安全防御的基本工具，可以找出造成或可能造成麻烦的原因。本节将讨论两种常见的扫描程序形式：漏洞扫描、恶意软件/IDS 系统。

漏洞扫描程序查找可能发生的事情，恶意软件(或 IDS)扫描程序查找确实发生的事情。它们是两种相辅相成的方法。我们希望防止潜在的不良事件发生，但如果真的发生了，我们希望立即找到。

当扫描程序发现问题时，这意味着还有工作要做：要么纠正可能的错误配置或漏洞，要么从系统中删除恶意软件。然而，不能假设扫描程序发现的所有东西都是问题。它可能是误告警——这不是问题，尽管很像。扫描程序发出的每一个警报都应该一视同仁地进行调查，而不是假设。

当然，调查来自扫描程序的每个通知都需要时间和金钱。每个人都不喜欢误报，因为会浪费时间和精力。如果有太多的假警报，就会导致人们认为每一个警报都是假的——发生 "狼来了" 效应，这也不好。

1　见[19]。

2　见[20]。

那么，当什么也找不到的时候，这应该是幸福的一天。这意味着没有工作要做。系统没有漏洞，没有恶意软件，我们非常安全。这里没有什么需要注意的，已经很出色地完成了工作，今天计算机也很安全。下午放假！

其实我们不知道自己是否真的安全。

扫描系统可能被屏蔽。网络扫描系统通常能被检测到，目标网络会阻止它们来源的 IP 地址。这时去扫描目标网络，将一无所获，因为扫描系统会报告说，"这里什么都没有，继续下去。"

一无所获并不意味着什么都找不到。扫描系统只能找到被设计要找到的问题，可以想象成一个检查列表。扫描系统有一个已知问题的列表，如果这个问题不在这个列表上，扫描系统就会愉快地忽略，就好像不存在一样。这个清单不一定是精确的，因为经常有一些近似的内容——寻找的是"主要像这样的弱点"，而不一定是"恰好匹配的弱点"。杀毒软件也可以主动寻找，但只找到自己知道的。

例如，Spectre/Meltdown 漏洞在被发现时是一类新的漏洞，以前从未被发现过，尽管发动的这种攻击已经出现了。但在被发现之前，没有扫描系统会告诉我们是否容易受到攻击。扫描系统不知道未知的问题，所以不能告诉我们。

一项研究表明，[1]网络漏洞扫描程序遗漏了管理接口。这是因为我们不想让随机扫描程序访问管理接口，这是件好事。虽然错过问题不算太好，但毕竟是按设计工作。

这些都不是失败。问题的发生并不是因为 SOC 中有人做错了什么。相反，对不断变化的事物进行自动化时，就会出现这些情况。自动化是根据已知的攻击设计的，因而并不总是能有效地发现未知。

人们知道很多事情，但不可能知道所有事情。到目前为止，人类只绘制了大约 20%的海洋地图。这意味着地球水下 80%的海底从未被测绘过。因此人们并不完全了解海洋里事情。幸运的是，对于海洋，人们可以说，"我们只是不知道没有测绘过的。"网络安全并没有那么精确。我们可以说我们知道一些，但不能表达有多少不知道。这也意味着恶意软件巨齿鲨可能正等着咬我们一口。

10.6.2 误区：无警报意味着安全

SOC 今天很安静。没有警报，没有电子邮件弹出以警告其他问题，甚至投影在墙上的网络监视器也显示一切都是绿色的。

这是一个非常祥和的景象：每个人都可以完成以前因为其他警报而耽误的工作了。现在很安全，一切都在按预期工作。干得漂亮，伙计们！

---

1 见[21]。

寻找不存在的东西

　　许多组织的最佳实践是假设系统已经被渗透,但没有引发警报。当不对实际的警报做出反应时,他们会花一定的时间来寻找威胁,寻找能绕过当前警报的新攻击。

　　人们可能认为寻找没有证据的东西是浪费时间;然而,有趣的是,这有两个好处。首先,有助于猎人保持敏锐,并更加熟悉他们的工具。这无疑是非常好的。

　　但令人惊讶的第二个好处是,有时会发现有一个秘密渗透或不诚实的内部人员避开了所有警报。然后,不仅解决了一个问题,而且在如何构建更好的防御方面也得到了宝贵的经验。

　　但人们存在幻想,与上一节一样的幻想。没有警报响起在一定程度上是一件好事,但也可能是令人担忧的原因。安全警报与烟雾警报器不同。这不是有烟就有火的情况,也不是警报响起就一定有烟的情况。

　　这种情况下,一般是如果达到或多或少的特定条件,就会发出警报。

　　发生火灾的表现有热、烟,通常还有火焰。人们可以创造一组产生火灾所需的特定条件。通过检测这些条件,探测器就会知道最可能发生了火灾并采取措施。

　　我们不能为安全创造同样的具体条件。最多只有一套可能完全符合(也可能不完全符合)的一般条件。可能认为发送大电子邮件是内部人员泄露公司重要数据的迹象,但这可能只是销售人员向客户发送大文件的情况。例如,波音公司的一名员工向他的妻子发送了一份电子表格,以寻求帮助。[1]向配偶寻求帮助可能是一件好事,但发送内部员工信息不是。

　　另一个例子是,网络服务器似乎受到了攻击,因为许多新的 IP 地址正在访问它。这种情况下,可能是有热门消息发布在网站上并在网上疯传。现在每个人都想看这个网站,加上所有的流量,使网站看起来像是受到了 DDoS 攻击。

　　根据第一个例子,让我们尝试为数据泄露创建警报条件。首先,大量发送电子邮件是应该受到检查的。除了销售人员需要联系客户,还有就是技术人员可能会向客户发送手册。这条规则总有例外。这些人中的任何人都有理由发送大量电子邮件,但与此同时,他们也可能以恶意内部人员的身份泄露数据。

　　DNS 也被用于渗透。[2]攻击者注册一个看起来随机的域名,然后向看起来奇怪的子域发送查询。从组织中找到奇怪的查询时,可能发现数据泄露。检查奇怪的域名是常见的,AWS、Google 和其他组织也经常使用这个方法。

　　这些都是简化的例子,但重点仍然是,没有一套具体的条件,可以具体指出:"危险! 威尔・罗宾森! 危险!"[3]

　　所有这些讨论都引出了一点:没有警报并不意味着问题没有发生。警报通常基于

1　见[22]。

2　见[23]。

3　这是假设 Will Robinson 在 SOC 工作。

已识别的问题；否则，将不会发出警报。如果警报不响，并不意味着什么都没发生(比如当火警没有响起时)。这只意味着一组特定的条件没有触发。

如果一个事件发生了，警报没有捕捉到，听起来(或者感觉上)像一次失败。但事实未必如此，这可能只是警报系统错过特定条件的情况。

在网络安全领域，此类事件将不可避免地发生。通常袭击发生几天甚至几年后才会被发现。应该从允许攻击的条件中吸取教训，并利用这些知识来阻止未来发生相同或类似的攻击。

10.6.3　误区：没有漏洞报告意味着没有漏洞

Terry 想为 GoodLife 银行购买一套新的软件，名为"一级棒"基础工具(WTF)。审查 CVE 数据库和公开报道没有发现任何问题，在该供应商的网页上也没有列出任何修补程序。哇，没有报告的漏洞，这套软件一定非常安全！

这未必是正确的结论。可能 WTF 包是经过精心编码和维护的，所以没有重大问题；可能是因为该软件包的采购和应用有限，所以没有对其进行太多检查；可能在过去的几个月里，供应商已经收到了几十个缺陷报告，但供应商选择不披露或发布修复程序；还可能是该软件包非常新，以至于还没有关于缺陷的报告。

误区是，没有缺陷的迹象就意味着没有缺陷。建议 Terry 进行额外的研究，以确定为什么没有报告或修补程序，以及其他客户的想法。他还应该复习一下 4.2 一节！

第 11 章

↗↗

漏洞(弱点)

> 确保传统系统的安全就像把铁棍插入果冻中而不改变果冻的外观或味道。
>
> —— Spaf

在《指环王：双塔奇兵》中，一场戏剧性的善与恶之战发生在海尔姆深谷。坏人(半兽人和他们的盟友)在一个脆弱的地方炸了个洞，从而攻破了防御堡垒。排水沟是坚固的岩石外墙上唯一的弱点。一旦半兽人炸开了洞，城堡就会被占领。[1]

弱点(Vulnerability)是指容易受到伤害的部位在广义管理层面尤其涉及人的时候称为"脆弱性"或"弱点"，在技术层面称为"漏洞"。利用脆弱性，攻击者可以违反安全策略。海尔姆深谷的安全政策是"不让任何人进入"。防御堡垒的脆弱性——排水沟被一场大规模的爆破摧毁。随之而来的是迅速涌入的坏人，他们一心想要实施永久性的拒绝服务攻击，破坏堡垒的可用性，并为防御者带来重大的(身体)完整性问题。

在数字世界中，NIST[2]将漏洞定义为：

信息系统、系统安全程序、内部控制或实施中可能被威胁源利用或触发的弱点。

漏洞是数字系统中的弱点，就像排水沟是 Helm 深渊中的弱点一样。[3]漏洞有很多类型和实例，从内存泄漏到默认密码。

所有漏洞都可能带来风险，但并非所有风险都是漏洞。网络安全本质上就是管理风险和潜在损失。为确定风险，必须了解漏洞和可以利用漏洞的威胁。本章将探讨有关缺陷的误区。

接下来将提到一些行业标准的、供应商中立的漏洞机制。这看起来好像提供了一大堆堆砌的字母，但这比试图把所有东西都映射到多个供应商的命名和评级系统中要好一些。所以，请带上大列巴面包，潜行。

---

1 直到甘道夫带着洛希尔人事件响应团队出现，才拯救了这一切！

2 [1]的术语表中有多个定义，都与此类似。

3 在信息系统中，当漏洞被利用时，没有那么剧烈的爆炸。

> **承认人类的弱点**
>
> 　　漏洞的定义集中在计算系统上。因此，忽略了一个值得注意的领域：人。信息系统具有可能被利用的弱点，人类也是如此。
>
> 　　为了获得安全授权所需的信任，政府会考虑各种因素，这些因素可能导致人受到影响或被操纵，最终破坏国家安全。例如，背景调查员会审查债务因素；因为有巨额债务的人更容易接受贿赂来窃取敏感信息。还可能检查与外国人的接触因素，因为密切关系可能会让人同情另一个国家，或者更容易受到勒索。一般来说，没有一个因素可以用来确定一个人是否可以安全授权，但每个因素都可能是潜在的风险。不同国家的关注点有所不同。
>
> 　　并非所有人类的弱点都与内部威胁有关，对可能成为网络犯罪受害者的人群进行分类就是如此。这是 Arun Vishwanath 博士的研究领域。他研究了年龄、教育程度和注意力等个体差异的影响。Vishwanath 等人已经发现了人类本性与受害之间的关联性，但很难证明存在强因果关系。[1]

11.1　误区：人们知道关于漏洞的一切

　　有人可能会认为，经历几十年的硬件和软件开发以及无数的漏洞，网络安全社区现在已经洞悉了这一切。随着进一步了解漏洞的类型和普遍性，容易让人误解，认为知道所有需要知道的问题。

　　CVE 程序是 MITRE[2]维护的一个目录，用于对漏洞编号。该目录列出了提交给 CVE 编号机构(CNA)的已知漏洞，当这些漏洞被认为有意义，就可以添加到列表中。

　　注意这个词“认为”。并不是提交给 CNA 的每个漏洞都会出现在列表中。并非每个漏洞都会被提交给 CNA。尽管 CVE 列表很有意义，但不能假设它是包含每一个已知漏洞的详尽和完整的合集。据统计，2020 年披露的 6767 个漏洞没有相应的 CVE 编号。[3]虽然该列表包含提交并添加到列表中的漏洞，但并非每个供应商和漏洞研究人员都提交漏洞；供应商可能会悄悄地修复错误。

　　同样，并不是每个厂商都会在发布的版本中指出修复了哪些 CVE。例如，Linux 内核维护人员历来认为漏洞是需要修复的错误，一般不会在每个版本中指出哪些 CVE 被修复了。

　　CVE 一般与常见弱点枚举(CWE)中的一个或多个弱点进行关联。CWE 是编制在 CVE 中常见的缺陷目录。CWE-NOINFO 和 CWE-OTHER 是 CVE 目录中最常见的两

1　例如，参见[2]。

2　MITRE 是联邦资助的研究与发展中心(FFRDC)，即由美国政府资助的非营利研究实体。他们研究了几个专业领域，其中包括网络安全，见[3]。

3　见[4]。

个值，用于描述无法指定特定的弱点。当没有足够的信息来分配特定的 CWE 时，就分配到 CWE-NOINFO。CWE-OTHER 意味着适当的 CWE 实际上不在预定义 CWE 的目录中。换句话说，弱点的表现描述很清楚，但没有直接对应的缺陷目录。

CWE 的目录范围很广，从 CWE-121(基于堆栈的溢出)到 CWE-546(可疑注释)。截至本书撰写之时，没有任何 CVE 被标记为可疑注释 CWE——当然人们也可将关于可疑注释 CWE 的注释视为可疑，并将该 CWE 分配给它。

与 CWE 相关的还有通用漏洞评分系统(CVSS)。CWE 是将漏洞的类型抽象，而 CVSS 是包括严重性在内的许多因素抽象成的一个数字。这是一项非常艰巨的任务。严重性是主观，对一个组织来说严重但可能对另一个组织不是。从未使用过数据库的组织不会关心容易利用的数据库的 CVE，而完全依赖数据库的公司会关心。严重性评分不考虑背景因素，例如软件是否在特定环境中使用。

最后，严重性经常被错误地解释为可利用性。漏洞可能很严重，但攻击者永远不会在普通环境下使用。EPSS(漏洞利用预测评分系统)使用真实世界的漏洞利用数据来计算漏洞被利用的概率。

看似不常见的常见弱点

有一个名为"嵌入式恶意代码"CWE(CWE-506)。即设法将恶意代码嵌入项目中，这显然是一个弱点。具有此弱点的漏洞编号是 CVE-2020-15165，Google Play 商店中的 Chameleon 迷你实时调测器中存在该漏洞。迷你实时调测器是一种用于近场通信(NFC)的调试工具。NFC 技术用于短距离通信，例如用于门禁的感应卡。有人篡改了 NFC 原始应用程序的源代码，并将结果上传到 Google Play 商店，从而将恶意代码嵌入应用程序中，创建了一个 CWE-506 漏洞。

令人惊讶的是，用 CWE-506 标记的漏洞很少。考虑到攻击者嵌入恶意代码的常见程度，按理应该存在许多类型的漏洞。这可能是由于将 CWE 映射到 CVE 的判断存在差异导致的。

现在已经有了一份漏洞列表，包括漏洞确定的弱点和评级，这是否意味着我们知道了关于这些漏洞的一切。剧透提醒：并不是。

将一个漏洞放在列表中并进行评级，只表示有人认为它足够重要，可以添加到列表中，并且评级是适合该漏洞的值。

漏洞处理并不是线性的

在被简化理解的世界里，标准流程是一旦发现漏洞，就会创建 CVE，然后也许会在其他地方发现漏洞被利用。但现实并非总是如此。

2021 年 5 月，WatchGuard 公司发布了其 Fireware 产品的更新。发布说明提到了"安全问题"，以及如何被工程师发现的，并且不是在外部发现的。这并不罕见，公司经常在不让外界知道问题细节的情况下发现并解决安全问题。

> 2021 年 11 月,政府通知 WatchGuard,该版本中修复的漏洞被广泛利用。直到 2022 年 1 月,该漏洞才被分配为 CVE。
>
> WatchGuard 没有为一个内部安全漏洞分配 CVE,这没有错。可以肯定的是,该公司的管理人员遵循了内部流程处理此事,因为他们认为这个漏洞没有被利用。
>
> 所以漏洞处理不是线性的。有时它们被分配了 CVE,有时则没有。有 CVE 并不意味着漏洞一定很重要,没有 CVE 也不意味着不重要。

11.2   误区:漏洞很稀少

漏洞有限且稀少。如果这个假设真的,那么每一个软件都有数量有限的漏洞,每次修复一个漏洞,剩下的漏洞越来越少,就会使软件接近 100% 的安全。

假设每个软件的漏洞不超过 100 个。软件质量之父的 Watts Humphrey 在调查中发现,一个典型的开发人员平均每 10 行代码就会意外引入一个缺陷。[1]当然,100 这个数字对于某些软件来说是过度夸大,对于某些软件来说远远不止。不管怎样,这都是一个网络安全的童话故事,但和许多童话一样,都有现实的意义。诚然,这在很大程度上取决于开发环境和开发人员的素质,但这是有数据支持的近似值。

回到童话故事。这意味着,在修复的 100 个漏洞时,每修复一个,软件的安全性就会提高 1%,直到全部完成,完美!软件现在完全安全了。

但事实并非如此。开发人员一直在添加新代码,软件不断出现新的漏洞。每次发布软件新版本时,都可能引入新的漏洞。这不是在重置计数器而是新增漏洞数,每个修补的漏洞都意味着特定的攻击途径已被阻止,但不一定会减少其他攻击途径的数量。此外,许多修补程序需要添加新代码,又会导致新的漏洞。一些快速生成的补丁会引入了新的、比修复的漏洞更严重的问题,这并不罕见!

此外,请记住,重点是缺陷。[2]代码本身可以没有缺陷,但会有基本的逻辑错误,仍然可以在本质上构成问题。例如,程序员颠倒密码测试逻辑(键入"="而不是"!=")是逻辑错误;忘记包含密码检查也是逻辑错误。

11.3   误区:攻击者越来越专业

一些人认为攻击者一直在以越来越快的速度发展。如果仔细观察,会发现黑客犯罪是一门生意,而且犯罪分子喜欢尽可能地系统化。

因此,经常看到相同类型的攻击,甚至是针对新技术的攻击。因为技术变化的速度越来越快,看起来攻击者适应得很快,但其实他们只是在重新利用旧的攻击而已。

---

1 见[5]。

2 软件缺陷被认为是有害的,见[6]。

每次在软件中发现漏洞，特别是新的漏洞，攻击者都会在所有其他软件上尝试。结果往往是大范围的成功；例如跨站点脚本于 2000 年首次使用[1]，到 2007 年已成为所有 Web 应用程序中最常见的漏洞，并且现在仍是 Web 安全最大的风险之一。可见不同的程序员一次又一次地犯同样的错误。

此外，攻击者不停地寻找蒙蔽自动化检测工具的简单方法。遗憾的是，破坏孱弱的检测工具很容易。给旧的恶意软件装上一个新的包装，瞧，再也认不出来了！

这并不是说攻击者没有进化。有些人花费了大量精力来获取和开发复杂的工具，自动搜索漏洞。有些恶意软件开发者是有组织的犯罪企业，拥有设计师、程序员、调试员、验收测试人员和分级管理，而这些都是非官方背景的开发者！

可以说，这个误区有部分理解是正确的，但只要程序员继续使用糟糕的方法，并且不专注于在产品中提供良好的安全性(和隐私保护)，罪犯们就不需要那么努力。

11.4　误区：零日漏洞最重要

"零日"是一个让许多人感到恐惧的可怕短语。有一部分零日漏洞被赋予了恰当的名字，比如"心脏出血"和"沙虫"，有一部分是为了营销需要。零日意味着没有防御，人们无能为力，这就陷入了困境：攻击者就在门口，而我们毫无准备，不堪一击。

零日漏洞是指软件开发人员或公众还不知道该漏洞。[2]它是可被利用的，如果坏人知道了，就会利用它来对付我们。

这个名字来源于现实，即一旦发现漏洞，人们只有零天的时间来修补它；不是一两天，而是零天。可能在人们知道之前就被攻击了；而且可能已经有知道的人发起了攻击。

这是可怕的，因为缺乏防御。这很可怕，因为无法阻止。

11.4.1　误区：零日漏洞是最可怕的

既然已经说过零日漏洞是可怕的，但问题是：它们是世界上最可怕的事情吗？

与 CVE-1999-0153 相关的零日漏洞听起来很可怕，因为该漏洞是基于数据包的 DDoS 攻击。数据包被发送到错误的端口，并设置了错误的选项，然后轰隆一声，Windows NT 服务器就倒了。

这太可怕了(如果你运行的是 Windows NT)。

不过，零日漏洞的发现成本很高。攻击者要么与人合作寻找，要么自己寻找，或

---

1 详见附录 A。

2 理智的人不同意这个定义。例如，安全供应商 Mandiant 认为，零日是指没有可用补丁的任何问题(即使公众知道)。请访问[7]。

者花重金购买。零日漏洞并不便宜，在新冠疫情期间，针对 Zoom 的零日漏洞售价高达 50 万美元。[1]

零日漏洞一旦暴露，例如 Zoom 的零日漏洞，供应商通常会提供补丁程序或控制措施。这意味着攻击者无法再有效地利用这个漏洞。说"通常"是关于补丁的可用性，因为有些正在使用的软件是由已经下架的供应商创建的，或者在设计和安装修复程序时存在重大问题。这导致"零日"变成"每一天"。

零日攻击的使用使其暴露在检测之下。第一次使用时，用户或安全供应商可能发现零日攻击。第二次，发现概率更大。每次使用都会有一个递减的反馈，直到变得几乎无用为止。把它想象成武器库中最大的枪，一旦被使用，每个人都会知道它，就再也不能当作惊喜使用了。

从密码维度或社交维度开始，甚至尝试利用旧漏洞来查看攻击是否有效，都会更容易、更便宜。组织经常无法修补他们的软件，那么为什么有人要花很多钱来获得对旧漏洞有效的零日攻击呢？例如，2019 年 Capital One 的数据泄露依赖于一个多年来已知的漏洞。这不是零日攻击，而是错误配置引发的。[2]攻击者不必通过购买零日漏洞来实现攻击。相反，他们利用了一个大家都知道的漏洞。

2011 年 3 月，RSA 成为 APT(Advanced Persistent Threat，高级持续性威胁)攻击的受害者，该攻击使用了著名的病毒"毒藤"。没有使用零日攻击，而是通过电子邮件中发送的 Adobe Flash 漏洞安装的。[3]攻击者使用昂贵的零日攻击毫无意义，因为简单的攻击就能得到想要的东西，如 RSA 的加密信息。

零日攻击是可怕的，因为似乎没有防御，但也不可怕。任何时候都有少量的零日漏洞，而且通常可以用一般的防御措施来对付。理解良好的安全并做好准备有助于消除恐惧；当我们有照明的手电筒时，黑暗就不那么可怕了！

谷歌的零日项目统计了非官方渠道的零日漏洞数量，在图 11.1 中，可以看到每年统计的零日漏洞数量。这一数字在增加：2021 年有 58 份此类报告。相比之下，2021 年注册的 CVE 总数为 14 391。这些被命名的漏洞被认为足够重要，可以提交到数据库中。如果在非官方渠道发现的这 58 个零日漏洞的每一个都有 CVE，那么这也只是所有已知漏洞的 0.3%。与可能存在的漏洞相比，这是一个较小的数字。

Alex 在 2019 年 USENIX 安全的主题演讲中介绍了"网上发生的实际坏事的 Stamo 层次结构"。从金字塔的角度看，与滥用、密码、打补丁和其他更常见的威胁相比，零日漏洞只占顶部的一个小点。[4]

---

1 见[8]。

2 见[9]。

3 见[10]。

4 见[11]。

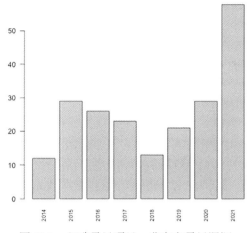

Zero-Days in the Wild

图 11.1　谷歌零日项目：非官方零日漏洞

　　为避免零日漏洞导致失眠，应该优先考虑最可能的风险。专注于修补已知漏洞，担心知道的事情，不要纠缠于未知的事情。除了定期打补丁外，还要实施防御，包括检测和监控，以帮助识别以前不知道的易受攻击的系统。不用担心暴风雪会袭击迈阿密海滩，而应该担心飓风。暴风雪可以袭击迈阿密海滩，但可能性极小。为已知的飓风做准备，因为很可能会出现。如果真有暴雪，我们还可以在雪中玩一会儿，直到雪融化，如图 11.2 所示！

图 11.2　担心可能存在的风险

11.4.2　误区：零日漏洞意味着持久性

正如在上一节中看到的，RSA 是 APT 的受害者。入侵者在系统中持续攻击，除非被强制清除，否则他们永远不会离开。

有一种假设是，APT 一定与零日漏洞有关，反之亦然，但两种假设都不准确。正如在 RSA 攻击中看到的那样，如果系统可以打补丁但没有打，对手就可以利用该漏洞将进入系统中。

某些 APT 确实创建并使用了零日漏洞。多个 APT 在 2021 年的攻击中利用了 Pulse Secure VPN(CVE-2021-22893)中的漏洞。相比之下，正如 11.4.1 节中所讨论的那样，许多 APT 选择不使用零日漏洞，可能是因为这些漏洞攻击成本高昂，可能是以前已经使用过(这些漏洞已经不再是零日漏洞)。持续使用进一步增加了攻击者的风险，因为使用次数越多越容易被发现。

> ### 心脏出血(Heartbleed)[1]
>
> 加密客户端与远程网络服务器之间的通信有利于保护隐私。在网站上输入的密码或信用卡号码是加密的，这样其他人无法读取，让人感到安全。2014 年，一个可怕的零日漏洞被暴露出来，使这种想法不再可靠。其影响是，任何使用 OpenSSL 软件的网站通信都有被解密的危险。由于和远端之间的通信有加密，所以我们相信信用卡是安全的，但心脏出血漏洞可能将隐私暴露。任何利用漏洞的人(GitHub 上有)都可能攻击网站并窃取数据。
>
> 这里没有可以从别人的口袋里拿钱的 APT。即使是在漏洞被发现多年之后，慈善的安全专家仍在监测互联网上的网站，以确保它们对心脏出血漏洞打了补丁。

11.5　误区：所有攻击都取决于某个漏洞

密码泄露并不是软件的弱点，但存在巨大风险，被利用会造成严重危害。如果用户名和密码被盗，如果网站不需要额外的身份验证，任何人都可以冒充我们登录。

即使是使用双因素认证网站也成了受害者。与其说是技术解决方案，不如说是坏人雇了中间人。这是真正的中间人攻击。[2]攻击者看到双因素输入提示，转而要求用户输入信息(通过网页提示——这里没有实际的通话，尽管也有使用伪造电话的变体)。如果用户输入了信息，攻击者就可以破解账户。这种攻击没有使用任何漏洞，只有攻击者可以使用的破解了的密码。

---

1 不是真正的流血。

2 见[12]。

不仅仅是人和密码，设备通常带有默认密码或管理员密码。公司很容易设置这个密码，终端用户也很容易记住这个密码，也很容易将其全方位使用。当出现提示输入密码，不必苦思冥想，非常方便，因为密码即刻涌现在脑海中。

这种情况下，便利性与良好的安全性背道而驰。如果密码众所周知，那么无论是用户还是攻击者，任何人都可以使用。有些设备不提示输入用户名。如果提示，众所周知，admin 通常是输入值。

默认密码不是官方漏洞，因为没有官方漏洞名称或 CVE 条目，但通常用于获取访问权限。当坏人只需要使用默认密码登录时，他们为什么要努力用其他方法获得访问问权限？

某些网站上有各种设备使用的默认密码列表。[1]攻击者只需要执行快速网络搜索即可找到这些密码，几乎不需要其他额外工作量。当然这些列表也是一个很好的资源，可与其他工具一起使用，确保系统密码得到正确更新。

社会工程是另一种不依赖软件漏洞的攻击维度。攻击者没有发现并利用技术漏洞，而是攻击人与计算机的联系。这种攻击发生在计算机之外，而且非常有效。简单的钓鱼电子邮件或电话询问信息比大多数人想象的更成功。社会工程也意味着，如果攻击者通过一些网络搜索，识别出拥有他们想要的知识的人，就可以获得关于目标的有价值的信息。如果 Frances 是最新热门话题的著名专家，那么有人可能会在会议上与 Frances 会面并了解他，从而获得想要的信息。社交媒体抓取也可能暴露有用的信息。

技术与社会工程的碰撞

长期以来，人们一直尝试使用技术模仿人声。这就是史蒂芬·霍金的声音是如何产生的，也是在《壮志凌云》续集中如何替代 Val Kilmer(因癌症而失声)的声音。合成语音是那些失声人的标准工具。拥有机器人的声音是很容易的，但人们更喜欢他们的声音类似于原声，而不是令人毛骨悚然的机器语音。但这也会被恶意利用。深度伪造(Deepfake)音频工具利用技术创造出令人信服的假声音，几乎与原始声音没有区别。2019 年，一名攻击者模仿了一家能源公司高管的声音，给一名下属的电话中指示他向一家"匈牙利供应商"转账了 243 000 美元。

当然，那是骗子的银行账户。想象一下，你的老板打电话给你，指示你将公司机密发送给"新合伙人"。由于这是上司要求，那么你非常可能会照做。这种攻击完美地融合了技术攻击(伪造语音)和社会工程(人际关系)。

安全意识培训，包括模拟网络钓鱼攻击，经常用来对抗社会工程攻击。这是最好的防御：告诉人们不要扔掉重要的文件，而是要把它们撕碎。还要告诉人们要小心那些对自己的行为表现出太多好奇心的人。

乐于助人，但也会犯错。社会工程是一种没有技术解决方案的攻击维度，因为它

---

1 例如[13]。

是专门针对人及其行为的。

这种攻击并不总是给某人打电话或发电子邮件。众所周知，攻击者会潜入垃圾箱(称为垃圾箱潜水)，寻找他们可以使用的信息，如图 11.3 所示。人们扔掉电脑、外围设备和纸张，却不注意上面可能有什么。如果某个团体想获取组织的信息，他们是①学习网络知识并花费时间和金钱发起攻击，还是②首先检查丢弃的东西，看看是否可以找到有用的信息？答案通常是②。与花费时间和精力找出通过软件进行攻击的最佳方式相比，翻找垃圾更便宜、更容易，通常也很有效。攻击者不必突破防火墙、IDS或任何其他网络防御即可获得他们想要的一切。

物理安全是另一个不依赖于软件漏洞的攻击目标。在网络安全领域，物理安全经常被忽视。如果有人能够直接访问物理设备，数据风险就会大大增加。网络安全中几乎所有的威胁模型都假设没有物理访问。如果可以简单地带走存储设备，为什么要闯入网络？或者，就像 2003 年发生澳大利亚的经典案例那样，一名自称是计算机技术人员的人出现在海关，偷走了两套完整的服务器系统。[1]

内部人员是另一个独立于软件漏洞的威胁。想象一下，安全措施成功地将人们拒之门外，但内部人员必须能够进入。这对他们的工作是必要的。人们也喜欢硬拷贝，经常把东西打印出来，而不是在屏幕上阅读。当走出办公室时，保安可能会确保员工手中没有 USB 或其他存储设备，但保安怎么会知道或理解每一张纸的内容？人们可轻易地把它塞进衣服里，然后不会引起任何警报地走出去。根据 2017 年的一份逮捕令，美国政府"确定情报报告的页面有折痕，这表明这些页面是被打印并折叠后被人携带出安全范围的。"[2]

图 11.3   垃圾箱潜水

数据走出了大门，但没有一个网络安全警报被触发。

---

1 见[14]。

2 见[15]。

退伍军人事务部数据泄露事件

　　2006 年,美国退伍军人事务部(VA)的一名雇员将一台笔记本电脑和一个移动硬盘带回了家。对于在家工作的人来说,这种情况很常见。然而,这个系统包含军人的医疗记录,并且没有加密。巧不巧,一个狡猾的窃贼从家里偷走这些硬件。[1]

　　调查表明,这位分析师经常这样做,把数据带到受保护的区域之外,而且没有告诉任何人。事实证明,数据泄露比预期的要严重得多,其中甚至包括了现役人员的记录。

　　这并不是退伍军人事务部经历的第一次违规事件。2002 年,该机构在没有完全擦除硬盘数据的情况下出售和捐赠了系统,新主人在这些系统里发现了各种机密数据。在没有利用软件漏洞的情况下,数据很容易受到攻击和滥用。事实上,在第二种情况下,数据实际上是被主动提供出去的。

11.6　误区：概念的利用和证明是错误的

　　第 1 章介绍了“相信和害怕你看到的每一个黑客演示”的误区。关于漏洞,有一个相关的误区,即漏洞的存在本身就是一个糟糕而危险的问题。

　　漏洞攻击是指利用系统中的漏洞进行攻击的行为。这不是一件简单的坏事或好事;这只是一个事件。利用漏洞是一种工具,就像工具箱里的一把锤子,可以用来做坏事(打碎玻璃),也可以做好事(把钉子钉进墙里)。重要的是使用者的意图。

　　坏人可以利用漏洞闯入系统。好人也可以利用它闯入系统。这个坏蛋有邪恶的动机;好人也想知道系统是否有漏洞容易被利用,这有助于量化风险。

　　漏洞利用并不可怕,就像锤子也不可怕一样。人们普遍认为,漏洞被利用是最糟糕的事情,与蚊子、核弹和电梯音乐一样,简直太可怕了。请记住,漏洞利用是类似于锤子的工具,最终的后果取决于手持锤子的人想用这个工具做什么。

　　漏洞利用不一定是软件,漏洞有时与配置有关,因此配置必须具有正确的提示,软件才会免受攻击。例如,CVE-2010-0180 是 Bugzilla(Bug 管理追踪系统)中的一个漏洞,该软件目的是帮助源代码测试 Bug。这种情况下,如果设置了特定的配置选项(use_suexec),则本地用户可读取敏感字段。如果未设置该值,这个漏洞就不存在。

　　另一个将默认值与配置相结合的例子是 Apache Cassandra 应用程序的几个版本,这是一个 NoSQL 分布式数据库,被完美地设置为允许远程用户执行任意 Java 代码(CVE-2015-0225)。换言之,该数据库是为攻击者完美设置的,相信他们会对此表示赞赏。

　　避免这些漏洞听起来很容易,对吧？只要不使用这些配置,就没有什么可担心的。

　　安全外壳(SSH)是一种提供加密远程访问的协议。它使用户能够连接到另一个系统,执行命令,并确保连接是加密的,这与旧的远程 shell(rsh)不同,后者在明文中完

1　见[16]。

成所有操作。考虑到这一点，人们会认为任何针对漏洞的攻击都是复杂的程序。遗憾的是，CVE-2018-10993 否定了这一点。用户进行远程连接时，在提供密码之前，可以发送字符串 MSG_USERAUTH_SCCESS，然后，令人惊讶的是，连接被允许了。该攻击不涉及配置更改或复杂代码，只是由简单的字符串组成。

漏洞是由其可利用性定义的。在定义中，弱点可以被利用。根据这一定义，每个漏洞都必须有可利用点，这才是应该关注的。

好消息是，一项研究发现，在 CVE 数据库中发布的漏洞中，只有 5%公布了可利用点。[1]有可利用点的 5%可能带来无尽的麻烦。但人们不知道其他 95%的漏洞有没有可利用点，知道的只是发布的信息里面没有而已。

即使没有使用导致问题的配置，修补仍然很重要。漏洞可能被超出该配置的情况利用，或者将来用到问题配置时被利用。保持软件最新始终是最佳策略。

默认配置可能存在问题

2022 年 3 月，CISA 发布了一份通知，警告人们欧洲某国政府支持的网络攻击者正在访问他们的系统。攻击者使用多因素身份验证的默认配置，允许他们向系统添加新设备并获得访问权限。他们利用了 PrintNightmare 漏洞(CVE-2021-34527)，该漏洞允许运行任意代码，这通常被认为是一件坏事。

这不一定是多因素身份验证中的漏洞，但这是默认配置的问题。人们经常使用默认配置，因为它很容易，而且会认为销售人员知道最适合使用的设置，所以不会更改(这在第 10 章中进行了讨论)。

当系统销售人员指责用户时，就会产生不利影响，[2]使用默认配置并不是用户的错。认为每个购买设备的人都是专家并能够完美地进行调试是错误的。但一旦发现问题，应尽快更新默认配置。

按照同样的逻辑，人们可以把每一个漏洞都归因为"脆弱的设置"。

11.7   误区：漏洞仅发生在复杂代码中

有些人认为，只有极其复杂的程序才会出现漏洞——在代码中发现漏洞，需要大量的代码。

事实并非如此！一个仅有 135 行的程序存在漏洞。此漏洞甚至有了名称 CVE-2016-7553，允许人们阅读 IRSSI 服务器上的私人聊天。有趣的是，它发生在这么少的代码行中。

---

1 见[17]。

2 见[18]。

遗憾的是，也不能使用发现漏洞的行数作为衡量标准。135 行的程序中有一个漏洞并不意味着每 135 行代码中就有一个漏洞。

如果有一个可以预测何时会出现漏洞的措施，那就太好了。可以取一个程序，计算其中的行数，然后估计程序中的漏洞数量。这需要我们知道软件中有多少行代码来进行估计，但这只是一个小问题。我们可以预测任何软件组件需要处理多少漏洞。

问题不仅仅在于软件模块本身。软件不是独立存在的，有操作系统、创建代码的编译器、代码使用的库，也许还有使用的云平台代码。

没有人重新设计车轮，有现成的，而且很有效，为什么要重新创造呢？选择一个标准尺寸的轮辋，然后购买批量生产的现成轮胎就行了。软件的情况类似，如果软件要创建图像，那么最佳实践是使用现有的库来创建图像。如果使用图形用户界面(GUI)，就可以使用现有的库或框架来完成这项工作。否则，创建软件的时间会成倍增加，还会增加代码无意中包含更多漏洞的可能性。

但是，并没有消除存在漏洞的可能性，只是将大部分风险转移到库、框架或编译器上。一个软件使用的库越多，潜在的攻击向量就越多。在谈到风险时，我们应该注意限定词"大部分"，因为我们可能使用了错误的库，错误地调用了例程，或者忽略了错误代码。

软件材料清单

软件材料清单(SBOM)是软件使用的所有组件的清单，可以想象成一张配方，每个成分都是一个软件模块。

例如，最新版本的 Linux bash shell 使用以下库：

- linux-vdso.so.1
- libtinfo.so.6
- libdl.so.2
- libc.so.6
- ld-linux-x86-64.so.2

有可能这些库还引用了其他的库，所以 SBOM 跟随引用链条，列出了成分中的每一个库。

SBOM 的目的是确切地知道如果库存在漏洞会受到什么影响。如果库存在漏洞，我们希望了解每个受其影响的程序。

2022 年 1 月，JavaScript 库 colors.js 和 faker.js 被创建者破坏，以示抗议。破坏行为导致使用这些库的程序出现无限循环。[1] 受影响系统的管理员试图修复问题。此事件是在没有修改软件本身的情况下，库影响软件的示例。

另一个需要考虑的复杂性不是软件组件，而是整个系统。系统上可用的软件越多，

---

1 见[18]。

就越容易受到攻击。

有 10 扇不同门的银行金库本质上不如只有一扇门的银行金库安全,因为有 10 种方式可以破坏银行金库的门,而不是一种。包含大量软件的复杂系统也有同样的问题。每个软件都允许访问系统,那么都可能受到攻击。因此进入系统的 10 条不同路径,就像进入金库的 10 扇不同的门;无论如何,都会有更多的攻击方式。

区别是 1 个攻击维度还是 10 个不同的攻击维度。如果给坏人提供更多访问系统的方式,他们会尝试不同的攻击,而且可能找到进入金库的方法。

11.8   误区:先行者应该牺牲安全

代码中漏洞的常见来源是供应商急于进入市场的结果。急于推出产品——甚至不是 beta 版本,而是更原始的 alpha 版本的产品——往往是进入了"先行者"误区。这个误区认为,要在市场上取得成功,尤其是在具有颠覆性的情况下,必须成为"先行者"——第一个将相关产品推向市场。人们认为,如果在开发和测试方面花费更多的时间将导致其他人率先推出产品而处于竞争劣势。人们的误解是,顾客不会关心质量,而是对"哦,启动!"更感兴趣。

这个误区在一定程度上是由希望快速获得投资回报的资本推动的。这也是由对网络效应的观察引起的:使用某种东西的人越多,其他人就越想使用它,从而推高了它的价值。因此,抓住早期用户是明智的。无论什么原因,为了在以后的发布中解决问题而现在就匆忙发布的倾向会导致许多问题。早期用户或许愿意容忍令人不快的缺陷,但他们很难成为市场的大多数用户。

事实上,有一些先行者取得成功的例子,但情况并非总是如此。历史表明,先行者有优势存在很多反例。例如,社交网络 Friendster 和 MySpace 都在 2003 年首次亮相,远远早于 2006 年才全面推出的 Facebook。VisiCalc 于 1979 年推出,而更成功的微软 Excel 在 1985 年才推出。施乐公司的工作站(Alto,然后是 Star)于 1973 年首发,IBM PC 于 1951 年,Apple II 于 1976 年才推出。还有数以百计的其他反例,在许多情况下,功能和营销结合会导致这些领域更成熟的后来者的成功;现在依然如此。

注重质量,精心设计,创新和竞争才能蓬勃发展。千禧年前后的几十年里,汽车行业就是一个例子:日本和德国的汽车制造商专注于质量和工艺,从而成为超越老牌美国公司的领导者。

创新可以在不牺牲质量(包括安全和隐私)的情况下取得成功。

所以质量和对用户问题的关注会让后来者脱颖而出,而不是在包括多个故障和漏洞的情况下仓促推向市场。声誉不佳导致不太可能成为市场领导者,许多例子表明,通常是由于成本或兼容性导致的问题,而不是用户偏好的问题。然而,这些都是可以解决的问题。此外,当真正的创新和过硬的质量出现时,市场通常会做出反应。

目前政府监管和保险的趋势表明,不久之后,那些将上市速度放在第一位,将质量放在第二位(或第三位)的公司可能发现自己处于不利地位。从网络安全和隐私保护的角度看，我们希望这是迟早的事！

11.9　误区：补丁总是完美且可用的

2003 年 4 月 1 日(愚人节)，邪恶比特(Evil Bit)[1]被定义为将流量标记为恶意和非恶意的方法。如果每个心怀善意和不怀好意的人都能使用它，那就太好了，遗憾的是，所有人都没有这样使用。我们希望这是对 Evil Bit 的致敬，微软将 Kill-Bit(或 KillBit)定义为注册表值，用于防止 ActiveX 控件被 Internet Explorer 使用。基本上，在出现漏洞时，不需要懊恼地击碎玻璃，而是设置 Kill-Bit 见图 11.4 的漫画。

图 11.4　Kill-Bit 之战

这种方法很有用。例如，CVE-2011-0248 引用了 QuickTime ActiveX 控件中的一个漏洞。这个漏洞允许利用者执行任意代码，甚至导致 DoS 攻击。当时，这被认为是一个严重的零日漏洞。幸运的是，有 Kill-Bit 存在。

Kill-Bit 是针对此类漏洞的控制措施。当发现具有此类漏洞的进程时，它们会被 Kill-Bit 杀死或无法工作。我们所要做的就是迅速启用正确的 Kill-Bit！我们不再脆弱无助。但这是完美的控制措施吗？嗯，关于这个……CERT[2]的一位研究人员发现了 Kill-Bit 的弱点，只需要对底层 HTML 进行简单的修改，Kill-Bit 就会被绕过！攻击者可以不杀死进程并利用这些漏洞。根据研究人员的说法，好消息是还没有证据表明有人使用了这种技术。当然这只是一个例子，但这种模式在网络安全中经常出现。控制措施并不完美，与其他事物一样，也可能有自己的弱点。

当发现漏洞时，大多数软件开发人员都会急于发布修复程序。这是一种可以阻止

1　见[19]。

2　见[20]。

漏洞被利用的控制措施。它可能没有 Kill-Bit 那么好听的名字，但关键是要消除漏洞。有些人甚至不会费心开发修复程序。有时，缺陷是在停产产品中发现的，因此不会产生任何修复措施。

当出现漏洞时，有时是在急于解决问题时，新版本并没有阻止漏洞，甚至引入了新的漏洞。例如，Apache log4j 系统中的漏洞非常可怕，因为它允许攻击者远程访问。在漏洞被宣布之后，log4j2.16 就被发布来"修复所有缺陷"。

然而，并不能修复所有。为了完全修复这些缺陷，还需要发布新的补丁。

有缺陷的控制措施并不能阻止攻击者，但这不是失败。网络安全是一个持续的循环，即阻止攻击者，然后发现他们找到另一种方式进入。控制措施并不总是能阻止攻击者，因为他们找到了另一条攻击路线。这并不意味着不应该在可用时使用控制措施。不能仅仅通过观察就知道会不会起作用。把绷带放在伤口上，并不是因为它能完美地防止感染；把它放在那里，是因为它是防止感染的第一道最佳防线。遗憾的是，伤口仍然可能被感染，但这很可能不是绷带的失败。

网络安全方面也存在类似问题。尽管可能会失败，但不需要避免使用控制措施。因为这是第一道防线，纵深防御是一件好事，这意味着分层，控制措施只是其中一层。

以下是关于控制措施的其他一些误解。

- **补丁是完美的，永远不会引起麻烦。**

一旦问题解决了，就没有什么可担心的了，对吧？老虎已经被锁在笼子里了。但有时，老虎会被灰熊取代。

2020 年，谷歌的"零日项目"发现，有三个零日漏洞在被处理之前就已经被发现了，而且补丁也不完整。类似地，用补丁把老虎从房间里赶走了，但灰熊却决定定居下来。[1]

Stuxnet 利用了微软处理 USB 驱动器时的漏洞。这个漏洞在 2010 年被修补过，但后来发现这个补丁并不充分。攻击者仍然可以利用该漏洞通过恶意 USB 感染那些不在互联网上的计算机。一份报告称，在 2014 年利用该漏洞(称为 CVE-2010-2568)的攻击很常见。

这也意味着可能需要多个补丁程序来修复漏洞。有些漏洞很复杂，最初的修复可能无法解决所有复杂的情况。据估计，7%的软件补丁可能不完整，需要重写。[2]

这是否意味着根本不应该打补丁？不，这只是意味着补丁和其他软件一样容易出错。

- **总是需要打补丁来修复漏洞。**

并不是软件中的每个漏洞都是代码本身的问题。有时，漏洞存在于软件的配置中。例如，FortiGuard 中的 FortiGate 产品的 CVE-2019-5591 是默认配置问题。如果使用产品的默认配置，那么在同一网络上的人可以截获敏感信息。修复方法不是打补丁而是更改配置文件中的一个值。

修补软件，这样默认配置就不会再次发生，但更简单的控制措施是更改配置文件。

---

1 见[21]。

2 见[22]。

- **已经到了使用寿命的软件不再需要补丁。**

微软宣布，从 2014 年 4 月 14 日开始，Windows XP 不会再获得微软的技术支持。这意味着操作系统不再有任何类型的补丁。当然，由于它不再被支持，没有人会使用，我们可以忘记它，对吗？

遗憾的是，不行。2017 年，CVE-2017-0176 被创建，这是 Windows XP 中的一个漏洞。如果操作系统没有被使用，这种情况就不会发生。2021 年，统计表明，0.51%的台式机仍在使用 Windows XP。[1]这听起来只是很小比例，但世界上至少有 20 亿台台式机[2]，也就是说，至少有 1000 万台电脑仍在使用 XP。

这种情况很危险，因为该软件不受官方支持，但不受支持并不意味着人们不会使用。一些企业继续依赖 Windows XP，因为他们有在该平台上创建的软件，现在无法切换到新的操作系统。还有，企业定制软件的特定功能不适用于其他操作系统。

已经到了生命尽头的操作系统仍然连接到互联网，这是一个漏洞，也是一个会引发重大问题的定时炸弹。

- **这个软件从来没有连接互联网，所以不需要补丁。**[3]

除非计算机存在于真空中，否则最终会被外部世界所触及。Stuxnet 表明了这一点。空气间隙保护了计算机，但蠕虫仍然感染了它们。Stuxnet 恶意软件是通过优盘传输的。优盘已经不止一次被用来感染计算机。这在 2022 年仍然是一个危险[4]，犯罪分子可以邮寄优盘来安装勒索软件。当他们邮寄优盘来安装勒索软件时，不需要有人单击链接。

空气间隙作为一种保护措施是一个误区。计算机可能没有直接连接到互联网，但互联网仍然可以找到连接到它们的路径。软件更新已经被恶意使用，例如，Fantom 勒索软件模仿 Windows 软件更新。[5]

确保系统不会受到攻击的唯一方法是永远不要使用，但这样计算机又有什么用呢。

- **所有的硬件和软件都很容易修补。**

如今，几乎所有东西都可以连接到互联网。这里有支持 Wi-Fi 的水龙头、支持 Wi-Fi 的灯泡，甚至支持 Wi-Fi 的毯子！[6]这些设备无论做什么，都倾向于使用最简化的操作系统。由于 Linux 没有成本，而且是开源的，因此 Linux 的某些版本经常用于此，一般是简化版。因此，这些设备对于智能设备来说不是智能的，但具有足够的功能来完成任务。正如在最初的 Mirai 僵尸网络中看到的那样，物联网设备可能被恶意使用。僵尸网络的作者利用默认密码感染了运行 Linux 的物联网设备。一旦攻击者掌握了控制权，他们就可以利用这些设备创建有史以来最广泛的 DDoS 攻击。

现在正确的做法是修补这些设备。不希望它们被用来创建 DDoS，也不希望它们成为 Mirai 僵尸网络的一部分或甚至更糟。

---

1 见[23]。

2 见[24]。

3 "全世界只有一个网络，即使有些部分很难接触到。"——Allen Householder，CERT/CC

4 见[25]。

5 见[26]。

6 见[27]。

不过，有个问题，这些设备通常没有更新渠道。这意味着，它们可以连接到互联网，但没有很好的方法来更新软件以消除问题。那个被 Mirai 利用的漏洞怎么样了？还在那里。除非购买带有新软件的新设备，否则旧设备仍然有可能成为 Mirai 僵尸网络或其他新的僵尸网络的一部分。

物联网设备并不是唯一存在这个问题的设备。许多医疗设备都处于相同的情况：运行旧软件，没有简单或直接的方法来更新软件或应用补丁。这是医院设备的脆弱性。

- **补丁可用性与补丁部署相同。**

某个软件中出现漏洞。公司接到通知，创建并发布补丁，然后一切恢复正常。

至少，这是我们愿意相信的。一切都结束了，没有什么可担心的了！漏洞已经被杀死了，城堡被夺回了。

关于这一点，正如本节前面提到的，Stuxnet 利用了已经有补丁的漏洞，而且补丁已经发布并可用。这并不意味着人们应用了补丁，只是说明公司创建并发布了补丁而已。

在补丁被应用到所有地方之前，该漏洞仍然是一个威胁。仅仅有了补丁然后说，"是的，有补丁了"，而不是"所以我们完成了漏洞修补"。这就像找到了一把可以杀死怪物的剑，但并没有用这把剑去把怪物杀死一样。怪物仍然活蹦乱跳，威胁仍在——我们只找到了除掉它的工具。

应用补丁是最好的第一步，以除掉怪物，消除脆弱性。

总之，一旦发现漏洞(或者可能是系统中的一个缺陷，可能是安全问题，也可能不是安全问题)，最好的办法是修复该漏洞，以防止其在未来引发问题。如果知道问题存在，那么解决它比假装它不存在要好。假装它不存在就像假装房间里没有老虎和我们在一起。我们可以假装拥有想要的一切，但老虎迟早会饿，我们会看起来像美味的点心。如图 11.5 所示。给系统打补丁总比给自己涂抹番茄酱好！

图 11.5　老虎、灰熊和补丁

11.10　误区：随着时间的推移，防御措施依然安全

从前，MD5 散列是未来的安全。这是创建和存储密码安全方法的一部分，因此每个人都应该使用这种方法。很多人也这样做了。[1]

遗憾的是，正如所发生的那样，硬件和软件的不断进步超越了 MD5 算法，使它不再像以前认为的那样安全。我们认为单向散列是安全的，但如果散列不够大或有细微的弱点，就可以使用足够的算力进行暴力破解。MD5 很容易受到所谓的碰撞攻击。

另一个例子涉及 TCP 协议，TCP 是互联网上许多协议的底层引擎。最初的设计者增加了拥堵控制来保持数据的传输。预先考虑总是好的，对吗？提前处理这个问题绝对是一件好事。不过，这种预先考虑并没有考虑互联网未来的速度。如今在任何地方都能有如此快速的连接，这在当时都是无法想象的。因此，遗憾的是，这种拥堵控制有一个副作用，而且是一个讨厌的副作用：使某些 DDoS 攻击可以实施。[2]

在前面两种情况下，最初的设计都被认为是坚固的。对于 TCP，设计人员认为他们在设计拥塞控制方面是聪明的(的确是！)。这个问题于 1999 年首次被发现，比它被利用之前的时间要早。但由于 TCP 是非常重要的核心协议，因此需要一段时间才能修复该漏洞。由于它影响了这么多供应商，不知道每个供应商需要多长时间才能修补。只能这么说，它并不是在宣布后的第二天就修补完成的！

这两个例子的重点都是互联网和计算技术在不断发展。20 世纪 90 年代的一个伟大想法后来变成了一个危险的 DDoS 推动者。1991 年安全的东西现在不一定安全。1991 年设计的一种消息摘要算法在 20 年后被该领域的进步所击败，如今被视为一种潜在的危险。当我们在 2045 年发布本书的修订版时，预计还会有其他基于 2022 年技术的例子。

11.11　误区：所有漏洞都可以修复

程序员经常对软件中的固定值(例如特定的文件或域名)进行硬编码。例如，程序只能使用源代码中指定的固定值，该值不能由用户或配置文件更改。程序员可能会对域名 cybermiss.net 进行硬编码，而不允许选择自定义和可配置。这不是最好的想法，但确实发生了。它是可修复的，这意味着程序员可以修改源代码并重新编译应用程序。如果很多人使用该应用程序，虽然不简单，但仍然可以更改。

现在想象一下，如果有人把程序硬编码到计算机的芯片中，而不是通常的"保存在硬盘上，可以重写"的情况。可以想象成金属上的蚀刻，艺术家无法改变蚀刻完成的内容；只能更换。

1　MD5 创建于 1991 年，这似乎是很久以前的事了。

2　CVE-2005-3675。

换言之，如果不更换芯片，这种硬编码设置是不会改变的。[1]最终用户无法重新编译源代码，唯一能做的就是更换芯片。

芯片供应商经常把代码放在这些芯片上。遗憾的是，在代码中发现了漏洞。目前尚不清楚其中一些漏洞的可利用性，但让一些程序员写代码时避免这种情况最可靠的方法是告诉他们不能这样做。

如果可以更换有漏洞的软件，能解决所有问题吗？事实证明并非如此。Adobe 于2005 年从 Macromedia 收购了 Flash，Macromedia 于 1996 年从 Flash(当时称为 Splash)的原始制造商手中收购了 Flash。因此，Flash 存在了很长时间，直到 2020 年 12 月，Adobe 表示将不再支持该软件。Flash 被广泛应用于游戏、企业网站、在线视频等方面，是一种有趣的编程语言。

Flash 也有很多漏洞：有 1118 个相关的 CVE。这些都是足够重要或公开的问题，所以它们有 CVE 编号。应该还有更多,但因为 Adobe 决定在 2020 年 12 月终止对 Flash 的支持，这意味着不会发布新的漏洞和相应的软件补丁。理论上，每个人都应该停止使用 Flash。

首先，仅仅因为 Adobe 停止支持并不意味着 Flash 没有被使用。即使告诉人们不应该再使用 Flash，但仍然有人继续使用。更新过的浏览器将不再支持，但根据统计，2021 年初，在 Flash 停止使用并发布公告一段时间后，仍有 2.2%的网站在使用。[2]

其次，HTML5 旨在取代 Flash。码农们都应该使用 HTML5 重写他们的 Flash 应用程序，因为 HTML5 更安全。毫不奇怪，HTML5 中也发现了漏洞；截至本书撰写之时，已报告了 50 起 CVE。

现在思考一个不同的例子：漏洞并不在初始软件版本中，而是随着时间的推移产生的。这种情况可能发生在 ML 算法中。[3]攻击者可以强迫 ML 程序对数据进行错误分类。例如，某个程序使用 ML 对恶意软件进行分类，攻击者利用 ML 程序的算法，"教导"它错误地理解什么是恶意软件，什么不是恶意软件。然后，攻击者就可以利用这一点将新的恶意软件植入系统，完全绕过防御。

在撰写本书时，对这种情况没有任何对应的防御措施。这是该攻击方法的高明之处，没有补丁可以解决，没有控制措施，什么都没有。对抗性机器学习(AML)是一个研究领域，人们试图让 ML 程序做不应该做的事情来充当对手，作为专注于程序的漏洞研究人员来寻找 ML 程序中的漏洞。

然后问题就变成了，该如何处理学习了程序脆弱性的漏洞？剧透提醒：没有简单的答案。[4]

几乎所有软件都存在漏洞，只是有些软件没有(或几乎没有)已知的漏洞。一般来说，这是一种关键型安全软件，使用高度结构化的方法和测试极度谨慎开发的，不是开放源码软件(OSS)，也无法将其加载到笔记本电脑上玩游戏或上网。这种软件的创建

---

1 一些设备支持重新加载微代码，也就是芯片中的代码，但这带来了一系列不同的问题。

2 见[28]。

3 见[29]。

4 见[30]。

成本很高，需要特殊工具，而且编写速度不快。因此，很少有供应商使用这种方法开发软件。但应该感到高兴的是，这种谨慎得到了重视，因为这种软件被用于飞行控制和核电站运营等应用中。几乎所有我们遇到的其他软件都有更多的缺陷——新的、旧的、刚更新过的，修复该软件未必是简单的过程。有时无法修复软件，就必须围绕它建立防御。

11.12　误区：对漏洞进行评分既简单又易于理解

CVSS 是漏洞评分系统，试图对漏洞的严重程度进行评分。CVSS 由 FIRST 组织维护，但该组织经常表示不对风险进行量化。

CVSS 评分在 0 到 10 之间，分为四个严重程度类别。对于 CVSS 3.0 版，当前标准为：

- 低(0～3.9)
- 中等(4.0～6.9)
- 高(7～8.9)
- 紧急(9～10)

例如，心脏出血零日漏洞被评为中等严重性。尽管影响了许多网络服务器，出入服务器的流量会被拦截，但还是被分配了这个较低分数。在 2021 年 12 月造成严重破坏的 Apache log4j 漏洞被评为 10.0 级，即紧急级别漏洞。这是有道理的，因为这是一个远程代码执行漏洞，非常可怕，特别是由于 Apache 应用广泛，立即就有非常多漏洞可供利用。

CVSS 分数是由人确定的，因此受人的观点和偏见影响。安全专业人士并不总是就最佳分数达成一致。例如，CVE-2020-9063 在 NIST NVD[1]的基础得分是 7.8。然而，CERT 协调中心的专家评分是 6.6。[2]这两个组织都有该领域的专家，但其中一个组织将其严重程度评定为高，另一个组织评定为中等。

CVSS 评分基于严重程度类别，有基础分数、时间分数和环境心理分数。这些值的总和将创建 CVSS 分数。时间分数试图量化是否存在漏洞、补救的容易程度以及漏洞利用的可靠性。环境得分试图量化发现脆弱性的环境。基本分数检查利用漏洞所需的访问权限和漏洞类型。[3]这是创建 CVSS 分数所涉及特征的总结，但提出一个观点，即人们并不是简单地看描述并输入分数。

尽管如此，评分还是有问题的。CVSS 规范规定，分数被设计为在其指定的严重程度水平内波动 0.5 以内。例如，等级为高的 CVE 评在可以在 6.6 到 9.3 之间。[4]除

1　见[31]。

2　见[32]。

3　见[33]。

4　见[34]。

了规范规定，在实践中使用时，专家们也经常有 2 到 4 分的分歧。[1]

分数也会随着时间的推移而浮动。不是一成不变的，"你是 4.9 分的漏洞，这一点不能改变。"事情会发生变化。例如，如果存在补丁，则时间分数将低于不存在补丁的情况。如果存在漏洞并广为人知，则得分会更高。随着时间的推移，这两个方面会发生变化。供应商会发布补丁，然后分数就会改变。一旦漏洞变得众所周知，分数也会改变。

第二个 log4j 漏洞就是一个例子。当该漏洞的 CVE 发布时，CVE-2021-45046 的初始得分处于较低范围(3.7)。当漏洞的严重性变得明显时，该漏洞很快就跳到了紧急级别。[2]这意味着，起初，该漏洞没有那么大的问题。尽管如此，但当人们意识到漏洞可以用来泄露信息时，这就很令人担忧了，因此提高分数是有必要的。

尽管 CVSS 系统不是为了量化风险而设计的，但漏洞管理工具和研究经常将其作为确定首先修补的策略的一部分。通常的方法是首先修补较高 CVSS 评分的漏洞。现实情况是，应该修补所有漏洞，但在制定计划时要考虑组织将受到怎样的影响。

CVSS 是通用评分，不针对任何特定的组织；并试图捕捉漏洞的总体严重性，可能适用于组织，也可能不适用于组织。对一个组织来说至关重要的东西对另一个组织可能并不重要。一些组织明确表示，CVSS 是错误的，基于风险的评估会更好。[3]当然，这些组织可能试图出售自己的产品，但即使如此，也可能是正确的。可能有比使用明确表示不量化风险的 CVSS 更好的方法来量化风险。

11.13　误区：发现漏洞后会及时通知

CVE 2021-3064 于 2021 年 11 月披露并修补，这是 Palo Alto Network 的 GlobalProtect 门户中的漏洞。这个漏洞允许基于网络的攻击者以管理员权限执行任意代码。好消息是，并非每个实例都易受攻击，攻击者需要有访问门户的权限才能利用该漏洞。但这仍然是一个需要修复的漏洞。

Palo Alto Networks 于 2021 年 10 月收到通知，并于 11 月发布了修复程序。如果故事到此结束，那么不是一个有趣的故事。

事实证明，从事攻击面管理的 Randori 公司发现该漏洞的时间远远早于报告日期；他们在 2020 年就发现了。但他们没有按照公认的做法通知相关公司或 CNA，而只是将其添加到自己的工具包中。

这意味着该漏洞在一年内没有修补，可能会给使用 Palo Alto Networks 软件的客户带来重大问题。至少有一家公司积极使用了该漏洞。

在最坏的情况下，该漏洞可能从使用该漏洞的公司泄露出去。内部人员可以拿走

1　见[35]。

2　见[36]。

3　见[37]。

该漏洞，或者外部攻击者可以发现该漏洞。这意味着，在那一年，Randori 让使用 GlobalProtect 门户的 Palo Alto Network 客户容易受到知道该漏洞的人的攻击。

希波克拉底誓言(Hippocratic Oath)以"Primum non nocere"开头，意思是"首先，不要伤害"。[1]安全从业者也应该遵守这一规则。漏洞可以被用来造成伤害，因此不披露漏洞是问题的一部分。正如本书其他地方所指出的，ACM 职业道德准则也强调"避免伤害"。总的来说，隐瞒漏洞并将其用于自私目的的与 "避免伤害 "是不一致的。对于一个国家机构来说，可能是合适的，但即使如此，这样也会引起一些担忧，因为这可能危及他们本应保护的公众。

扫描漏洞是红队(red team)实践的重要组成部分。红队是安全团队模仿攻击者，利用漏洞试图获得访问权限，以达到关闭漏洞的目的。据了解，红队不会使用可能对整个互联网造成危害的做法。

11.14　误区：漏洞名称反映其重要性

Wannacry(想哭)、Meltdown(熔化)和 Heartbleed(心脏出血)这些名称让管理系统和网络的人感到恐惧。这些漏洞可能会抢走数据、耗费金钱、占用时间并造成严重破坏。起了这样名称的漏洞，意味着更可怕，对吧？命名的漏洞应该很可怕，因为可怕到有人花时间给它命名。

事实上，并没有那么可怕。

从理解为什么取名开始。名字是身份证明，你有名字，本书的作者有名字，宠物也有名字。与其说"猫!"，不如用名字来称呼你的宠物，这样就不会让附近的每只猫都向你跑来。[2]漏洞名称没有命名机构或协调机构。名称通常来自发现的人，类似于父母给孩子取名字的方式。名称通常也包括含义联系，例如 Heartbleed 反映了 TLS 心跳的潜在问题。Heartbleed 这个名称(及其标志)是由芬兰安全公司 Codenomicon 创建的，该公司与谷歌安全公司同时独立发现了这个漏洞。Codenomicon 表示，取这个名字是为了提高公众意识。

漏洞已经有标识，有 CERT 协调中心的 CVE 和 VU 编号，[3]一些软件程序也有自己的跟踪方法，例如 CUPS。[4]有很多方法可以表达"这就是我所说的漏洞"。

所以并不是每个漏洞都有一个名字，起个名称只是为了方便。也确实让它听起来很时髦，有些被命名的漏洞甚至有徽标。有些名称很有趣，比如"突变天文学"，[5]这

---

1 译者注：古希腊医生希波克拉底一份著名誓言，它强调了医生对患者的职业道德和责任，包括保护患者的健康、尊重患者的隐私和机密性，以及提供高质量的医疗护理。

2 除非你同时打开一个猫粮罐头。

3 见[38]。

4 见[39]。

5 见[40]。

个名字是根据电影 Sneakers 改编的。或者"Dirty Cow"，[1] 一个有名字、有标志、有网站的漏洞。如果 Heartbleed 被命名为 Cuddly Pink Hamster，Wannacry 被命名为 Fluffy Mewing Kitten，可怕程度不会降低。不应该让名字来增加(或消除)对一个漏洞的额外关注。是的，严重缺陷有时会被命名，以唤起人们对漏洞的关注。重要的是要理解，没有花哨的名称也会有危险的问题。可爱的名称更会使人们对风险的认识产生偏差。名称比 CVE 数字更容易记住，也更容易跟踪。但并不是所有漏洞都有名称，有名字也不一定是最紧急的问题。

假设未来最严重的漏洞是永远破坏所有网络和计算机并终结人类文明的漏洞，将不会有名称。无论谁发现了它，都可能只有时间说："这很奇怪"；然后，无论它有什么名称或编号，都没有地方可以记录，也没有然后了。

关注风险和控制措施，而不是名称。

---

1 见[41]。

第 12 章

↗↗

恶意软件

> 对病人进行明智和人道的管理是防止感染的最佳保障。
> ——弗洛伦斯·南丁格尔

恶意软件是对安全和隐私真实而普遍的威胁，而且永远不会消失。本书其他章节中经常提到恶意软件作为威胁的例子。有效防御恶意软件至关重要。遗憾的是，对恶意软件、恶意软件始作俑者和恶意软件防御的错误理念导致了糟糕的网络安全后果。

恶意软件有很多种类型：窃取信用卡号码或个人信息，持有数据勒索赎金，或者在屏幕上弹出不需要的广告。2022 年，谷歌威胁分析小组报告称，欧洲 A 国分发了一款假冒的安卓应用程序，该应用程序声称将对该国网站进行 DoS 攻击。[1]然而应用程序没有发动攻击，但欧洲 B 国的人被诱骗安装，这使 A 国能够恶意地收集关于谁会使用这个应用程序的相关情报。"恶意"有多种形式。

恶意软件在许多网络事件中扮演着重要角色，是对手影响受害者并实现其恶意目标的强大工具。VirusTotal[2]是一项病毒扫描服务，每天分析超过 10 亿个恶意文件并扫描超过 100 万个新文件。只有一小部分网络犯罪是在没有恶意软件的情况下进行的，例如依赖社会工程和现场实时操纵的攻击。如果没有恶意软件，攻击者想使用设备，就必须渗透到设备的系统中。

恶意软件是一个做坏事的软件。在理想世界里，恶意软件没有合法的容身之地。问题是，什么是恶意软件？如果这是一个做坏事的软件，应该能够定义并找出来。

定义恶意软件的问题类似于定义网络安全——这个词可以包含很多东西，所以不同的人有不同定义。很容易说恶意软件是坏人可以用来做坏事的软件。虽然这是事实，但这个定义过于宽泛。如果有合适的漏洞，坏人可以使用 Web 浏览器寻找目标。文字

---

1 见[1]。

2 见[2]。

处理器、Adobe Acrobat 和许多其他无辜的程序也是如此。甚至可以钻牛角尖，人们喜欢的操作系统也是恶意软件，因为可用来做坏事！[1]即使是合法的功能也可以用来制造事端；仅使用内置程序和功能，从而不检测恶意软件甚至有一个名字：靠天吃饭。

当提到恶意软件时，通常指的是计算机病毒、蠕虫、特洛伊木马、勒索软件和嵌入式 rootkit/后门软件，因为这些都是定制软件的示例，目的是产生目标系统授权用户无法预期的结果。这些术语也存在一些争议。本书不会介入争论这些术语，而是使用本书给出的一般定义，即恶意软件是未经系统授权所有者许可，为规避或违反安全策略而定制的任何软件。最近一些引起新闻的恶意软件包括 Mirai、Trickbot 和 WannaCry。

与不受欢迎的人的行为一样，恶意软件也有广泛的不受欢迎行为：使用计算机在后台挖掘加密货币；试图窃取密码和信用卡号；擦除硬盘；监视用户所做的一切，并报告给其他人。

尽管感觉很简单，但恶意软件也很难识别。可以通过编写一个程序来查找已知的恶意代码序列或观察可疑行为，对吗？但是，恶意软件创建者已经找到了巧妙的方法来隐藏他们的代码，包括自加密、执行时间延迟和模仿合法的系统操作。如果代码更改了某些系统文件的权限或删除了数据，程序如何明确排除这是常规系统维护的一部分？不能阻止授权用户正在做的事情，而且对大量错误警告的响应可能非常烦人！

尽管已经尝试过，但没有一个万无一失的方法，可以查看一个人或文件，并宣布他们是"好的"或"坏的"。必须依据他们的行为以及所涉及的特定安全策略来判断。如果能发现的话，恶意软件也是如此！第 7 章描述了这一挑战的理论局限性，因为它是一种停机问题[2]。

反病毒工具已经存在了近 40 年，每年产生近 40 亿美元的市场销售额。网络安全的一个分支领域致力于恶意软件的检测、分析、预防和响应。有恶意软件研究员和逆向分析工程师等职位，有培训计划和认证，有诸如 Ghidra 的分析工具，甚至还有病毒公告会议和世界反病毒大会等防御性集会。尽管有这样的环境和历史，但关于恶意软件的一些普遍的误区仍然存在。

本章讲述与恶意软件分析和响应相关的误区。讨论用户的选择，包括如何避免感染以及是否支付保护费。还提出了关于恶意软件创建者和归因的假设。最后讨论与恶意软件分析和逆向工程相关的技术误解。

12.1 误区：使用沙盒会得到我想知道的一切

鉴于恶意软件是由行为定义的，研究人员可能会执行恶意软件来分析它的行为。

---

1 在几乎所有的安全聚会上提到这一点，都会引起激烈的争论，人们指责 Windows、Linux，而 macOS 用户通常会微笑着避开这场争吵。

2 译者注：停机问题(Halting Problem)是计算机科学中一个著名的不可解问题，该问题的核心在于判断一个给定的计算机程序是否会在有限步骤内停止执行(即终止)或会无限循环下去。

这是确定恶意软件并准确记录其行为表现的方法。恶意软件是否连接到命令和控制服务器？是否使用对等(P2P)网络？是勒索软件吗？这段代码到底做了什么，使其成为恶意软件？如果它做了一些违反安全策略的事情，都做了些什么？

这些信息也可供 IDS 和防火墙所用，以在恶意软件执行之前检测其存在。识别特定恶意软件家族特有的网络流量是保护组织免受恶意软件攻击的一种方式，或者至少可以及时发出警报。

获取的信息还用于对恶意软件进行分类。人类喜欢把东西放在按特征命名的组中，所以我们想知道这种特定的恶意软件是以前见过的还是全新的。还想知道恶意软件是否在做以前从未见过的事情。换句话说，我们想知道它的目的是什么。

在连接到实时互联网的系统上运行恶意软件的问题是，如果真的是恶意的，它会主动开始在系统上实施恶意行为。这非常可怕：恶意软件会破坏网络和其他系统。而且，如果不知道恶意软件的确切作用，则可能是灾难性的！如果之前在本地传播，现在在互联网上运行可能意味着已经感染了所有的系统，还可能感染所有的商业伙伴。我们确信坏人会心存感激——在他们看来，这是一种温良和忍让。我们希望避免助长恶意行为的肆虐——已经有足够的恶意行为，不需要再刻意去增加了。

总之，简单地运行疑似的恶意软件是个坏主意，就像你按下一个未知的按钮时说："我想知道这个带盖子的红色大按钮是干什么的？"见图 12.1。

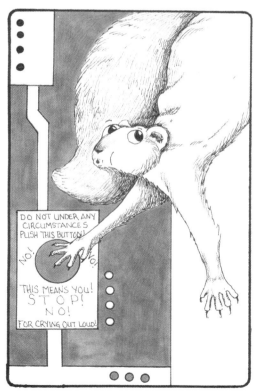

图 12.1 这个按钮的作用是什么？

解决方案是在沙盒中运行代码。沙盒是没有直接连接到互联网的系统，也没有连接到任何关键系统。这是一个不能伤害别人的、孤立的、与世隔绝的系统。通常情况下，沙盒是一台配置为常规系统的虚拟机，可以随时根据需要删除或重置。这是一个安全的地方，可以运行代码并弄清楚这段代码到底会做什么。沙箱可以用来回答以下问题：

- 恶意软件会更改哪些文件？
- 试图解析哪些域？
- 创建或打开了哪些文件？
- 是否向 Web 服务器发送了任何有趣的查询？
- 它试图扫描本地网络并找到新的主机进行感染？
- 它否打开任何可执行文件并尝试运行它们？
- 试图泄露信息吗？

最终，我们将知道恶意软件将试图做的一切，了解它将尝试的所有操作，以及如何与其他恶意软件或正常软件区分开来。干得好，团队，你们已经杀死了恶意软件！

但是……我们并没有杀死恶意软件。

恶意软件创建者知道沙盒技巧，知道代码可能会在沙盒中运行，但并不想让我们了解代码会做什么。恶意软件的第一个动作通常是在任意延迟之后，尝试以某种完全无害的方式解析域或在互联网上进行通信。如果不成功，恶意软件将退出沙盒(图 12.2)，这样不会被获取到任何有用的信息。我们可以通过设置一个能够正确响应的本地名称服务器来解决这个问题，但未必有效。

恶意软件创建者希望他们的代码在真实的系统上运行，而不是在沙盒中，因为所有美味的数据和代码都驻留在真实的系统中；否则，不仅没有实现目标，而且提供了如何阻止的信息。这无助于攻击者实现他们的目的，除了简单的名称解析之外，还有很多其他方法来确保系统在互联网上运行。请参阅补充说明"逃离沙盒"。

恶意软件在运行中通常也对环境敏感，在沙盒中运行不会轻易显示恶意软件所做的一切，可能只是表现恶意软件创建者希望表现出让我们知道的行为，甚至可能做一些有用的事情，引诱我们进一步在系统上运行。欺骗是恶意软件游戏的手段，也被用在大部分网络安全和军事中。

战争都是以欺骗为基础的。《孙子兵法》指出：兵者，诡道也，故能而示之不能，用而示之不用，近而示之远，远而示之近。

这绝对描述了恶意软件创建者希望他们的代码怎么做！

逃离沙盒

　　沙盒通常使用虚拟机，因为便宜且容易设置，当用完后，可以随时被删除。虚拟化允许系统运行具有不同补丁级别的多个操作系统，并使它们彼此分离。也可以配置成与互联网分离，但仍可以进行本地和远程访问。这是检查恶意软件的有用且廉价的方法。

不利的一面是虚拟机有漏洞，其中一些漏洞的副作用是恶意软件可以逃脱。虚拟机可以被防火墙隔离，但可以查询名称服务器。请记住，恶意软件经常查询名称服务器，以确定是否在沙盒中运行，因此可以绕过检查。但如果虚拟机中存在合适的漏洞，恶意软件就会利用该漏洞进行逃逸。2017 年，一个逃出虚拟机的漏洞被创建，并以105 000 美元的价格售出。[a]

使用沙盒来防止恶意软件做坏事的方法也就不存在了(图 12.2)。

图 12.2　逃离沙盒

几年前进行的一项研究表明，78%的恶意软件样本对运行环境很敏感。它们在沙盒中的行为与在整个互联网中的行为不同，可使用好几种机制来尝试检测是否在沙盒中，如果沙盒配置没有预料到这些，代码就会检测到。这种技术只是将恶意代码的执行延迟一段时间——没有人可能在沙箱中运行可疑代码三周，以确定不是恶意的！

12.2　误区：逆向工程会告诉我们需要知道的一切

工程师把零件拼凑在一起，构建一个系统。逆向工程师将最终产品拆开，找出制造最终产品所用的零件。这并不是一个新的过程：只要有工程师，逆向工程就一直存在。人们拿着一个最终产品，想知道是如何工作的，这样就可以复制。想知道制造过程中使用了什么零件，使用了什么工艺，以及自己制造这个产品所需要知道的一切。

对工程感兴趣的孩子通常从逆向工程开始，拆开收音机想知道它是如何工作的，或者拆开玩具想知道它为什么能说话。[1]他们很好奇，想知道为什么。后来，他们收集零件，制造收音机或玩具，但他们一旦把东西拆开，会让世界各地大多数的父母感到恐惧。

这是经常用于恶意软件分析的过程，可以把它想象成尸检，源自希腊语单词 autopsia。逆向工程师正在软件上进行尸检，它处于休眠状态，不会运行，但它驻留在硬盘上，所以会带来麻烦。[2]

让我们暂时离题进入软件工程。对于高级语言，如 Go、Swift 或 Rust，编译器将文本程序作为输入，并生成与计算机本机指令集匹配的比特：机器语言，或者称之为"低级语言"。这是最低级别的语言，处于编程语言食物链的底部。[3]

逆向工程就是掌握这种"机器语言"并理解其作用的艺术。通常，是通过将机器理解的 1 和 0 转换为简短的助记符指令和标签(称为汇编语言)来实现的，这比机器语言高出一步，精通机器语言的人可以阅读或编程；然而，学习和编写正确的代码非常困难。

汇编代码与 C 或 Visual C++不同。C 语言都是独立于平台的，无论目标机器是什么，我们都会编写相同的代码。了解 C++意味着我们可以用这种语言为带有英特尔芯片或 AMD 芯片的系统编写程序，或者为模拟 1968 年的 CDC 7600 的虚拟机编写程序，只要我们有该计算机的编译器，只需要包含一些特殊的库或添加一些特殊的系统调用，但代码的主要部分不会改变。这是高级代码的好处之一。[4]

汇编语言也很复杂。"Hello World"是大多数程序员编写的第一个无聊程序，很简单：将文本打印到屏幕上。这个 5 行代码的程序在苹果 macOS 系统上的编译版本是 48 KB，因为其中包括库和支持代码。在这个小而简单的程序上使用反向汇编可以产生 100 行代码。为了便于说明，下面给出其中的一部分代码：

```
0000000100003f70 <_main>:

100003f70: 55                       pushq   %rbp
100003f71: 48 89 e5                 movq    %rsp, %rbp
100003f74: 48 8d 3d 2b 00 00 00     leaq    43(%rip), %rdi
    # 100003fa6 <dyld_stub_binder+0x100003fa6>
100003f7b: b0 00                    movb    $0, %al
100003f7d: e8 04 00 00 00 callq 0x100003f86 <dyld_stub_
binder+0x100003f86>
```

1　遗憾的是，现在以非破坏性和指导性的方式拆开日常物品更具挑战性。机械钟和电子管电视机可能仍有市场。

2　在现代用法中，除了恐怖片之外，医学解剖的对象一般不能再重新组合并恢复工作状态。

3　是的，还有微码。如果你不知道，但需要了解它的适用范围，请阅读一本好的计算机体系结构方面的教科书。

4　我们对很多事情都是一笔带过，如数字精度、进程间通信和字符集。在本次讨论中，已经假设这些东西并不重要，尽管在现实生活中肯定会发生。如果你不理解我们的意思，而你正在编写生产软件，那么需要多学习一些软件工程知识。

```
100003f82: 31 c0                    xorl    %eax, %eax
100003f84: 5d                       popq    %rbp
100003f85: c3                       retq
```

现在想象一下如果程序很大会发生什么。理解每行汇编代码的工作量很快就变得棘手起来。但这是一种不需要运行就能分析恶意软件的方法。

如果在沙盒中运行恶意软件不是完美的解决方案，那么逆向工程肯定会告诉我们一切，对吗？

好吧，这么想真是太天真了。

首先，这是一个非常耗费时间和精力的过程。恶意软件越大，试图对其进行逆向工程的工作就越多。打印"Hello World"的简单五行代码变成 100 行汇编代码。想象一下，一个 20 万行代码的程序会产生什么样的结果！

其次，恶意软件创建者知道这种分析技术。他们不希望任何人这样做，所以他们使用代码混淆，这可能使逆向工程变得异常困难。

第三，还有所谓的打包技术，恶意软件被压缩[1]，而反汇编将不可行。在进行分析之前，必须对代码进行解压缩，这是一项艰巨的任务。一些恶意软件创建者使用多个打包程序来隐藏他们的代码，甚至让代码自己加密。代码变成了被谜团包裹着的大门，却没有打开它的钥匙。

第四，即使成功地对恶意软件进行了完美的逆向工程，也不一定能揭示它的作用，因为算法和数据引用可能非常复杂。1901 年发现的 Antikythera 机制可以作为历史案例，直到 2021 年，科学家们才发现它是如何工作的。[2]这个装置一共只有 82 个部件！

逆向工程是恶意软件分析工具箱中的另一个工具，但不是一个完美的解决方案。

12.3　误区：恶意软件与地理位置相关/不相关

互联网不是按照地理位置架构的，而是没有地理边界的全球创造的实体——电子和比特没有边界。一般来说，英国人在澳大利亚看网页就像澳大利亚人在墨西哥看网页一样容易，而且通常也很快。

同样，网络浏览器也不关心地理位置，恶意软件也不一定在意。

Malvertising 是由恶意和广告两个词组合而成的，类似于恶意软件一词是由恶意和软件创建的。当广告做得不好时，就会发生这种情况。这不是社交媒体网站上出现的令人讨厌的弹出窗口。恶意广告不仅是恼人的弹出窗口，还可能在系统中安装恶意软

---

1 就像一个 zip 文件。

2 见[3]。

件，[1]比在安静的办公室里突然大声播放音乐的软件糟糕得多。

广告通常以地理位置为目标。如果公司希望能够购买他们商品的人看到广告，那么埃及开罗的自行车公司不想浪费金钱和时间将其展示给居住在加拿大 Nunavut 或新西兰 Dunedin 的人。他们只想要本地用户去他们的商店购买商品。

恶意广告也有同样的目标，也希望把恶意软件瞄准某个地理位置的用户。例如，恶意活动试图在巴西安装定制的银行特洛伊木马，但并不是针对巴西的所有银行客户，只针对特定银行的客户。这样，攻击者就可以放心地从设定的目标银行偷钱了。为什么是这家银行？嗯，用银行劫匪 Willie Sutton 的话来说：“因为那里有钱。”因此，坏人需要根据目标和位置定制恶意软件。

想想星巴克吧。星巴克是一家以销售咖啡为主业的全球性咖啡公司，同时出售与咖啡搭配的点心。为了实现利润最大化，里约热内卢出售的点心是那里受欢迎的，而这种点心在爱尔兰都柏林并不流行。否则，咖啡店可能卖不出那么多点心。因此，星巴克根据地理位置改变产品。

恶意广告也是如此。恶意软件创建者和管理公司的人都想赚钱。

参与其中不仅是为了无政府状态(尽管有些人是这样)——大部分人是为了钱。

其他种类的恶意软件也可能设计了地理感知能力。例如，欧洲某国的许多犯罪组织编写的勒索软件并不打算在该国境内运行。该国政府容忍罪犯(有时甚至可能雇用他们)，只要他们不以本国人为目标。因此，他们的恶意软件可能试图通过尝试映射网络地址或查看主机键盘布局来确定运行系统的地理位置。

底线是不要依赖地点或主要语言来避免受到恶意软件的伤害，但要意识到这些也是其中的因素。

恶意软件基础设施

地理位置攻击并不是恶意软件地域化的唯一方式，恶意软件的基础设施也存在地域化的问题。恶意软件基础设施通常包括三个部分：恶意软件、运行恶意软件的人员以及从恶意软件中收集数据的服务器。这个谜题可能还有更多的部分，但这是大多数情况下的一般结构。

由于互联网的存在，运行恶意软件的人可以处于任何位置。他们可以坐在西雅图的家中，通过四层 VPN 连接在东欧运行的服务器，并控制在澳大利亚发布的软件。追踪这些并不简单，不仅存在多跳加密的连接，而且需要执法部门复杂的国际合作。

然而，如果能够识别运行服务器，就可以通过跟踪这些服务器，使追踪变得更直接。

---

1 具有讽刺意味的是，它经常这样做，同时声称系统上有恶意软件。

12.4　误区：总能确定是谁制造了恶意软件并发动了攻击

有一个熟悉的电影或电视情节，恶意软件的作者独自[1]坐在被屏幕包围的黑暗房间里。他在键盘上疯狂地敲了一会儿，然后突然大叫起来。他制作的恶意软件将使英雄们跪地求饶！他是如此邪恶可怕，因此会鬼鬼祟祟地在恶意软件某个适当的位置上签名，然后希望每个人都会知道他的大名。但前提是其他人必须足够聪明找到他的签名，而他不相信有人像他一样聪明。

然后，英雄受到恶意软件的攻击，并在最后一刻找到了正确的钥匙，从而力挽狂澜，拯救世界。英雄还可以简单地查看恶意软件，并确定是谁写的，因为坏人签了名。电影(或电视节目)以坏人入狱发誓复仇结束。[2]

当然，那都是虚构的。

是的，完全有可能是一个人写了一段恶意软件，坐在一个黑暗的房间里，穿着连帽衫一边狂笑，一边吃着比萨喝着能量饮料。

然而，他是否在恶意软件中签署了自己的名字不得而知，但他可能已被判入狱。例如，一名 22 岁的英国男子制造了三种计算机病毒，法院判处他两年监禁。[3]2020 年，一名恶意软件创建者因协助 5680 亿美元的欺诈计划被判处 10 年监禁。[4]Gozi 恶意软件的作者被抓获，被判处 37 个月监禁和 690 万美元罚款，帮助他的拉脱维亚人被判处 21 个月监禁。[5]在恶意软件中签名是一个可以把自己送进监狱并在监狱里度过数年时光的好办法。不签名是更好的选择，至少在本书作者看来是这样。

已经做了大量的研究，以确定有多少人参与创建一个恶意软件。这是一道难题，通常的答案都是猜测。认为 x 个人写了这段代码，可能就是 x 这个数字，也可能是 y 或 z。有时，我们知道不止一个人，比如 Gozi 恶意软件的作者有一个助手，是两个人在处理那个恶意软件。也许更多，只是其他人没有被抓住。例如，开发 Conti 恶意软件的小组有 60 多名成员，其中包括中层管理人员和一名临时工！[6]

一般来说，确定谁写了一个特定的恶意软件并不容易。不过我们很想知道。与找到抢劫你财物的人类似，找到恶意软件创建者有助于结束这一事件。这也是可能采取执法行动或追回财产的第一步。然而，目前，如果没有国家情报机构的资源(即使有)，这也是一项挑战。[7]

---

1 通常是穿着连帽衫的男性。是的，有一些女性恶意软件创建者，但大多数都是男性。这可能是因为他们主要是男性。或者，可能是因为女性作者太聪明了，她们根本不会经常被抓到。

2 当然是为了不可避免的续集做准备。

3 见[4]。

4 见[5]。

5 见[6]。

6 见[7]。

7 参见第 9 章。

12.5　误区：恶意软件总是一个难以理解的复杂程序

由于恶意软件是一个困扰当今互联网上每个人的复杂问题，因此恶意软件一定非常复杂，理解这些程序需要花费大量时间和精力。否则，我们为什么要花这么多钱和时间来分析它们？

好吧，关于这个。是的，有复杂的恶意软件，也有非常简单的恶意软件。这是一个类似于一般程序编码的复杂性分布：有返回当前日期的短程序，也有计算任意日期所有行星位置的极其复杂的程序。

作为现实世界中的例子，Linux 内核是一个极其复杂的项目，无数的开发人员开发了 28 000 多个文件，非常庞大。相比之下，计算文件中字母数量的简单程序可以用不到 50 行的 C 语言编写。这一切都取决于程序需要做什么和程序员的专业知识。

现在特别考虑恶意软件。2003 年攻击微软 SQL Server 的 SQL Slammer 蠕虫是用 376 字节创建的，这太小了，相当于 376 个字符。使用这 376 个字符，蠕虫病毒造成了巨大破坏，导致互联网速度减慢，许多路由器也因巨大的流量而瘫痪。这个只有 376 个字符的微小蠕虫在短短 10 分钟内就感染了 75 000 个系统。

文件投放器是一种恶意软件，顾名思义，这种恶意软件在系统中投放文件，以便被恶意使用。2019 年，发现的 2296 字节的文件投放器(仅比 SQL Slammer 大六倍)包含下载和执行恶意文件的指令。指令被混淆了，所以行为目标并不明显，但这是最终目标。

如果运行这个恶意小程序，虽然不像 SQL Slammer 那样具有压倒性的破坏作用(摧毁互联网！)，但足以造成局部破坏。

最著名的小型恶意软件是 Mini 或 Trivial。这是 MS-DOS 时代的恶意软件，仅用了 13 个字节就造成了破坏。对跟踪恶意软件的人来说，SQL Slammer 蠕虫比这个大 28 倍。就互联网而言，Mini 恶意软件是古老的历史，因为它可以追溯到 20 世纪 90 年代。

随着时间的推移，Tinba 出现了。Tinba 也被称为 Tiny Banker(不要与 Elton John 的歌曲混淆)，试图窃取银行信息。与其他例子相比，Tinba 很大(20KB)，但与同样实施银行犯罪中的恶意软件 Zeus 相比，很小。根据记录，Zeus 的大小从 40KB 到 150KB 不等(是 SQL Slammer 的 100 多倍)。

恶意软件可能很简单，比如只有一个链接的文件投放器，也可能非常复杂。Flame 恶意软件是一个极其复杂的例子：这种模块化恶意软件的大小可以高达 20MB。Flame 恶意软件不仅仅是一个单一的恶意软件程序，还是一个恶意软件工具包，也是特洛伊木马和后门，甚至可以像蠕虫一样行动。[1]它是恶意程序的瑞士军刀(现在比 SQL Slammer 大 53 191 倍)。

毫无疑问，还有更大的恶意软件，甚至包含虚拟机模拟器和自己的内存文件系统！

1　对于 46 年前电视节目《周六夜现场》的粉丝来说，它既不是地板蜡，也不是甜点配料。见[8]。

这种情况与一般软件类似，大小因软件的用途而异。Flame 恶意软件是一个包含许多工具的工具包，因此很大。SQL Slammer 蠕虫的目的只有一个，就是传播和制造麻烦。因为它利用了一个漏洞，所以不需要花太多时间就可以达到目的。SQL Slammer 蠕虫只是触发因素，漏洞完成了大部分工作。试图用复杂性来概括所有恶意软件类似于用复杂性来总结所有软件。这一切都取决于软件(或恶意软件)要完成的任务，以及所驻留的系统有多少能帮助软件(或恶意软件)完成这一任务。

由此得出的结论是：不要认为下载或在系统上发现的软件的大小是恶意软件的决定性指标。

12.6　误区：免费的恶意软件保护就足够了

俗话说，一文价钱一文货。高价格并不总是意味着高质量，但便宜或者免费呢？心理学上有大量关于免费的特殊价值研究。也就是说，免费的物品不是将物品的价值与财务成本相比较，而是通过免费扭曲购买者的决策，希望带来超过成本的收益。即使在网络安全领域，"免费商品也有额外的吸引力。"[1]那么，免费的恶意软件保护是否足够好？

首先，在这个误区中把开放源码软件放在一边，尽管开源软件也可以是免费的。本文讨论的不是开源软件和闭源软件的相对价值。相反，这个误区更多的是关于免费与付费商业产品。

首先要知道为什么有免费的安全软件。没有什么是免费的，软件需要时间和技术来生产、分发和支持，商业企业无法通过免费赠送产品来生存。有时，即使我们不直接付费，企业也会从中受益，比如使用销售广告的搜索引擎。

其他时候，免费产品的功能受到限制，有免费使用期，或者故意限制某些功能，如果使用者看到了价值，就会决定付费。请阅读细则；许多免费产品只能用于非商业用途。

接下来，应该信任免费的安全产品吗？如果免费产品速度慢或不可靠，我们就无法借助这些产品。根据对 283 款安卓 VPN 应用程序的一项研究，存在许多隐私安全、信息泄露、活动跟踪和流量检查的不安全情况。[2]

"免费"产品也可能是危险的。从历史上看，有一些软件被宣传为免费(或低成本)反病毒软件，但实际上是恶意软件本身。下载并安装的软件可能会防止一些计算机病毒，但它也可能将密码发送给犯罪分子。

还有一种情况是，下载的免费软件根本不能很好地工作。该软件的作者没有动力让它保持最新，因为没有得到报酬。如果它不能保护系统，我们可以抱怨，但它不能恢复失去的一切。当然，商业付费系统也不意味着会起作用。在一次比较中，PC 杂志

1　见[9]。

2　见[10]。

得出结论："最好的免费第三方反病毒程序轻松胜过内置于 Windows 中的反病毒软件 Microsoft Defender。事实上，评分比许多商业程序都高。"[1]因此，免费可能更好！

是的，我们可以免费获得一些好的反恶意软件。几家主要供应商免费提供其端点产品，供有限的家庭个人使用。这和他们卖给大公司和政府机构的软件是一样的。这些公司这样做并不完全是无私的。他们的产品越是被人们使用和信任，这些人就越有可能为增强的许可付费，或者寻求获得他们工作的组织许可。这很有商业意义。此外，大多数当前的反病毒系统都会将新的恶意代码样本发送回供应商，因此使用更多的端点软件副本可以帮助他们提高商业产品的响应能力和覆盖率。

需要明确的是：应该明确决定接受免费产品的风险以及潜在的好处。如果得到极好的保护，人们就会产生非常安全的幻觉。作者建议，如果没有资源自己测试产品，请仔细查看来自可靠来源的测试和评论。

12.7　误区：只有暗处的网站才会感染我

在现实世界中，有所谓的"好"社区和"坏"社区。有些地方非法活动更猖獗，暴力犯罪率更高。推动这些趋势的许多因素超出了本书的讨论范围。但可以合理地假设互联网是相似的：好的和坏的社区。由此，可以很容易地说："那些见不得光的色情、赌博或盗版软件(Warez)网站才会感染我。"一些网络用户错误地认为，只要他们坚持使用合法或信誉良好的网站，就不会被感染。

攻击者更明白，他们要去人最多的地方。在其他正常网站上传播恶意软件是非常普遍，以至于它有一个名字：水坑攻击。这种做法利用了人们对银行、新闻媒体和政府的信任。遗憾的是，这种技术非常有效，因为用户相信他们访问的是安全和值得信赖的网站。

令人惊讶的是，盗版软件和观看网络色情内容与恶意软件的受害情况无关。[2]访问这些网站的人可能更容易受害，但不是因为他们浏览了色情内容。[3]

攻击者使用的另一种策略是破坏内容，而不是网站本身。例如，将恶意软件添加到广告中，这些广告可能是为了展示网站而加载的，或者添加到用于呈现网页的外部代码库中。网站的所有者/运营商没有问题，他们的代码没有受到破坏。但是，当浏览器加载并显示"安全"网站时，该网站的访问者(部分或全部)可能受到内容的伤害。

为避免这个误区，永远不要想当然地认为网站是安全的。信任不是全有或全无，但不要对任何网站 100%的信任，即使是那些你认为最应该信任的网站，比如银行。不合理的假设会带来不必要的惊喜。分层防御是有助于降低风险的方法：为每个网站

---

1 见[11]。

2 见[12]。

3 见[13]。

使用唯一的密码，保持更新软件，在设备上运行安全软件，并且不要提供超过必要的私人数据。哦，就像定期洗手和刷牙，你知道要保持良好的卫生习惯。

12.8 误区：自行安装的软件也可能是友好的

广告对大多数人来说很烦人，却是公司创收的一种方式。如果他们正在为消费者想要的东西做广告，这些广告可能会受到欢迎。这是一种微妙的平衡行为，既不要用太多广告惹恼消费者，又要说服他们单击，或者至少查看和考虑广告。

但是还有广告软件。广告软件不是恶意软件(通常，尽管有些人是这样分类的)，而是安装在目标计算机上生成弹出广告的软件。有时它是在用户同意的情况下安装的，但更多时候不是。eXact 是一个不太好广告软件的例子，它不仅是广告软件程序而且是广告软件下载器，不仅提供广告，还下载其他广告软件。eXact 并不是一款对最终用户友好的软件，制作公司还因此被起诉。

可以下载和安装其他软件的程序，也可以用于下载和安装恶意软件。完全可能有人会劫持广告软件，并将其用作最糟糕的恶意软件的感染载体。这就是 InstallBrain 广告软件的情况。[1]

广告是许多公司的主要收入来源。通过创建"表面不是广告软件，实际就是广告软件"来最大化收入流是很诱人的。这仍然是不受欢迎的软件，是件坏事。

继续说广告软件，让我们来谈谈一个古老的蠕虫。2003 年，Blaster 蠕虫攻击了微软 Windows。[2] 8 月 1 日，它感染了近 10 万台机器，并自行传播，用 DDoS 攻击了 windowsupdate.com 服务器。总之，不是友好的蠕虫病毒。

当时，Windows XP 系统已经有防火墙，但防火墙默认设置为不启动，而且系统对防火墙的控制也不方便。系统存在一个开放端口访问的漏洞，而没有受到保护，蠕虫可以通过这个漏洞传播。人们把笔记本电脑带回家，在家里使用，感染了 Blaster 蠕虫，然后带回办公室工作。蠕虫可以通过使用 sneakernet[3] 绕过防火墙，很容易感染办公室的其他系统。

这一切听起来很可怕，对吗？

然后出现了 Welchia 蠕虫，也叫 Nachi 蠕虫。Welchia 蠕虫据称是友好的，也被称为反蠕虫，使用了与 Blaster 相同的漏洞进行安装，然后尝试清理 Blaster。如果它在系统上发现 Blaster 的代码，就会将其删除。它还修补了 Blaster 锁定系统的漏洞。然后，它删除自己，尽管不是立即：停留 120 天或 2004 年 1 月 1 日前，以先截止者为准。

随着蠕虫的传播，Welchia 表现得非常有礼貌。但是，它仍然是一条蠕虫，虽然可

---

1 见[14]。

2 见[15]。

3 也就是可以避开网络，通过共享的可移动介质传播。

能是出于善意编写的，但利用漏洞传播，在受害者不知情或未经其许可的情况下改变受害者的系统，并表现得像恶意软件。因此它不受大多数计算机用户的欢迎，最终成为反病毒软件的围剿目标。

作者认为，任何未经知情同意自行安装在机器上的东西都是不友好的，包括所有蠕虫程序和大多数广告软件。虽然作者可能认为他们所做的事情在某种程度上是合理的(例如，通过广告或删除恶意软件来支持自己)，但在未经许可的情况下偷偷地做这件事并不是结交朋友和影响他人的正确方式。如果参考第 9 章中对 CFAA 的讨论，你会发现这样做可能违反美国法律，还可能与其他司法管辖区的法律相冲突。

12.9　误区：勒索软件是全新的恶意软件

勒索软件很可怕，不仅接管计算机，让公司损失惨重，甚至导致公司和一所大学倒闭。[1]2022 年初，整个哥斯达黎加政府都受到勒索软件团伙的威胁。[2]当然，如此可怕的恶意软件有特殊性，对吗？

本节讨论了这种误解，以及对勒索软件的其他误解。

与所有恶意软件一样，拥有反病毒软件不足以抵御勒索软件。这当然也不能成为唯一的防御手段。备份可能有所帮助，但前提是勒索软件攻击时无法从网络访问备份。记住，恶意软件是为了自我传播而设计的，因此可以从一个系统跳到另一个系统，如果所有备份都可以访问，轰隆隆！备份也完蛋了。

所有恶意软件都不依赖零日漏洞，勒索软件也不依赖。不过，勒索软件似乎应该这样做。零日是可怕的，勒索软件也是可怕的：放在一起，会得到一个难以形容的恐怖联盟。事实并非如此，勒索软件制作者使用任何有效的东西，[3]无论是已经知道的未修补漏洞，还是零日漏洞，这对攻击者来说都无关紧要，不管什么方法，只要有效。

勒索软件并不是一种新的攻击，但似乎是突然冒出来一般，因为可以通过实施勒索软件攻击赚取大量金钱，变得越来越受欢迎。[4]第一个勒索软件至少可以追溯到 1989年，是通过软盘传播的。一位研究人员在一次会议上分发了 2 万张软盘，从而传播了这种病毒。[5]

有一种观点认为，勒索软件普遍存在。可能对也可能不对。尽管有很多行业报告了勒索软件，媒体也有所关注，但人们对勒索软件的流行情况了解不多。某些行业的勒索软件报告似乎比其他行业更多，然而，当公司成为此类攻击的受害者时，不一定会广而告之，因此勒索软件数量也可能被低估。最后，很难预测成为勒索软件受害者的可能性有多大。

1　见[16]。

2　见[17]。

3　见[18]。

4　可以说，各种形式的加密货币越来越多，也发挥了重要作用。

5　见[19]。

关于勒索软件，假设你不幸成为受害者。你希望恢复数据，但备份不可用。支付赎金似乎是合理的，坏人会提供解密密钥，你会恢复你的数据，世界将会更加美好。

遗憾的是，这是自说自话的美好童话故事。2016 年的一项研究显示，支付赎金的公司中有 20%的公司未能恢复数据。[1]2021 年，结果更糟糕。[2]该研究显示，只有 8%的公司拿回了数据，据说即使拿回了数据，也不一定能将系统重建到勒索软件执行之前的状态——链接可能被破坏，权限被改变，项目被移动，因此只能算部分恢复。

如果不支付解密密钥的费用，就无法恢复数据，对吗？幸运的是，这也是一个误区。一个名为 No More Ransom[3]的项目小组收集解密密钥和工具来帮助你找回数据。勒索软件制作者和所有软件创建者一样；有些很厉害，有些则不然。那些较差的勒索软件经过了逆向工程分析，解密密钥也被添加到网站上。执法部门也检索这些密钥，欧洲刑警组织支持该网站并与网站运营者共享信息，因此可以获得解锁数据的密钥。一些反病毒公司[4]还为勒索软件创建并发布解密程序。

既然你有潜力拯救你的数据，所以没有什么好担心的，对吗？如果是真的，那就太好了。

恶意软件通常有多个任务。以 Stuxnet 为例，它内置了 rootkit 来隐藏自己，自行传播，并攻击离心机。[5]因此，如果碰巧你正在通过级联的旋转六氟化铀气体管来浓缩铀，就可能对你构成危险。[6]这是一个繁忙的小程序。

勒索软件的行为方式大致相同，它不仅可以加密数据而且可以窃取数据。[7]为什么不呢？已经可以进入系统，为什么不在加密前先偷走数据，然后索要钱财换取密钥呢？因此，犯罪分子一箭双雕：勒索受害者，并将信息出售给受害者的竞争对手或在网上发布以使受害者难堪。他们甚至威胁说，除非受害者付钱，否则他们会出售或公布被盗数据。然而在拿到赎金后仍然把数据卖掉。

总之，勒索软件是一个困难但古老的问题，是一种代价高昂的恶意软件攻击。我们应该期待攻击者尝试新的使用其他恶意软件的方法来赚钱。也许这些将是新颖的攻击，但旧的技术可能再次反噬我们。因此必须考虑建立全面的、基础广泛的保护和恢复机制，而不是简单地应对当前的威胁。

12.10　误区：签名软件始终值得信赖

恶意软件是人们不愿运行的代码。确定代码是否安全的一种方法是使用经过数字

1　见[20]。

2　见[21]。

3　见[22]。

4　见[23]。

5　见[24]。

6　强烈建议不要在家里尝试。

7　见[25]。

证书签名的软件。网站并不是唯一使用数字证书签名的，对于网站，证书存储在网站上，并作为初始连接的一部分进行共享。对于软件，证书作为散列存储在程序或系统数据库中。例如，微软使用驱动程序的代码签名[1]来验证它们是否安全。苹果公司要求任何人在应用商店出售代码之前都必须进行签名。[2]补丁和新软件会附上数字签名，以证明其真实性。

签名是一件好事。如果签名了就不是恶意软件，对吗？

Nvidia 的一把密钥被盗，[3]然后，为了给这个可怕的日子添上浓墨重彩的一笔，密钥被泄露到网上供人们使用。至少有两个二进制文件用它进行了签名，但它们是恶意软件。

不是第一次发生这种情况。D-Link[4]也发生了同样的事情。有人通过不正当手段获得了 D-Link 所依赖的证书，并将其用于恶意软件。

人们需要信任颁发证书的组织。一些公司和许多政府可以颁发证书，而有人可能对此持极大的怀疑态度。证书只是证明，签名的软件自签名以来没有发生任何变化——当然不能证明软件本身的正确性或安全性！

虽然为软件进行签名验证是个好主意，但这并不是一个完美机制。如果要信任数字签名，那么仔细审查是至关重要的。证书是由我们信任的权威机构发布的吗？即便如此，如果 IDS 或反病毒软件提示签过名的"东西"有问题，我们也不应该忽视它们发出的警告。

勒索软件遇上社会工程

勒索软件看起来有点线性流程处理的感觉。被感染，支付赎金，然后拿回(或不拿回)数据。攻击者想要钱。[5]

不过，有时攻击者必须有所不同。2016 年，Popcorn Time 恶意软件[6]决定改变游戏规则，如果受害者将安装恶意软件的 URL 分享给其他人，并由另外两人支付费用，就可以获得解密密钥。这是一封连锁信式的恶意软件版本：感染他人，并希望他们付费拿回数据。

12.11 误区：恶意软件名称反映其重要性

一个重要的问题："恶意软件是如何命名的？"

---

1 见[26]。

2 见[27]。

3 见[28]。

4 见[29]。

5 或者，他们可以盗取数据，然后用这些数据来获取金钱，所以金钱仍然是最终目标。

6 见[30]。

国际天文学联合会(IAU)制定了天体命名标准,由委员会和工作组来验证名称。[1]我们可以亲自将一颗行星命名为 Tatooine,但在 IAU 验证之前,这只是我们取的名字,不会在官方文件中使用。

尽管以前也曾尝试过恶意软件权威命名方案,但没有实现。MITRE 试图创建通用恶意软件枚举(CME)列表,但该列表仅在 2006 年和 2007 年起作用。MITRE 也不是第一个尝试这样做的组织;1991 年,一群自称为计算机反病毒研究组织(CARO)的恶意软件研究人员提出了他们的标准。[2]反病毒公司也有自己的命名方法。[3]

简而言之,关于如何或是否命名恶意软件,各有各的意见。

但这并不能改变恶意软件有名字的事实。以 1999 年席卷全球的 Melissa 病毒[4]为例,那次,恶意软件创建者显然是以他在佛罗里达州认识的一个脱衣舞娘的名字命名的。Code Red 蠕虫[5]是由分析人员根据在分析代码时饮用的 Mountain Dew 饮料的风味命名的。还有 Conficker 恶意软件,可能是(也可能不是)以德语的脏话命名的。[6]还有 Petya 和其对应的 NotPetya 这种双重的恶意软件[7]。

为了让事情变得更加混乱(就好像本来就不混乱一样),一个人给恶意软件命名并不意味着其他人不会为之命名。Conficker 蠕虫就是一个典型的例子,[8]它也被称为 Kido、Downadup 和 Downup。

人们喜欢给事物命名。说 I Love You 病毒比说 0163e220b 01604d4f085498f233195b5 的 MD5 哈希值更容易[9]。说"这是 I Love You 病毒"时,人们可能会明白在说什么。对大多数人来说,花时间完全正确背诵哈希中的所有 32 个字符,并且记住是非常困难的。

命名恶意软件是引起人们对备受瞩目的恶意软件的关注和宣传的一种方式,这是大的策略。令人担忧的是,可爱的名字和徽标可能隐藏恶意软件的真面目。正如我们所讨论的,对于恶意软件,没有正式的过程或严重性阈值来指定通用的名称。

请记住,只有在发现恶意软件后,才能为其命名。最可怕的恶意软件是人们不知道的,因为它潜伏着,还没有被发现。

---

1 见[31]。
2 见[32]。
3 见[33]。
4 见[34]。
5 见[35]。
6 见[36]。
7 见[37]。
8 见[38]。
9 见[39]。

第 13 章

↗↗

数字取证与事件响应

变革时期，最大的危险不是变革本身，而是用昨天的逻辑来行动。

——彼得·德鲁克

在完美的世界里，坏事永远不会发生。电子银行是安全的，电子邮件隐私是受到保护的，数据永远不会被盗。这些都是网络安全专业人士每天努力实现的令人钦佩的目标。遗憾的是，无论人们多么热切地希望，世界仍然不完美，网络事件肯定会持续发生。为此，要追究攻击者的责任，数字取证和事件响应是调查这些所需的领域。

科学的工具重建一个发生过的事件。艺术也来自于将积累的经验和实践应用于新的问题。原有的习惯和假设形成经验。启发式方法可能会有用，但前提是它们必须有效更新。最后，由于网络攻击总是涉及人——受害者及攻击者——DFIR 需要仔细检查对于人们思考和行为的假设。

本章介绍与数字取证和事件响应相关的 12 个误区。之所以存在这些误区，是因为 DFIR 很复杂，即使是 IT 和网络安全其他领域的管理人员和技术专家也不太了解。如果你有作为取证分析员或事件响应者的培训或工作经验，本章不会让你感到陌生。尽管不会涵盖所有取证或事件响应的机制，仅仅这些内容就能揭示其中的缺陷。有些内容，如第一部电视和电影中对关于网络的美化描述，也适用于网络安全的其他方面；另一些则涉及人员、技术和事件的属性。最后，本章列举几个关于溯源的误区。

这些误区中的共同主题是错误的假设，即 DFIR 是快速、完全准确和直接的。你能从本章中了解到 DFIR 的复杂性，无论是小案件或者大案件都很复杂。2021 年，美国政府成立了网络安全审查委员会，以调查重大网络安全事件。与调查航空和铁路事故的国家运输安全委员会类似，SolarWinds 攻击等网络事件的复杂性是促成政府需要专家建议的原因。

拙劣的取证检查或事件响应可能带来严重后果。取证支持法律程序，处理不当的取证可能导致严重的经济处罚、监禁并导致罪犯逍遥法外。事件响应失败可能意味着攻击者仍在网络中造成破坏并继续盗窃。误区会加剧这种不利的结果。假设一位银行行长认为，主要负责重置账户密码的初级员工小团队也能应对勒索软件，那么，这家银行承受了这种无知的风险。

13.1　误区：影视反映网络真实性

电影的目的是娱乐。从《雷神索尔》到《热浴盆时光机》，大多数人都能分辨出明显荒诞的例子。然而，事实和虚构之间的界限有时会模糊并塑造人们对现实的看法。[1]这对非专业人士来说尤其严重，他们可能会认为电影描述的是现实。此外，当编剧做了一点网络安全研究后，对于非专业观众来说，要知道《黑客军团》等电视剧中的黑客行为是否会发生，会更加感到困惑。

电影和电视采用有利于讲故事的主题和技术，但也传播了对网络安全的误解。就如 James Bond 的电影《天幕杀机》中出现的一个"可视化的"黑客攻击例子。数字世界用 3D 来呈现，Q 感叹说："这就像是在对抗一个正在反击的魔方。"然后使用所谓的"十六进制字符"很轻易地构建出一个值——GR AN BO RO UG H——把解开谜题的钥匙。当然还有，在这个例子中，密钥在代码中竟然以明文显示，而且密钥还不是以 3D 方式显示。

这些电影还让人们相信，防御者(好人)在攻击发生时会立刻发现，随即跑到电脑前，并通过网络空间与坏人斗智斗勇。事件响应者都坐在黑暗的房间里，整个工作日都在与另一方进行意志较量。但这在现实中是很罕见的，因为房间通常都光线充足，而且大多数攻击事件都不是由坐在键盘旁的坏人与好人的争斗引起的。

电影也让人们相信可以快速取证而且证据是铁一般的，难以伪造。在现实生活中，取证是有条不紊的，但容易出现人为错误。犯罪现场调查效应又称 CSI 效应，是一种经过科学验证的现象，在这种现象中，人们对取证的看法受到电视里夸张的影响(图 13.1)。观看此类热门节目的人可能会对取证能力产生不切合实际的期望。

事实上，根据复杂程度和数据量的不同，数字取证可能需要数周或数月才能完成。此外，鉴证远非完美。在美国，错误率是用于评估"专家证人的科学证词是否基于科学有效推理"的 Daubert(道伯特)因素之一。[2]公布数字取证的错误率非常罕见。通常使用这类软件的市场占有份额作为工具有效性的衡量标准，这种替代依据是假设错误率高的工具不会被使用。

---

1 许多因素导致了人们对现实的看法，包括教育、经验、一厢情愿的想法和政治。这里不会讨论所有这些问题，只是注意到了它们的存在。值得庆幸的是，大多数关注网络安全的人可能比普通人拥有更高的学历和更多的经验。

2 译者注：这是一组法律标准，用于判断和评估专家证人的科学、技术或专业意见是否可以在法庭上作为证据使用，见[1]。

《战争游戏》是一部经典的黑客电影，其中说明了另一个误区：密码老虎机。在屏幕上，我们看到密码被一个字符一个字符地破解(从中间开始)，这不是暴力破解密码的方式。在现实中，除非所有的字符都正确，否则密码是不正确的。正如《战争游戏》和其他娱乐节目中所暗示的那样，密码不可能有 10% 的正确率。

结论是电影和电视不总是反映现实。相反，公民、领导人和技术人员应该在决策时接受培训并立足于事实。如果你的工作包括招聘或采购，请重视现实生活中的实际环境以及人员与技术的限制。

图 13.1　电视上对网络的描述不切合实际

13.2　误区：事件一旦发生就会立即被发现

有些人错误地认为，网络事件一发生就很明显，就像车祸一样。证据表明情况并非如此。2022 年，在最初发生违规行为后，识别违规行为的平均时间为 207 天。平均来说，又会花 70 天的时间来控制违规行为。尽管医疗行业有严格的规定，仍连续 12

年在数据泄露导致的平均损失方面在各行业中名列前茅。[1]

事件未被发现的时间越长，可能造成的损害就越大：更多的知识产权丢失，更多的身份被盗，更多的系统被破坏，更多的收入受损。

为什么需要这么长时间才能发现破坏？首先，正常和破坏之间的区别可能很细微，要发现犯罪行为很有挑战性。如果网络是正常运行的，怎么知道敏感数据已经被复制和窃取了？其次，许多网络管理员依靠技术警报来提示破坏行为，但如果警报不响，他们可能永远不会进行调查。网络事件需要有经验和技能的响应者来发现问题，有点类似于医疗专家。病人的咳嗽是良性的还是肺癌的症状？

当人们听到马蹄声时，联想到的是马，而不是斑马。但破坏 IT 的不是一匹普通的马，最糟糕的情形是一匹隐形斑马。

那么，是什么最终触发了调查？也许是来自另一家公司或执法部门的电话。有时甚至是，有人注意到日志文件中有一行奇怪的条目然后决定进行调查。许多调查都是在不知道有问题的情况下开始的，而且往往是在事情发生后相当长一段时间。2018年，万豪酒店的子公司喜达屋遭到攻击，泄露了 3.83 亿客人的个人数据。500 万个未加密的护照号码和 800 万条信用卡记录被盗。这是对公司的客户预约数据库的一个可疑漏洞进行查询时，在一个内部安全工具标记并发现的。取证人员最后确定，网络早在 2014 年某个时候就已经遭到破坏。可惜万豪没有透露该系统最初是如何被破坏的。

每次调查问题的关键是必须确定最初的原因以及发生的时间。应该始终假定，今天看到的结果是数月或数年前开始的更长时间轴的一部分。如果破坏已经呈螺旋上升或蔓延，进行根本原因分析对于防止攻击者卷土重来极为重要。

真相：攻击迅速蔓延

在网络安全问题上，时间并非有利因素。不仅事件很少被迅速发现，攻击者还会迅速窃取数据并在受害者的网络中传播。追踪可能需要付出代价。

安全公司 CrowdStrike 在其《2021 年威胁搜索报告》中称，攻击者从最初的受害系统传播到另一台主机平均需要 1 小时 32 分钟。[2]此外，36%的情况下，攻击者实现在内网系统内移动无需超过 30 分钟。

最初的发现速度固然很重要，但立即遏制也至关重要。即使能在 2 小时内检测到入侵(这已经很厉害了)，也可能为时已晚，已无法阻止传播。这是 SOC 效率的关键考虑因素。太多的工具和太多的警报会使员工和机器不堪重负。更多信息，请参阅 10.1 节。

1　2022 年数据泄露成本报告，见[2]。

2　见[3]。

13.3   误区：事件是离散和独立的

人类渴望闭环：事件要明确开始和结束，包括犯罪行为和网络事件。因此，当事件弄清楚并得到解决后，安全团队认为事情已经完整，关闭工单。

认为每一个网络事件都是独立的，与其他事件完全无关，这结果令人满意且便捷，但也是天真和不正确的。现实世界中的重复犯罪可以有所启示。统计数据显示，美国的刑事累犯率在 43%至 75%之间。考虑到数字攻击普遍的便利性，没有理由相信网络攻击者会只犯一次罪。同理，不同攻击者会使用相同的工具和技术来攻击目标网络。

虽然有时事件可以解决，与其他活动无关，但这并不一定是正确的。今天的网络钓鱼攻击可能与上周来自同一攻击者的攻击有关。SQL 注入的尝试可能与 SSH 暴力攻击的尝试有关。攻击者可能正在尝试多种类型的攻击，或者通过网络上的主机或受害者进行迭代。可能发现 APT 安装的一个实例，但也可能存在不同组的其他三个实例。

安全界对相关活动进行分组并对威胁行为者和活动进行了命名。截至 2021 年，MITRE ATT&CK 列举了 122 个此类团体。因此，共享网络威胁信息可以帮助社区识别共享的工具和技术。

各组织还应该保存事件报告，提供有关历史事件的典型知识。在每次调查过程中，事件响应者应询问攻击是否与已知 APT 或公司先前的事件有共同特征。从过去的事件中吸取教训有助于防止同样的事件再次发生。知识管理是 DFIR 的核心需求，正如网络安全的其他方面一样。如果没有知识管理，就只能依靠对特定攻击者或技术有经验的特定个人。

13.4   误区：事件的严重程度都相同

对普通人来说，每一场火灾都很可怕。当火警响起时，生命处于危险之中，大楼可能被烧毁。这种反应确实可挽救生命，但并不是控制火灾的关键。技术娴熟、经验丰富的消防员明白，火灾并不都是一样的。不同的燃料和物质需要不同的控制措施。纸张产生的火灾与丙烷火灾并不相同。

每一件网络事件看起来是一样的。更有甚者认为每一次事件都是灾难性的危机，包括每一次恶意软件感染和网络钓鱼攻击。这种想法可能引起人为的持续恐慌状态，导致企业处于危险之中。

严重性可以定义为按发生频率对影响的测量。有些情况严重，但有些不是。例如，网站的自动登录尝试填满了日志，但不会造成严重的损害。有些情况意味着关键业务功能被中断，例如互联网服务中断。严重程度通常与优先级(用于衡量紧急程度)一致；然而，有一种情况可能是低严重性和高优先级的，例如 CEO 和 CIO 的邮箱被锁住了。

所有事件都是不希望发生的，但并非所有事件都具有相同的严重性。一个受损的域控制器几乎可以肯定比用户 iPad 崩溃严重。也不是所有的数据泄露都是一样的。严重程度可能取决于丢失项目的数量和被盗数据的类型，从账户凭据到知识产权。严重性是对业务或组织影响的函数。

风险评估是通过在危机发生前评估重要资产来区分事件严重性的一种方法，可以通过描述和定义严重性来帮助其他人区分事件。例如，小问题可能被定义为影响一个用户并预计造成 10 000 美元或更少损失的问题。

这里有一个重要的注意事项需要强调：认为某次攻击只是脚本小子干的这种说法已经不能接受了。[1]安全专家将威胁行为者区分开来。[Redacted] [2]的联合创始人兼执行主席 Max Kelly 认为：“人们意识到，这种先有脚本小子，再有真正的黑客或真正的攻击者的模式，已经完全被打破了。”大多数企业没有区分威胁行为者的能力。

然而，持续对每一个威胁做出反应，就像每一个都是最糟糕的威胁一样，会导致疲劳——特别是警报疲劳。如果人们看到的都是警报，还不断听到“哦，不，世界末日到了！”那么过一段时间，新的警告就不会有同样的效果。他们将对此不再敏感，并容易错过关键警报。

不是每个事件都是五级火灾。并非每一次事件都意味着所有人都要做好最坏的打算。以同样的分量和紧迫性来对待所有事件，会使第一道防线不堪重负。要学会根据潜在的风险进行分流。

13.5　误区：标准事件响应技术可以应对勒索软件

第 5 章讨论了行动偏见和在混乱情况下获得控制的冲动。很少有场景能像勒索软件那样充满压力和高风险。每个人都应该有事件响应计划并加以实践，以免在危机中做出无计划和未经演练的决定。尤其是勒索软件这种特殊情况。

勒索软件是恶意软件的一个子集。非勒索软件的恶意软件仍然是恶意的，但往往更隐蔽。攻击者希望他们的恶意软件在不被检测或删除的情况下窃取密码或信用卡号。相比之下，勒索软件的目标是引起受害者的注意，并要求用金钱来换取被扣留的数据。

标准的事件响应(IR)遵循威胁的一般流程。例如，NIST 事件响应流程包含四个步骤：准备；检测和分析；遏制、根除和恢复；以及事件善后。这是一个理想的过程，在现实生活中可能有所不同；然而，预先制定和演练的剧本确保了完整一致的行动，避免产生行动偏差。

遏制可能类似于传统的 IR。攻击者通过向尽可能多的受害者传播勒索软件而获益。因此，响应者应尽快隔离受感染的设备，以防止进一步传播。这包括断开物理和

1　脚本小子是相对不熟练的人，他们使用互联网上找到的脚本或程序来尝试攻击。

2　是的，那是公司的名字。我们没有对[Redacted]的名称进行编辑。

无线连接以及禁用共享和映射驱动器。由于备份对恢复至关重要，因此如果备份尚未隔离，也应立即进行隔离。[1]

勒索软件也有破坏性，但可能会分散人们对其他恶意活动的注意力。

根除勒索软件的时间往往比其他恶意软件晚，以确保它不会在一周后再次出现。可悲的是，许多受害者都是重复受害者。识别和保护初始访问向量至关重要，无论是脆弱的服务、受损的凭证、网络钓鱼还是其他入口点。

底线是为勒索软件制定专门的响应手册。知道该给谁打电话，包括律师。知道如何快速遏制和隔离攻击，了解如何保护备份并使用它们进行系统和数据恢复。

13.6　误区：事件响应人员切换几个开关，然后一切都神奇地得到修复

想象一下，现在是凌晨 3 点，你的电话铃响了。发生了数据泄露事件，打电话的人希望你现在就阻止这种情况："你能不能只使用 VPN 接入，然后把攻击者赶出去？"

有一种误解，认为事件可以通过几个简单的命令或单击迅速得到补救。解决方案最终是直截了当的，但这往往是在对发生的事件和如何修补漏洞进行了数小时的调查之后才能实现的。网站出现异常行为或文件服务器无法访问的原因有很多。恢复被破坏的网站可能很容易，但确定事件是如何发生的以及如何防止再次发生则很复杂。正如在第 5 章中所提及的，行动偏见是指人类在危机中为了获得控制权而做一些事情的倾向。然而，行动过快可能会适得其反，并可能使情况变得更糟。

这个误区建立在以下假设之上：①很容易找出问题所在，②解决问题十分快捷。人们低估了技术的复杂性。经验丰富的调查人员会系统地诊断这个问题。是硬件还是软件问题？是网络服务问题吗？日志是否显示了错误？

在发现和补救事件后，人们通常认为，一旦网络似乎恢复正常，那么一切都结束了。这次攻击是一次性事件。在这样的情况下做出这样的假设，就已经成为 APT 的受害者，APT 会窃取尽可能多的数据。

诚然，人们很容易陷入这种误解。攻击可能会耗费时间、精力和金钱。但是，如果有人过早地认为问题已经解决，那么当他们发现第一次攻击时没有发现的 APT 时，他们可能损失更多时间和金钱。组织的损失可能更严重，这取决于被取走或改变了什么。

事件不是靠巧合或魔法解决的，而是由有技能和经验的人解决的。正确地解决需要时间和精力。

从奥林匹克运动员到国际象棋大师，许多高技能人士看起来像魔术师，能够做出

---

1 定期测试这些备份，以确保备份在需要时是完整和可恢复的，并保持备份断开连接(除非在进行备份时)。请记住，仅仅进行了备份并不意味着它们会起作用。定期测试最重要。

超人的壮举。但要质疑的是，任何一个正常人怎么可能记住圆周率的 67 890 位数字呢？

在成熟的组织中，SOC 是事件响应的前台和中心。可能会有全职的员工来提供 24 小时的服务。SOC 可能被组织成若干层级，例如，第一层级的分析员进行分流，第二层级的工作人员进行深入调查。这种结构有助于提高效率和优先级。毕竟，执行密码重置所需的技能与调查泄露的云管理密钥所需的技能截然不同。

在不太成熟的组织中，SOC 可能并不存在。事件响应人员可能与系统管理员相同。对于较小的组织来说，这也许才是他们所能负担得起的。

对于那些不是安全专家的人来说，SOC 可能看起来像魔法城堡，其工作人员是魔法学院的成员。[1]但那里的人并没有在表演幻术或把戏。更有可能的是，甚至最理想的是，他们在对照检查表进行表演，这不是魔术。

有一种假设是，SOC 的员工(特别是一线员工)从事网络安全是因为这是他们的目标。他们热爱这个领域，所以从不做其他任何事情。事实并非总是如此。他们可能是在计算机方面有良好基础的人，但在他们所选择的平面设计领域中找不到工作。他们在工作中学习，但这并不是因为想知道互联网如何运行，或者梦想阻止坏人的出现。他们这样做，仅仅因为这是一份可以找到并做得相当出色的工作。

这就是为什么检查清单是一个好工具。这些文档包含针对不同任务的实用流程，称为标准操作流程(SOP)、行动手册和运行手册。这些文档定义了事件特征、根据角色需要参与的人员以及详细的工作流程。例如，对于一般的恶意软件或具体的勒索软件，有专门的运行手册。

运行手册适用于结构清晰的任务，可以帮助新员工学习和应用最佳实践，尤其是在人员流动率高、员工没有发展出深层技能的时候。运行手册通过将重点放在关键任务上来增强一致性并减少工作量，使团队能够以理性的方式做出关键决策，而不是在危机中匆忙做出决定。

运行手册在复杂的情况下帮助不大，因为这些流程对环境变化因素不敏感。在某些任务中，例如密码重置，最重要的是可靠地遵循相同的步骤。而在其他情况下，可靠的结果更为重要。同样重要的是，要定期审查流程的准确性，并在演习过程中进行练习。最后，运行手册不能替代人的专业知识，它不是"网络安全的傻瓜手册"。熟练的员工必须做出专业判断，并与流程和谐共处。

案例研究：欺骗

　　一家公司的 Web 服务器在一次重大公开活动的前一天晚上遭到攻击。活动根本没有公开，但不知为何有人发现并攻击了公司网页，然后涂改了网页内容。

　　由于内部安全团队的快速工作，网页攻击被发现，Web 服务器的内容恢复正常。所有这些都发生在公司的重大公开活动之前。一切都很好，一切恢复正常，事件结束了。攻击已经结束，大家欢呼雀跃。

---

1 魔法城堡是一个真正的、受人尊敬的私人机构，但与网络无关。

但事实并非如此。攻击者利用网页涂改来分散注意力,并在网络中安装了后门。攻击者想要的是数据,而不是破坏网页。烟雾只是一种掩护。

分散注意力可以使防御变得更糟,也可以阻碍攻击者!研究网络欺骗的研究人员有了一些有趣的发现:[1]

- 即使攻击者知道它们的用途,防御性欺骗工具也是有效的。
- 如果攻击者相信网络欺骗正在使用,即使其实并未使用,网络欺骗也是有效的。
- 防御性网络工具和心理欺骗阻碍了试图渗透计算机系统以泄露信息的攻击者。

MTT*:事件响应指标的误区

衡量网络安全性能和有效性的一种方法是使用指标,也被称为业务中的关键绩效指标(KPI)。这些数字确定了事件发生的频率、恢复时间和恢复能力。

以下是网络安全中常用的指标。

- 平均恢复时间(MTTR),R 代表恢复、响应或解决
- 平均故障时间(MTTF),有时也用平均无故障时间(MTBF)
- 平均确认时间(MTTA)
- 平均检测时间(MTTD)
- 平均破坏时间(MTTC)

使用这些指标集中的某些指标确实存在危险。平均恢复时间毫无意义,因为事件的复杂性和严重程度各不相同。更糟糕的是,MTTR 的目标是零(即时恢复),这只适用于已知的故障,因为我们无法处理我们不知道的正在发生的事情。[2]

衡量标准代表了安全状况,人们正在推动更多以结果为导向的指标,因为它们有助于支持业务决策。计算打过补丁系统的百分比不是有用的指标,用饼状图显示的仪表盘也不是有用的指标。修复系统本身并不是企业的目标;请记住,安全不是目标。提高保护级别会对业务产生什么影响?我们可以帮助领导者设定他们的风险偏好;例如,若每年支出 1000 万美元,补丁可以在 7 天内安装而若每年支出 100 万美元,只能在 30 天内安装!这是一个商业选择。

13.7 误区:攻击总是可溯源的

某一天,一个系统通过网络遭到攻击,一些数据被盗。幸运的是,在处理过程中,发现了发起攻击的 IP 地址。从那个单一的 IP 地址,只需要使用 GeoIP,就可以获得攻

---

1 见[5]。

2 见[6]。

击者的地理位置，直到公寓号码。然后，我们可以通知当局可以在哪里找到攻击者。他们将逮捕攻击者，并在攻击者的 USB 存储器上发现被盗数据。攻击者将被关进监狱，我们将取回数据。

这个故事是一个网络安全童话或电视节目，细节非常不准确。这个故事中的许多假设都是错误的，让我们来看看其中的一些。

首先，假设攻击者只使用了一个 IP 地址。也许那个 IP 地址就是被发现的那个，但可能是，也可能不是唯一的。没有发现其他 IP 地址，并不意味着不存在。缺乏证据不是没有证据。我们可能受到来自数千个 IP 地址的攻击，但系统只记录了其中一个。如今，僵尸网络是个大生意。人们不仅创造并使用僵尸网络，而且还出租。

其次，假设 IP 地址与攻击者的家相关联。可能是，但更有可能不是。为什么呢？许多地方都有免费的 Wi-Fi，或者如果某些人忘了对自己的 Wi-Fi 实施保护，攻击者就可以利用那些人的 Wi-Fi，或者他们甚至可以使用完全不同国家的其他人的电脑。将 IP 地址识别为针对我们的攻击来源(或其中一个来源)并不意味着攻击者坐在拥有该 IP 地址的计算机前，并且一直在那里等待被逮捕。

还记得僵尸网络吗？IP 地址所有者的系统可能受到了攻击，并处于其他人的控制之下，而他们对此一无所知。如果找到与 IP 地址相关的地理位置，我们可能会发现有人需要从他们的计算机上删除僵尸网络软件，而他并不是偷窃数据的不良行为者。

第三，为找到 IP 地址的位置，可以依靠 GeoIP 地理定位来获取地理位置。GeoIP 是一种商业服务，它使用专有的启发式方法来确定给定 IP 地址的地理位置。问题是，如果不检查所提供的 IP 地址的经纬度并确定该 IP 地址是否在那里，就无法确定其正确性。这是一个基于启发式和统计学的猜测，但只是一个猜测。这个结果以前已经被证明是错误的，将 GeoIP 作为"IP 地址在哪里"这个问题的完美答案并不合适。也有可能获得的是代理或 VPN 终端的 IP 地址；这不是真正的主机，只是一个中继点。

第四，假设所有这些都有效。只有一个 IP 地址，即攻击者的家，GeoIP 将我们引导到那里。我们可以将攻击事件和攻击者的姓名通知当局，但他们为什么要相信我们？有什么证据可以满足法律体系的要求，使执法部门能够闯入某人的家并搜查他的系统？我们可能是个怪人或恶作剧者，甚至可能自己也在犯罪。[1]这种情况还假设攻击者是一个人，而不是一个团体。我们需要的不仅仅是 IP 地址的地理位置报告和一个攻击故事，以使后续的事情发生。

溯源是困难的。仅凭一次攻击就说："这是坏人。把他们关进监狱。"这并不容易。我们更有可能得出结论："好吧，也许是这个人干的，也许不是，但也可能是一万公里外的人指挥僵尸网络干的。"显然，IP 地址不能作为认定网络犯罪的唯一证据。例如，在美国，法院一再裁定，不能仅凭 IP 地址就判定某人有罪。[2]

现在假设有一个恶意软件，需要弄清楚是谁写的。这是一个更棘手的问题。可以说，"这段恶意软件和那段恶意软件可能是同一个人写的"，但识别那个人并不容易。

---

1 可参阅 Swatting 事件的维基词条，见[7]。

2 参见[8]。

恶意软件创建者通常不会在二进制文件里签名，除非他想被抓住。

此外，人工智能攻击和恶意软件都是可能的向量，因此问题变成了，将攻击归咎于谁？是将其归咎于制造攻击的人工智能，并将其投入计算机监狱，还是归咎于制造人工智能的软件设计师？人工智能无法获得专利，因此不能认为它是一个会被关进监狱的实体。随着对抗性人工智能成为一种真正的威胁，有可能某些快乐的小型人工智能在不知情的情况下被颠覆，转而攻击人类。

简而言之，溯源是困难的。无论书籍、电影或电视暗示了什么，这都不是一个容易的过程，需要大量的猜测和努力来验证这些猜测。最终，可能会幸运地发现是谁干的，但更可能不会。所有只是一个猜测，猜测并不能取回数据或赔偿损失。

13.8 误区：溯源至关重要

正如前一节所讨论的，溯源是困难的。一些当前最先进的技术已经被应用于解决溯源问题。人工智能和 ML 程序已经被编写出来，试图确定谁(或什么)为恶意软件编写了代码。已经对僵尸网络进行了研究，希望能够追踪到参与攻击的所有 IP 地址，并确定谁是幕后黑手。

人们喜欢用整洁、明确的解决方案来解开谜团。"这是谁做的？"这位高管问道。网络安全中的溯源更像是由各种可能性组成的解决方案组合，其中一个可能是正确的。尽管如此，还是不可能完全确定。这比"让我们达成交易"更糟糕，因为有三扇以上的门可供选择。

一种溯源方法是给假定的威胁行为者指定名称。这些名称旨在将共同的目标、战术或技术归为一组，推测这些目标、战术或技术是由某个固定组织发起的。许多可爱的名称被分配给这样的团体：Fancy Bear、Lazarus Group、Sandworm 等。一个名称只是简单地说，"已经知道是同一个群体做了这件事"，而不是"这是做这件事的人的名字。"也不能自信地说"A 组和 B 组是独立的，没有共同的成员。"

即使在极端情况下能够识别出攻击背后的确切个人，有时道路也到此为止。确定谁发动攻击，他们就有了名字。下一步就是动用法律大棒，律师们将实施报复！

但在这之前，溯源是如何确定的？如果是人工智能程序确定了恶意软件的创建者，那么人工智能的结论不能作为法庭证据(截至本书撰写之时)。除非收集到的证据在法律上是可接受的，否则律师无法在法庭上获胜。

如果攻击者与受害者不在同一个国家，也会出现问题。

溯源并不能保护网络。相反，在调查事件时，请考虑这句口头禅："谁干的没那么重要，重要的是为什么受害者是我。"这句话承认，公司和公民最重要的考虑不一定是识别、起诉或消除特定的威胁行为者，这些结果通常与网络安全无关。相反，倡议应是将空谈转向改进可行的防御措施。

溯源对保险公司、政府和军队都很重要。保险公司希望知道是谁实施了攻击，这样他们就可以追踪资金去向。他们也想知道应该归咎于谁。保险条款中通常有关于承保和不承保的条款。例如，在房屋被飓风损坏的情况下，是风还是水造成的？如果是水造成的，而房主没有购买洪水保险，保险公司可能会拒绝赔偿损失。同样，作为军事行动一部分的网络攻击也可能不在保险范围内。

溯源于政府或军队通常被认为是应对或反击的必要法律前提。将网络攻击归于某一特定国家可能会增强采取行动的权力，美国就是这样做的，尽管这并没有得到普遍认可。溯源可能赋予政府行动的权力，也可能限制政府的行动。

很难得到正确的答案，因为这些都不是人们喜欢的答案。遗憾的是，人们往往会跳到"我们喜欢"的答案上来。

为避免这种误解，就要了解溯源什么时候重要以及为何重要。对于许多个人和企业来说，与保护资产相比，溯源最多是一个小问题。对于政府和保险公司来说，溯源可能是一个法律问题，花在溯源上的时间应与其带来的价值相当。

13.9　误区：大多数攻击/数据泄露源自组织外部

测验时间到了！谁更可能知道一个组织是如何工作的，有什么防御措施，什么是可以窃取的最有价值数据？

- 攻击者，坐在异国他乡的电脑前，通过互联网快速搜索选择一家公司。
- 公司员工，坐在工作电脑前。

这是一个简单的测验。答案是"公司员工"。内部人员可能对组织造成最大的损害，因为员工被信任并熟悉组织。否则，该公司不会继续雇用他们。

然而，这些人也可能对组织造成最大的损害。可能是无意的，也可能是故意的，有时可能两者兼而有之。钓鱼者依赖于有人单击电子邮件中的链接，恶意文档依赖于有人打开该文档。这两种情况下，造成损坏的单击都是无意的。当然，也可能有意造成损害，并以无知为借口。我们怎么知道呢？

关键是，内部人员比外部人员更容易造成更大的损害。

人们愿意认为，因为投入了大量资金和时间来阻止外部人员，所以他们窃取组织数据的可能性更高。遗憾的是，事实并非如此，内部人士经常窃取数据。

在离职时带走组织的所有联系人信息，或者把原来仍归组织拥有的有用工具带到下一个职位。虽然很多人不认为这是盗窃，因为这些都不是真实的物品，而是虚拟的数据。

但它仍然是盗窃。

一份报告称，88%的数据泄露来自组织内部。[1]这份报告只涉及来自英国的数据，但这个结论通常被认为适用于各个地方。根据该报告，数据泄露最常见的原因是意外地将数据发送到错误的目的地。人们会犯错。他们并不是要外流数据，但一个错误的

1　见[9]。

电子邮件地址，就会将数据发送给错误的人。

设计窃取和出售数据的内部人员不需要从外部破坏系统。他们就是 APT，不需要任何外部帮助就可以绕过防御系统并窃取数据。他们坐在那里，潜伏在系统中，更重要的是，他们还领工资。

即使可以拥有世界上最好的外部安全，并相信系统是完全安全的，内部人员仍然可能造成破坏。

比特币内幕

挖掘加密货币是一项大生意。挖掘需要大量的计算，这就需要大量的电力。在家里的系统上做这件事已经不够了，需要所有能用的电力。例如，在冰岛，人们开采比特币的电力比为家里供电的电力还要多。

挖掘加密货币有利可图——有时极其赚钱。

一位欧洲核科学家使用一个秘密实验室强大的超级计算机来挖掘比特币，该实验室位于封闭的 Sarov 市。事情泄露后，他被判处三年多的监禁。

除了窃取或出售信息，内部威胁还有其他形式，包括窃取计算能力，任何有知识和访问权限的人都可以在组织内部安装比特币挖矿程序。除非管理者知道应该注意什么，否则这些内部人员就会利用算力和电力为自己挖掘加密货币。

13.10 误区：特洛伊木马辩护已经失效

从儿童到成年人，历史上被指控犯罪(或其他违法行为)的人都使用了标准的不在场辩护：不是我！

这种辩护有多种形式，但计算机犯罪中常见的一种是辩称设备被感染，第三方实施了犯罪：是恶意软件下载的儿童色情制品。或者计算机被感染，远程攻击者执行了 DoS 攻击。这种类型的抗辩被称为“特洛伊木马”辩护，或者更通用的说法是“其他人干的(SODDI，Some Other Dude Did It)”。一篇文章记录了 2003 年至 2012 年间 22 起使用木马辩护的案件，其中有成功的，也有失败的。[1]

技术专家经常觉得这种辩护很牵强。“当然，从技术角度看，远程攻击者犯罪是可能的，”他们说，“但概率很小。”事实上，在美国法律体系中，假设的不在场证明是不充分的。仅仅因为恶意软件可以下载文件并不意味着它确实下载了文件。仍然需要证明这种情况确实发生了。

然而，特洛伊木马辩护提出了一个有趣的挑战。在美国，检方必须在没有合理疑问的情况下证明被告有罪。例如，有证据支持犯下罪行的是 Charlie，如果辩方随后提出特洛伊木马辩护，即其他人控制了 Charlie 的电脑，这意味着检方必须证明这个合理

---

1 见[10]。

的理由不存在，即 Charlie 的电脑没有被远程控制。

在陪审团审判中，检方必须说服陪审员。在第一批援引特洛伊木马辩护的数字案件中，律师说服了英国陪审团，木马是罪魁祸首，攻击者清除了日志并删除了木马，这就是为什么在取证调查期间没有发现木马的证据。如果你对此有所怀疑，你并不孤单。

请放心，特洛伊木马辩护仍然是真实的，但并不像你所怀疑的那样。涉及栽赃的案件数量之多令人不安。案件主犯真的是另有其人！2010 年，一名英国男子闯入同事的家中，在同事的电脑上植入儿童色情内容，以陷害这位同事。[1]事与愿违，真正的罪犯被捕。2018 年，一名印度活动人士被指控从事恐怖主义活动并被监禁。取证调查显示，一名身份不明的攻击者在这位活动人士的电脑上植入了 30 多份罪证文件。[2]网络安全咨询公司的其他报告也记录了土耳其和印度记者被植入罪证的类似证据。[3]

特洛伊木马辩护仍然存在，DFIR 专业人员必须意识到这一点。它再次强调，刑事案件受制于办案人员的专业水平，正确收集和分析取证证据至关重要。之后，由律师、法官和陪审团来展示、解读和决定证据的含义。

13.11　误区：终端数据足以用于事件检测

终端安全产品市场广阔且不断增长。包括台式机、平板电脑和手机在内的终端设备仍然是恶意软件和勒索软件的主要目标。许多攻击，尤其是社会工程攻击，都发生在终端。终端数据量庞大，操作系统会生成事件日志，应用程序会生成使用日志。

安全产品会生成警报，用户行为监控功能对人的活动和行为进行分类，包括访问过的网站和敲击过的按键。

毫不奇怪，终端监控是一门大生意。2013 年，Gartner 公司的 Anton Chuvakin 首次提出了终端检测和响应(EDR)这一概念。数十家公司在市场上展开竞争，如 SentinelOne、FireEye 和 CrowdStrike。[4]EDR 被视为从传统的、反应式的、基于特征的终端安全产品(如反病毒软件)演变而来。该技术也并非一成不变。

XDR 扩大了终端的分析范围，包括服务器、云、网络日志和外部威胁源。XDR 承认，安全问题不只是终端的问题。

2021 年末，在广泛部署的基于 Java 的日志记录工具 Apache log4j 中发现了一个漏洞(CVE-2021-44228)。甚至在公司知道所有使用 log4j 的软件之前，攻击者已经开始扫描并利用该漏洞。安全团队争先恐后地搜索并保护自己的网络。鉴于所关注的数据源不同，XDR 可以成为执行这项任务的一种方法。防火墙和网络代理可以揭示利用漏洞的企图。主机监控可以查找运行和加载 log4j 库的 Java。云审核日志记录包含攻击者

1　见[11]。

2　见[12]。

3　见[13]。

4　例如，请参见[14]。

IP 地址和用户代理字符串的证据。

终端数据是事件响应难题的一部分，但并不是唯一有价值的数据。网络数据也是必不可少的，更丰富的数据通常来源于第三方。例如，VirusTotal 可提供有关网络中新文件是否令人担忧的独特见解。

误区：数字文件被删除后就不再存在

当有人删除数字文件后会发生什么？有人在 secrets.doc 中对即将到来的企业合并做了敏感笔记。当觉得保留这些笔记有风险时，他们单击"删除"并清空回收站。数据永远被删除了？

即使知道文件可以被无限复制，但创建的从未复制过的文件似乎只存在于这一个位置，很容易删除。两件事打破了这一假设。

首先，为使计算机运行得更快，设备有一个关于文件在内部存储器中位置的内部目录。当文件被删除时，计算机会擦除目录中的条目。文件内容仍处于不确定状态(直到最终需要该空间并将其重新用于另一个文件)。其次，为了提供针对错误和丢失的恢复能力，在线存储的文件通常在我们甚至不知道的情况下被复制和存储多次。如果将 secrets.doc 放在云端，很可能会有额外的副本。例如，在 Microsoft OneDrive 中，Microsoft 至少保留了三个副本。[1]理论上，当从云中删除文件时，所有副本最终都会被擦除，但这取决于云服务商。

这些额外的副本对取证调查人员来说是一个福音，可防止数据丢失。

13.12　误区：从事件中恢复是一个简单且线性的流程

这是一个常见的套路：对手攻击组织，警报响起(当然是大声的)，SOC 的人员做出反应，房间里最聪明的人跑到最近的电脑前，在键盘上疯狂地敲击，然后其中一人宣布："哇，我们阻止了攻击，我们安全了。"然后，每个人又继续做之前的事情，危机已经解除，没有什么可做的了。

如果真正的安全生活能这么容易就好了。

从安全事件中恢复很少是简单的，也很少是直截了当的。把它想象成一个由曲折通道组成的迷宫，所有这些通道都是一样的，而且没有一个明确的出口。我们从来都不确定是否能全身而退。

首先是发现事件。是的，我们可能会很幸运，网络防御会让我们知道事件正在发生。但最有可能的是，我们一直在追赶，从来没赶上。最初的事件可能发生在我们发现它之前的数月甚至数年。

1　见[15]。

此外，每个事件都是不同的。勒索软件事件与 DDoS 完全不同，后者与窃取信息的 APT 又完全不同。

勒索软件和 DDoS 可以使部分业务完全离线，但使用的方法完全不同。DDoS 会阻塞网络，使其无法使用，勒索软件会加密所有文件，使系统无法使用。试图从这两种情况中恢复并不容易，而且完全不同，更不用说潜在的成本和艰巨性了。

人们希望恢复是简单而快速的，管理层尤其希望，因为攻击扰乱了业务，由此造成的混乱可能让公司在每一分钟都持续付出代价。一个有趣的事实是：如果你是这种情况下的 CEO，那么在安全团队周围徘徊可能减慢他们的速度。给他们空间、时间和资源，而不是死死盯住他们。

也可能按照规定正确地做了每件事，但仍然无法从攻击中恢复过来。例如，Travelex 受到勒索软件的攻击，直到该公司收到赎金要求时才意识到这一点。[1]在攻击发生三周多后，该公司仍未恢复服务并随后申请破产。林肯学院是印第安纳州乡村地区的一所小型学院，已有 157 年历史，该学院关闭的部分原因是遭到勒索软件攻击，无法完全恢复。[2]

可以假设，这些受害者对这样的攻击有应对计划，并坚持执行，但最终他们还是没有活下来。在第二次世界大战之前，法国计划保卫领土并抵御德国的攻击。这个计划是以马其诺防线为基础的，法国人坚持了他们的计划。对法国来说不幸的是，德国军队另辟蹊径，横扫比利时后，从背后夺取了马其诺防线。这是否意味着马其诺防线真的是个坏主意？不一定。这意味着法国没有考虑到对手占领第二个国家来进行侧翼机动。在网络安全计划中，这也许就好比没有意识到攻击者可能会攻破我们防御 DDoS 攻击的安全程序，从而以此对我们进行 DDoS 攻击。

事实上，安全计划失败并不完全是失败。利用当时的可用资源制定了最佳计划；然而，不幸的结果可能会凸显最初计划的问题。从这些问题中吸取教训，重新制订计划(这既假设当时已经制定了最好的计划，也假设还有第二次机会)。

最后，需要认识到一个误区，即"恢复"是一项会结束的活动。如果人们拥有有价值的物品，攻击者就会有充分的动机继续试图攻击，即使在从一次事件中恢复过来之后也是如此。网络安全一直在路上，并且肯定是一项持续的活动。

---

1 见[16]。

2 见[17]。

第IV部分

数据问题

第 14 章

↗↗

谎言、该死的谎言和统计数字

> 如果你折磨数据足够长的时间，它会招供。
> ——Ronald Coase(著名经济学家，诺贝尔奖获得者)

高等物理、高等化学和每一个工程领域都使用高等数学。例如，弦论(理论宇宙学)使用代数拓扑，这是数学的前沿领域。科学领域的尽头，从来都是数学而不是乌龟(神话中，世界是驮在一只巨大乌龟背上的平板)。

这虽然是一个数学章节，但不要害怕或退缩。本章只有一个简单的方程式和一些图片。你不会对冷冰冰的定理和证明感到无聊，因为没有任何定理和证明！只是假定你对这些概念有了解和接触。网络安全人员需要了解滥用或误解数学、统计学和概率论而发生的错误。"谎言、该死的谎言和统计数字"这句话是马克·吐温讲的。数字很有说服力，但如果使用不当，也可能很危险。关于网络犯罪损失的统计数据就是一个例子，损失估计范围可以从数亿美元到数千亿美元不等。[1]

在本章中，介绍关于解读和呈现数据的误区。

14.1 误区：运气可以阻止网络攻击

Han Solo 嚣张地对 C-3PO 说："永远不要告诉我概率！"(这是电影《星球大战》中的一句经典台词，是 Han Solo 在面对危险时说出的。这句话表达了他的胆识和身陷困境时的乐观态度)。Han Solo 相信自己足够幸运，概率不适用于自己。注意"相信"这个词。这并不是说他战胜了概率。可以推测，Han 相信他可以战胜概率，尤其是在他不知道概率的情况下。

---

1 见[1]。

概率也被称为机会。某件事发生的机会有多大？Han Solo 为了摆脱困境而制定的疯狂计划成功的机会有多大？他告诉人们，他不想知道失败的机会，因为如果他知道了，就会影响结果。在《原力觉醒》中，从超空间登陆弑星者基地几乎是不可能的，但 Han Solo 之所以能做到这一点，因为他是 Han Solo。在他的世界观中，不知道概率意味着他能做到。[1]

机会可以计算，因为必有一个数字与机会有关。不管 Han 怎么说，这些数字都是真实的。掷硬币获得正面的可能性为 1/2 或 50%。随机抽取一张扑克牌并得到一张红牌的机会也是 1/2，即 50%的可能性。这个数字，不取决于人们想要什么或相信什么。

每个人每天都有各种机会。如果阅读本书的印刷版，就有被纸划伤的机会。如果阅读的是电子书，那么有电子阅读器掉落的机会。可以采取一些措施来降低这些事件发生的机会，例如戴手套或将电子阅读器放在桌面上。意外情况可能发生，但机会降低了——风险概率降低了。

即使概率(可能性)不高，但希望的事情仍发生，因此人们相信自己是幸运的。就如在扑克中直接抽到同花顺的概率很低，但如果这种情况发生在你身上，你会认为自己很幸运。另一方面，即使希望发生事情的概率很高，但不希望发生的事件仍然发生了，那么你就是不走运的。

信念是运气的核心。人们相信可以影响事件发生或不发生的可能性。在《星球大战 2：帝国反击战》中 Han Solo 相信，如果不知道概率，他就可以驾驶一辆千年隼穿过小行星场。换句话说，他认为自己很幸运。

相信运气还意味着可以在不做任何事情的情况下得到好运气。想想《彼得·潘》里的小叮当，如果非常努力地许愿并拍手，"精灵"就会听到你的声音。在网络安全方面，即使非常努力地许愿并拍手，但你仍然可能成为网络攻击的受害者。

另外，周围的人会认为你在为此鼓掌！我们为此创造一个术语，称为"小叮当效应"。

有一个不断变化的机会下，你还没有成为受害者，这不是运气。通过良好的防御来影响事件发生的可能性，但它仍然可能发生。如果真的发生了，这也不是运气不好，尽管可能会有这种感觉。

14.2　误区：数字的意义十分明确

在网络安全报告、仪表盘和决策中，初始数字通常用于传达影响，如每天有 5369 次全球数据泄露事件或 80 000 次网络攻击。这些数字告诉我们什么？真的能说明什么问题吗？

这类陷阱是指没有在正确的衡量标准中考虑问题。例如，在考虑癌症死亡率风险时，更重要的是考虑百分比，而不是死亡人数。在网络安全风险中这同样适用，可衡

---

1 当然，与现实生活中不同的是，编剧决定他能否做到。

量易受攻击的机器或钓鱼事件的数量。如果 GoodLife Bank 今年有两个账户被泄露，那么这个数字需要与账户总数进行比较。银行经理不能只看分子，二分之二可比万分之二大得多。

同样，比例思维应适用于增长。如果去年有两个破坏事件，今年有六个，这个比例是很大的。必须小心，因为初始数字很小。从 2 个增长到 6 个的感觉不如从 100 个增长到 150 个严重，尽管前者是 200%的增长，后者只是 50%的增长。

在其他情况下，应该关注初始价值。同样节省 500 美元，在购买笔记本电脑时比购买房子时更有价值，因为节省的百分比更高，虽然 500 美元在这两种情况下都具有相同的价值。在行为经济学中，这些被称为框架效应。心理计算也会影响收益和损失。你愿意一次性在网络安全上花费 10 000 美元，还是现在花 6000 美元，以后再花 4000 美元？虽然总金额相同，但对大多数人来说，花两次钱感觉更糟。[1]

对于人类，数字本身的意义可能并不明确。它们的意义——有时是误解——取决于呈现方式和人们对它们的思考方式。比例思维有助于确定变量之间的关系，将数学应用于日常网络安全实践至关重要。数字(和数据)本身并不能说明问题，也不会站在讲台上解释它们自己的意义。[2]当有人说，"数据的意义不言自明！"他们的意思是，"如果我没有站起来告诉你这件事，你就会完全错过这一点。"

14.3 误区：概率就是确定性

在进入统计学之前，让我们先了解概率。统计学建立在概率论的基础之上，是统计分析的基础，因此为了理解统计学的发展(对或错)，应该掌握概率论的基本概念。

在学校里，常用装在袋子或罐子里的红白球来讲授概率。考虑到袋子里有三个红球和四个白球，拿出红球的可能性有多大？在红球之后拿出白球的可能性有多大？

用玩具来介绍这个领域就像一个游戏。从袋子里拿球有什么用？它用一个简单例子说明了如何使用实际对象来计算概率。拿出红球的可能性是红球的数量除以所有红球和白球的总数。

在一群被称为频数派的数学家接手之前，概率是一个哲学问题。[3]他们将一个事件的概率定义为"这个事件发生的可能性有多大"。没有背景介绍，人们无法衡量某件事发生的可能性——还必须与其他事件进行比较。例如，如果掷硬币，那么硬币出现正面的概率问题还包括既不是正面也不是反面。[4]

概率是基于一组相关事件，称为样本空间。这些事件都是可能合理发生的所有可能结果。

---

1 反之亦然。中两张小奖彩票有时会让人感觉比中大奖的彩票好，即使总金额相同。

2 如果你的数据可以做到，请联系医疗专业人员。

3 Solomon Frederick，《概率与随机过程》。

4 对于钻牛角尖的人来说，硬币可能竖起来。

通过查看所有可以拿到的牌来计算抽中其中一张牌的概率，而不会考虑抽出反面的结果。掷出反面是掷硬币的结果，不是抽牌的结果。

例如，样本空间可以由天气事件构成。可能包括雨、雪、雨夹雪、冰雹、晴和雾。不会包含"下猫下狗"事件，因为尽管这是一个常见的短语，但不会真的有猫和狗从天而降。[1]

漏洞的样本空间应是 CWE 的所有漏洞列表。例如，任一给出的漏洞是 SQL 注入的概率是多少？[2]勒索软件不是漏洞，因此勒索软件不属于此样本空间的一部分；它会利用漏洞，但本身不是漏洞。

基本概率的核心是计数，即计算某件事发生的次数，然后除以在代表样本中所有可能发生的次数。如果有足够大的试验样本(数量)，用户单击钓鱼电子邮件中链接的概率是单击该链接的用户数除以所有可以单击的用户数；概率测量是针对大量样本的。

如果不能计数，就无法计算概率。这意味着无法计算"黑天鹅事件"发生的概率。[3]黑天鹅事件是从未发生过的事件，所以没有发生过的次数。"黑天鹅"是我们从未经历过的事情，所以我们无法预测……直到发生。

在网络安全中，审计日志中的 DNS 域名通常标志恶意网站。因为在审计日志中常看见，人们很容易误认为恶意域名出现概率很高。[4]

事实是，随机 DNS 域名是恶意域名的概率很低。即使有 100 万个.com 恶意域名，但.com 域名远超 3000 万个。简单地说，随机域名是恶意域名的概率是 0.33%(有可能更低)。在七张扑克牌中抽到同花顺的概率都要比随机抽取一个.com 域名并发现是恶意域名的概率大。[5]恶意域名很常见，是因为人们经常谈论这些域名。讨论这个域名或那个域名如何不好，如何与恶意软件或垃圾邮件相关联，以及应该如何避免它们。这并不意味着所有域名都是恶意的，但如果把所有时间都花在这些域名上，就会错过这样一个事实，即这些样本只是现实世界中的一小部分。

IP 地址也是如此。有 2^{32} 个可能的 IPv4 地址和 2^{128} 个可能的 IPv6 地址(是的，我们忽略了其中的保留地址)。第二个数字非常庞大，庞大得难以想象，比宇宙中恒星加上它们所有行星的数量都要大得多。[6]很难想象它有多大。如果我们把光照射到 2^{128} 毫米外，我们需要等待，哦，35 967 874 563 930 217 620 年(加上或减去几个月)，光才能传播那么远。[7]总之，很大。

即使现在使用了大量 IP 地址，但远未使用完所有地址。概率是"发生了的事情数"除以"总共可能发生的事情数"。任何时候除以 IPv4 或 IPv6 的 IP 地址数量，都会得到

---

1 如果你这样做了，请召唤兽医。

2 CWE-89 是"SQL 命令中使用的特殊元素的不当中和"。

3 第 4 章的 4.9 节中对此进行了解释。

4 重读第 5 章的 5.7 节。

5 出现同花顺的概率为 3.03%。

6 见[2]。

7 科学家通常使用公制。如果你想转换为弗隆制和两周制(译者注：特殊度量单位，古代分别用于测量距离和时间)，那就试试吧。

一个小数。小数字除以大数字得到的小数更接近于零,而不是 1。

人们在估计概率方面很糟糕,因为常把认为应该发生的事情带到结果中。感觉有很多恶意域名,感觉有很多恶意软件。但这些感觉不属于概率计算。

记住,概率应该基于可能发生的全部,而不是认为应该发生的。因为统计学是建立在概率基础上的,所以感觉概率必须是正确的。在统计分析中使用这种基于感觉的概率可能使结果变得毫无用处并产生误导。

要么发生,要么……

人们普遍认为,事情要么会发生,要么不会发生。这是一个正确的说法。要么下雨,要么不下雨。UFO 要么会降落在纽约市,要么不会。迈阿密要么会下雪,要么不会。

人们认为这意味着发生任何事情的概率是 0.5。这是对概率工作原理的常见误解。

可能会下雨,也可能不会下雨,但这并不意味着下雨的可能性是 0.5。来自另一个星球的外星人可能会登陆,也可能不会登陆。发生这两种情况的概率都不可能精确到 0.5。[1]

概率是一个介于 0 和 1 之间的值,在现实世界中是有意义的,并且是基于现实世界中的事件的,而不是感觉。某件事的概率为 0.5 时,是指事件在 50%的时间里会发生。这意味着,要么下雨或不下雨,概率是 0.5,即 50%的时间都会下雨。

并非所有地方都是这样。在沙特阿拉伯的吉达,一年平均有 6 天下雨;而在印度孟买,一年有 79 天下雨;在哥伦比亚的基布多,平均每年有 304 天下雨。概率是以计数为基础的,而不是以可能发生或可能不发生的感觉为基础的。否则,迈阿密隔三差五就会下雪。

14.4 误区:统计就是法则

引用一位统计学家的话:"统计不是数学。"

这听起来有点违反直觉,对吧?两者都使用数字和公式,都是从问题出发,提出解决方案。因此,从逻辑上讲,它们是相同的。

这就像说人们给鲸鱼刮胡子,因为哺乳动物有毛,鲸鱼是哺乳动物。因此,人们需要给鲸鱼刮胡子。人们不给鲸鱼刮胡子,因此统计学不是数学。

数学和统计学都使用数字,都有公式,但目标不同。数学很简单,只要有问题,就能找到解决办法。让我们简单回顾一下数学,求解以下方程:

$$2x-10=4$$

---

1 如果真的发生了,将是一个黑天鹅事件,我们无法计算它发生的概率。或者说,如果已经发生了,可能性是 1,在电影《黑衣人》里虽然有记录,但它使用了记忆消除器,所以不能确定。

这个方程只有一个唯一的答案：7。这就是数学。这是一种陈述，假设存在 x 满足上述方程，那么结论就是 x=7。不需要额外的解释，无论人们带着怎样的偏见来计算这个方程，唯一满足方程的数字就是 7，其他数字都不行。不管解这个方程多少次，答案都是 7，而不是 6 或 8，只有 7 是 x 的正确取值。

14.4.1　误区：不需要背景知识

统计学需要人们收集数据、分析数据并得出结论。例如，计算每天看到的所有垃圾邮件，一天中看到的所有鲸鱼，或者组织内每小时的流量字节数。假设有一天只看到蓝鲸。根据这个数据，可以得出结论，海洋中只有蓝鲸。

当然，如果你告诉别人这个结论，他们会问："但你只是在一个叫蓝鲸天堂的地方寻找。那海洋的另一边呢？"或者"那边有虎鲸，独角鲸，还有那头决定游过蓝鲸天堂的领航鲸！"你的证据可能会支持你的结论，但其他人会说："但是……"，并根据他们的证据得出结论。你的发现是基于所看到的鲸鱼，在哪里看到的以及如何计数的解释。其他人的结论则是基于他们对这些事件的解释。

换言之，在统计学中，一旦收集到证据，就需要讨论产生该证据的初始条件，或者根据证据预测未来。这与数学不同，数学从初始条件(例如方程式)开始，然后直接给出结果。统计学还有其他目标，尽管它和数学都依赖于公式，但它们不属于同一领域。

也就是说，统计数据不是事实，也不是数学，而是依赖于如何解释。

GoodLife 银行的 Terry 说：50%的域名向我发送垃圾邮件。

这不是事实。它是基于电子邮件和对所有域名的定义范围而得出的观点。该说法缺乏背景说明。这些都是 Terry 见过的域名吗？Terry 是在谈论所有的域名吗？也许只是他拥有的或在他的抽屉里发现的清单上的所有域名？如果信息不充分，就得不到电子邮件的有意义统计数据。

统计需要解释和背景，因此容易产生偏见和一厢情愿的想法。出售反垃圾邮件设备的供应商会希望人们相信 50%的域会发送垃圾邮件。如果没有前提背景，供应商就是在利用统计数据并对其进行有利于自己的解释。

另一个例子是 Terry 说他今天收到 10 封电子邮件。这是可以核实的事实，可以登录他的邮箱，清点每封邮件进行核实。Terry 说他的电子邮件中有 50%是垃圾邮件，这是一个统计数字。垃圾邮件是主观的看法。数字是偶数还是奇数不是主观的，数字 2 是偶数，而 3 不是。数的奇偶性是一条规则，也是一个客观事实。然而，邮件对一个人来说是垃圾邮件，对另一个人来说则可能不是，是不是垃圾邮件是一种主观的判断。

已经理解了什么是统计数据，接下来考虑在遇到统计数据时应该问些什么问题。例如，假设一个统计数据说33%的软件是恶意的。这是一个可怕的统计数字，但接下来应该问很多问题，而不是把这个统计数字当作事实。

首先，是用什么数据得出这一统计数据的？如果数据集是一组被宣布为恶意的软件，那么其中 100%应该是恶意的——如果只有 33%的数据集是恶意的，那就很可疑了。这些数据是如何收集的？是在互联网上找到的，还是从新安装的软件中得到的，或者只是在随机的网站上找到的？

数据集中有多少软件？如果是三个软件，其中一个是恶意的，那么是的，33%的软件是恶意的。统计数据也没有说明所有软件的情况。如果"所有"软件的含义是数据集中的软件，则应说明该限制。概率取决于计数，统计取决于概率。

此外，"恶意"是如何定义的？Twitter(推特)被恶意使用，这是否意味着 Twitter 客户端是恶意的？计算机病毒在 Microsoft Excel 的宏中传播，这是否意味着 Excel 是恶意的？"恶意"是指"做了超出预期的事情"还是"将秘密卖给出价最高的人"？恶意涵盖了广泛的行为，如果有人说软件是恶意的，应该准确地告诉"恶意"的含义。一个人认为的恶意软件有可能是另一个人的工具。[1]

确定软件是恶意软件通常是一个复杂的过程。人们没有魔杖可以挥向一个软件，来辨别是否为恶意软件。得出"非常有可能是恶意软件"的结论甚至是一个艰难的过程。而且，如果缺乏关于如何确定软件是恶意的说明，即使使用随机数生成器来分配恶意与非恶意标签，人们也无从得知。

如果没有这些问题的答案，统计数据就缺乏背景。它可能是凭空捏造的，也可能是基于真实数据收集的。不得而知，这意味着统计数据不太可能有用。

只有提供了数字的来龙去脉，统计数据才有用。

14.4.2   误区：用统计数据预测未来

稍微改变一下话题，让我们谈谈预测。统计数据通常用于预测："告诉我未来会发生多少事情。"这是规划未来有用的信息，有助于估算时间和人员。

例如，如果想知道通常会收到多少电子邮件，那么可以数一数，就像 Terry 数 10 封邮件那样，但数每个人的电子邮件是一个漫长而复杂的过程。什么时候开始计数？什么时候停？统计每个人的电子邮件也是不太可能的，可以通过询问不同地点和不同公司的员工来知道他们收到了多少电子邮件。

另一方面，统计数据会给出一个合理的猜测，称为统计推断。不了解每个人的电子邮件情况，但可以抽查一定比例的用户，统计他们的电子邮件数量，并使用这些信息来预测每个人的电子邮件数量。提取的是其中的一个子集，并用这个子集进行推测。这是一个有理有据的猜测，以公式和理论为指导，但其核心仍然是猜测。

统计依赖于数据和方法来获得结果。数据是分析的基础，例如"平均看到多少垃圾邮件？""这个软件是恶意软件的可能性有多大？"和"这个新方法的效果如何？"需要垃圾邮件和恶意软件的定义以及使用符合定义的数据来回答这些问题。

数据量很重要。如果只看 Terry 收到的电子邮件数量，并用它来猜测整个组织会收到多少，这可能带来非常不准确的结果。Terry 可能只收到了一小部分或收到了所有

---

1 例如间谍软件、广告软件加密货币或 Microsoft Word。

电子邮件，但假设 Terry 和其他人一样，就有点胡乱猜测了。胡乱猜测不利于有效统计。

　　统计方法也很有趣。统计学家经常使用大相径庭的方法。遗憾的是，这也会导致结果大相径庭。人们会为了得到正确的结果或认为正确的结果而陷入困境，会使用不正确的方法来确保最终达到预期。这被称为数据挖掘，被认为是结果差异巨大的原因之一。一个统计学家可以获取一组域并声称其中没有一个是恶意的，另一个统计学家也可以获取一组域并声称其中 50% 是恶意的。差异可以归结为每个统计学家使用的方法和假设不同。每个统计学家都可以证明其结果是合理的，除非前提就是错的，比如应用了基本利率谬论。[1]

　　统计数据对之前讨论的黑天鹅事件无能为力。如果突然出现一个全新的、违背概率的攻击，会导致对下一年的预测产生错误。统计依赖于对事件发生概率的了解，而概率依赖于对事件发生可能性的了解。如果不知道事件可能发生，整个链条就会断裂。

　　请记住，统计数据可以帮助人们根据前几年的情况做出正确猜测，但无法预测未来；因为它不是水晶球。统计可能是正确的，也可能是不正确的，但将统计数据视为事实是错误的，可能导致金钱和时间的损失。

14.4.3　误区：相关性意味着因果关系

　　相关性是一个统计学概念。跳过公式(因为这不是本章的内容)，线性相关性是两组数据之间的度量。一般来说是一种统计属性，表明两个或多个事物之间的相互关系。这种关系通常只是一种巧合，是一种没有内在意义的统计假象。这个描述中的数字没有任何意义，所以一旦计算完成，可以简单地说，"这里可能存在相关关系。"这并不一定有更深含义。当其他特征具有某种相似性时，情况也是如此。

　　如果勒索软件团伙的名字和计算机科学教授的名字之间存在相关性，那就是一个统计假象。这并不意味着教授是勒索软件的始作俑者，反之亦然。简单地说，统计数据可以被解释，从而看起来像人为描述的关系。如果不赋予这些数字以意义，它们就没有意义。这里重要的是应用的意义。

　　然而，如果发现钓鱼电子邮件链接的单击次数与公司的工作时间之间存在统计关系，这可能是合适的。这意味着，员工在一天中的特定时间更可能单击钓鱼电子邮件，需要进一步的培训。这些数字仍然只有被赋予的意义，但这两个集合的意义足够相关，应该进行更深入的研究。

　　考虑一个非网络的例子。假设有 3 个苹果、3 个橘子、5 个橙子和 17 个猕猴桃。不能推断人们更喜欢猕猴桃而不是苹果，也不能假定购买这些水果的顺序与数量有关。有人可能会推断出购买的人喜欢水果，但即使这样也不确定——可能只是在为阁楼里的一群果蝠囤货。

　　相关性的核心是试图回答这样一个问题："当一组数据发生变化时，另一组数据是否也发生了类似的变化？"例如，如果组织机构中的员工数量增长，那么该组织拥有

1　参见第 4 章的 4.14 节。

的计算机数量可能以接近相同的速度增长。如果公司增加一名员工，通常至少会增加一台电脑。正线性相关意味着，如果一个数字增长，另一个也会增长。这也意味着，如果一个数字下降，另一个也会下降。它们遵循相同的模式。负相关意味着，如果一个数字增长，另一个数字会同样下降。没有相关性意味着根本没有相似的行为。

图 14.1(a)显示了不相关的事物。圆点在底部蜿蜒而行，而正方形则或多或少地稳步上升。圆形圆点和正方形的行径完全不同，因此它们不相关。

在图 14.1(b)中，圆点和正方形的上升速度大致相同。这两者可能相互关联。

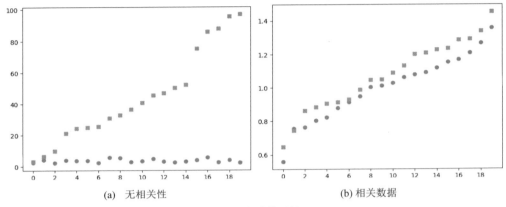

(a) 无相关性   (b) 相关数据

图14.1   相关性示例

这些都是模拟示例，用于显示模型，并未使用真实数据来创建这两个图。

相关性函数给出的数字非常有用。否则，只能试图直观地分析类似图 14.2 的图片。

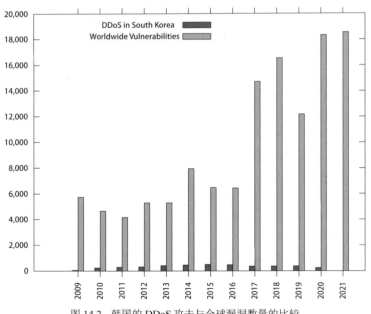

图 14.2   韩国的 DDoS 攻击与全球漏洞数量的比较

你可能想知道，为什么要比较这两个数据集？这是一个有趣的问题。世界上漏洞的数量是否与一个国家遭受的 DDoS 数量有关？结论是，至少在统计意义上，答案是否定的。

统计数据依赖于背景环境。如果只是抛出一个数字，那么在对其进行解释之前，这个数字毫无意义。将其解释为利用漏洞的人与使用 DDoS 攻击的人之间关系不大，但会增加额外的观点。数字没有观点。

人们很容易对这些数字产生看法。因为统计数据提供的数字似乎表明存在某种关系——这是数字背后的原因。假设两个数据集的相关性意味着一个数据集背后的过程导致另一个数据集的反应。这就增加了可能存在也可能不存在的意义。引用统计学家的话，相关性并不意味着因果关系，但它确实会导致你说："让我们关注这里。"

如果没有附加的知识，数字只是数字。

如果存在明显的相关性，就是有意义的。全球范围内开发的恶意软件数量[1]与获得的计算机科学学位数量之间存在高度相关性。[2]如图 14.3 所示。

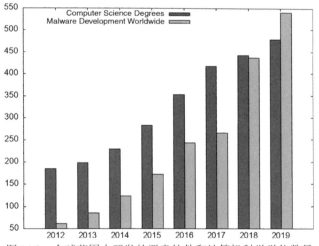

图 14.3　全球范围内开发的恶意软件和计算机科学学位数量

正如统计数据只说明存在相关性一样，也许计算机科学学位的数量增加导致了恶意软件编制量的增加。在这种情况下麻烦就大了，因为每年该领域授予的学位越来越多。也许应该停止授予学位，这样恶意软件的数量就会下降！或者，如果全球范围内正在开发的恶意软件导致人们更多地追求计算机科学，那可能是一件好事：教育更多的人如何对抗恶意软件。

随意解读这种相关性是错的。相关性只是表明这些东西是相似的，仅此而已。必须调查其中存在的原因，而不是仅凭数字来决定是否相关。

1　见[3]。

2　见[4]。

错误的相关性

　　有许多有趣的例子,其牵强的因果相关性凡是明智的人都会嗤之以鼻。Tyler Vigen 编写了一本关于虚假相关性的书,并在网站上发布了一些内容:[5]。在[6]上也有一些有趣的内容。在网上搜索可以找到更多:很多事情都会写明相关性,但这不是因果关系。

　　人们爱看的相关性话题:

- 海盗短缺导致全球变暖。
- 掉进游泳池淹死的人数与尼古拉斯·凯奇主演的电影数量有关。
- 缅因州的离婚率与人造黄油的消费量有关。
- 鸡肉的人均消费量与美国原油进口总量相关。
- 使用 IE 浏览器会导致谋杀。

　　这些都是无稽之谈,尽管最后一条可能有些道理。

　　人们在遇到类似的因果相关性时,如果不了解统计学的基本知识,可能会创造出自己虚假的解释来说明这些相关性。请参阅第 3 章的 3.18 节:如果是通过在网上了解某件事情,它就一定是对的。

14.4.4　误区:分类出错不重要

　　统计学通常用于对事物进行分类。对岩石、动物、植物等进行分类,当然,也包括网络安全领域。这种植物可以食用吗?那只动物是吃草的,还是会对吃我感兴趣?试图连接到我主机的 IP 地址是恶意的吗?

　　许多项目有时不可能调查每个实例。人们需要的是能完成任务并给出结果的工具。计算机能很好地进行计数和排序,因此可以编写一个分类程序!分类程序不仅可节省时间和金钱,还有一个漂亮的界面,所以看起来是个好主意。

　　如果程序将没有恶意的 IP 地址标记为恶意 IP 地址,则会产生误报。如果程序没有报告某个 IP 地址是恶意的,则是漏报。[1]误报意味着需要额外的工作来确认 IP 地址不是恶意的,而漏报意味着完全错过了该恶意 IP 地址。如果程序将结果反馈并激活阻止列表,则误报表示正在阻止不应该阻止的网站,而漏报表示没有阻止应该阻止的网站。想象一下,如果邮件服务器的 IP 地址被程序发现并宣布为恶意 IP 地址。在技术术语中,这被戏称为"好尴尬!"。

　　没有误报和漏报是目标。创建没有误报的程序很容易,只需要宣布"都没有恶意"即可。创建没有漏报的程序也很容易,只需要宣布"所有都是恶意的"。遗憾的是,这两个程序都毫无用处。此外,如果采用统计方法,不可能存在能同时实现这两个目标的单一程序。要审慎对待那些声称其产品不会产生这两种错误的供应商!

1　在某些资料中使用的更正式的术语是假阳性(或 I 类错误)和假阴性(或 II 类错误)。

在程序中，被误报为恶意 IP 地址占报告的恶意 IP 地址总数的比例就是误报率。漏报率指被标记为非恶意的恶意 IP 地址占未标记为恶意的 IP 地址总数的比例。

如果误报率为 0.03，那么程序检测到的每 100 个恶意 IP 地址中就有 3 个不是恶意的。0.05 的漏报率意味着每 100 个未标记为恶意的 IP 地址中有 5 个将是恶意的。

这些比率看似不错，但请记住，繁忙的组织机构每天可能会访问很多网站，收到很多人的电子邮件。还要加上外部 IP 地址访问本组织机构的网站数量。

混淆矩阵(如图 14.4 所示)总结了分类方法的正确和错误标识，通过观察四种可能的结果来检查分类的最终结果。重点关注的是，如果没有全面的信息，包括真实的误报和漏报，就不能使用这个矩阵。如果只能填写部分内容，则无法使用该矩阵。

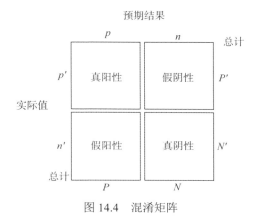

图 14.4　混淆矩阵

假设我们有一组 IP 地址，共 20 000 个，其中 10 000 个是恶意的，10 000 个不是。住在地下室的魔术师创造了一种很奇妙的全新 IP 地址分类方法。这种方法的误报率为 0.03，漏报率为 0.05。这意味着把 300 个非恶意 IP 地址宣称为恶意的，并且 500 个恶意 IP 地址标为非恶意的。还有 9700 个恶意 IP 地址被正确标记为恶意，9500 个非恶意地址被正确标记为非恶意。因此，新方法在 20 000 个地址中正确标注了 9 700+9 500=19 200 个地址，这个方法的准确率就是 0.96。

该方法的混淆矩阵如图 14.5 所示。该方法给出正确恶意标签的比率为

$$\frac{9700}{9700 + 500} \approx 0.951$$

这是因为真正恶意 IP 地址被误报为非恶意了，这个比率也被称为召回率。

同时，该方法将总共 9700+300 个 IP 地址标记为恶意地址，因此仅获得 $\frac{9700}{10\ 000} = 0.97$ 的正确率。这个数字也被称为精确度。

不能同时提高召回率和精确度，这必须有个折中选择。这意味着要么有很高的误报率，要么有很高的漏报率，或者每种情况的比率适中；你必须决策哪一个更重要。就像跷跷板，一端是误报，另一端是漏报。

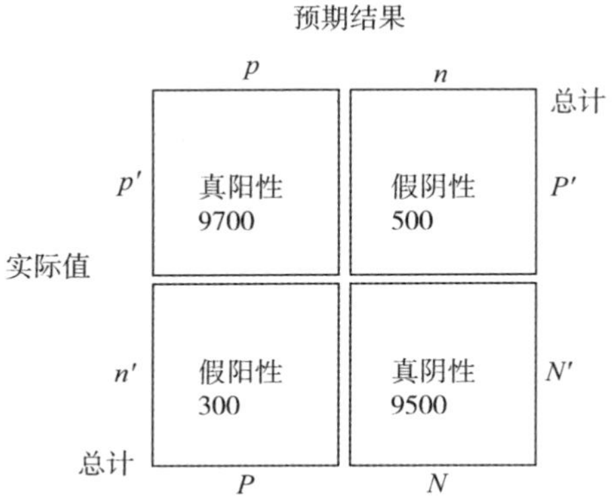

预期结果

图 14.5　实际使用中的混淆矩阵

　　例如，某个分类程序在分类处理恶意软件。恶意软件误报意味着将不属于恶意的软件标记为恶意软件，而漏报意味着错过了一个恶意软件。通常人们更看重的是不要错过恶意软件，因此可能更倾向于选择较高的误报率。

误报会发生，哪怕是最好的软件

　　讨论一下使用特征法的反病毒程序。这种反病毒程序对于知道的每一个恶意软件，都会创建一个(SHA-256 散列值，并将该散列值放入"已知病毒"字典中。每次遇到新文件时，都会检查字典，以确定是否已知。如果知道，则该文件被标记为恶意软件。如果查不到，则不会标记为恶意软件，因此发现的恶意软件都绝对是恶意软件。它发现的非恶意软件，嗯……也不一定是非恶意的。

　　恶意软件制造者知道这种检测方法。这就是为什么他们要创建恶意软件变种来绕过这种反病毒软件。因此，反病毒软件供应商需要新的方法来检测新的威胁。这些新检测方法有时不如基于特征的反病毒方法精确，但能够如期发现变种。缺点是新方法有时检测出来的恶意软件并非真的是恶意软件。例如，微软的 Security Essentials 程序曾经认定谷歌的 Chrome 浏览器是恶意软件。[1]不仅是可执行文件被认定为恶意软件，微软 Defender 也曾将实际上不是恶意软件的 Word 文档标记为恶意软件。[2]

　　微软是一家致力于将这些事情做好的大公司，但即使是他们也发生了这样的事情。

14.5　误区：数据对统计并不重要

　　前面讨论了概率和统计，并经常提到数据。本节将讨论与数据相关的一些误区。

1　见[5]。

2　见[6]。

　　概率和统计中使用的数据几乎与方法一样重要。例如，数据可能存在偏差。这听起来有点不对劲，因为数据是不会改变的。它是被收集和储存的东西，而不是有自己观点的东西！

　　偏差取决于数据的收集方式。如果人们对恶意软件感兴趣，并且只收集某一种类的恶意软件的数据，数据就会偏向于这种恶意软件。对该数据集进行统计并不能说明恶意软件的总体情况，只能说明该数据集的情况。人们经常试图根据收集到的数据进行归纳，而没有考虑数据偏差这一点。

　　数据偏差在数据收集开始时和进行期间就会出现。决定何时何地收集数据会影响数据本身。如果计划调查关于网络钓鱼的全球观点，但只询问自身所在办公楼里的人，结果就会出现偏差。这虽然是一个极端的例子，但类似的事情在网络安全领域并不罕见。例如，一项关于英国数据泄露的研究结果经常用来描述全球各地的数据泄露情况。[1]这项研究可能适用于各地，也可能不适用；研究中的数据偏向于英国的违规行为。从一开始就收集正确数据可以帮助项目取得成功，而收集错误的数据则肯定会失败。

　　数据偏差也是网络安全的常见特点。人们通常只能到收集偶然发现的数据，这可能导致数据偏差。必须承认这种可能性，并谨慎行事。当人们声称"所有恶意软件都会……"时，除非这种说法与恶意软件的具体定义相匹配，否则无法判断这种说法是否属实。人们也不知道所有的恶意软件；只知道偶然发现的恶意软件。任何基于"所有恶意软件"的概率充其量只是一种猜测，最坏的情况是一厢情愿。

　　攻击、漏洞、网络钓鱼等也是如此。网络安全的每个方面都是如此：只收集发现的数据。这意味着基于该数据的概率和统计信息仅与收集到的数据(而不是整个领域)相关。人们经常声称某个数据集适用于所有情况。因为这样做更容易。与其解释所使用的数据集，不如声称它适用于一切。但事实并非如此。声称数据集适用于所有情况也是错误的，但人们经常这样做。

　　数据受人的影响，因为是人在收集数据。假设信息在没有人的干预下神奇地出现是错误的。计算机默认情况下并不知道什么是恶意软件：必须由人来告诉计算机。恶意电子邮件也是如此。计算机不知道这些是什么，而且无法收集这些信息，直到人类编写代码，为"This is bad(这是恶意的)"和"This is not bad(这不是恶意的)"提供参数。如果人编写的代码说所有"非恶意"邮件都是英文的，那么计算机可能就会知道"如果不是英文的，就是恶意的"这个结论。这不是计算机的错——系统只能根据给定的参数进行学习。

　　这也对人工智能和 ML 有影响(见下一节)。

　　数据收集中常用的另一种策略是匿名化。这种做法常用于处理敏感数据，这些数据的意外泄露并非好事。匿名化可以包括加密部分数据或修改标识符以隐藏原数据。

　　简单匿名化的问题在于经常会被逆向分析。例如，2008 年，Netflix 发布了"匿名"

---

1 见[7]。

数据，改善其评论系统。得克萨斯大学奥斯汀分校[1]的研究人员宣布，他们可以逆向这种匿名化方法。如何对匿名对象进行去匿名化是这些研究人员的一个研究领域。

匿名化的另一个问题是，有时会被过度匿名化。完全匿名化数据可以使其外观或行为不再与初始数据相同。例如，对网络流量进行匿名化。网络端口是这些流量的共同特征，具有实际意义；但如果过度匿名化，使网络端口无法识别(译者注：网络端口号无法找到会导致应用系统无法传输及使用)，就需要精心操作，找到匿名化有效且不能轻易逆转的平衡点，既不破坏数据的基本结构，结果也有效。[2]

通常追求更多数据是为了证实猜测。线索或初步发现可能促使人们花费太多资源寻找证据或收集更多数据。确认偏见不是让数据揭示自己所能展示的，而是导致人们忽视这些发现，去追求我们想要的或认为是真实的东西。

人们也很容易相信，拥有的数据越多，就越能在数据中找到答案。这取决于数据量的收集。作为类比，例如去杂货店，从货架上随机挑选和购买物品(图 14.6)。购买者没有购买清单，也没有考虑制作什么食谱，而是随机挑选，离得很近或包装鲜艳的货品往往被选中。因为买了很多，所以购买者非常确定已经购买了所有需要的东西。

图 14.6　随机收集食品杂货

有很多数学方法可以解释这一点，但简单来说，为特定食谱收集到正确配料的概率非常小。数据方面也类似。这意味着人们应该考虑需要什么数据以及为什么需要，而不是收集所有数据。收集了一大堆数据可能看起来很棒，但如果不适用，反而会给问题蒙上阴影。

1　见[8]。

2　我们已经看到匿名化的结果类似于 Doug Zongker 的鸡肉论文：[9]。

14.6　误区: 人工智能和机器学习可以解决所有网络安全问题

人工智能让人联想到那些有 AI 角色的电影和电视剧。这种构思是基于无生命计算机的拟人化: 它不仅有人类的个性, 还具备超级计算机的所有能力。可以解谜题, 可以发现异常, 还可以解决所有角色的问题, 除非它出了问题并试图接管世界, 类似于 Colossus(科洛索斯)。

人工智能仅仅意味着计算机使用可能与人类逻辑相似的推理, 至少其输出是这样。它学习、推理, 当犯下错误时, 会自我纠正, 并以计算机的速度和容量来模仿人类的能力。这不是真正的智慧, 当然也不是意识。

人工智能和机器学习工具是建立在数据基础上的, 通过学习使用训练数据集来发现问题, 然后去检查真实数据。带有偏见的数据将不可避免地影响这些工具。举个非网络安全的例子, 例如自动驾驶汽车。众所周知, 有些汽车无法识别肤色较深的人。[1]用于训练这些汽车识别人的外貌的训练集不够全面, 无法避免这种偏差。同样的情况也可能发生在网络安全工具中: 如果训练集只包含一种恶意软件(也许是勒索软件), 它就不一定能识别 File Droppe(译者注: File Dropper 是一种攻击, 通常涉及恶意软件或恶意文件的传递和执行)。记住, 人工智能不是智能。

这是一个广阔的研究领域, 许多书籍(不仅是科幻小说)都是关于创造人工智能的。本书不是专注于人工智能, 而是机器学习。但本书也不是对机器学习的深入研究——有很多关于这个主题的书。本书是关于机器学习的网络安全介绍。

机器学习是人工智能的一个子领域。它试图创建一个使用统计数据的学习程序。其核心是分析数据以推断模式的统计工具, 目标是从这些模式中学习, 并随着情况的变化而适应。也就是说, ML 系统被期望以类似于人类的方式行事。人也是从模式中学习, 并能随着情况的变化而适应, 所以如果计算机程序也能做同样的事情, 那就太好了。

人们认为 ML 是一个神奇的黑匣子, 它可以接收数据并产生有价值的结果(图 14.7)。但是, 这个黑盒子是如何工作很重要。

机器学习不是魔法。它不会接收所有的问题并提供解决方案。事实上, 需要向 ML 盒子提供适当的问题反馈, 它才能解决问题。

1　见[10]。

图 14.7　魔术黑盒

　　ML 盒子需要正确的数据，不能简单地提供偶然发现的一堆数据，并期望它告诉人们如何管理漏洞等问题。如果提供的是恶意软件数据，并期望得到与处理漏洞相关的结果，那么效果将很差。ML 的工作原理是垃圾输入，垃圾输出。此外，盒子还需要准确的统计数据。将正确的数据放入盒子，但如果没有公式，那就不会得到任何有用的结果。公式是使 ML 工作的机制，如果机器是用来生产混凝土的，却要求输出饼干，那么人们将大失所望。ML 盒子也是如此。

　　回到数据，盒子需要训练才能发挥作用，就像人一样。不能指望一个人走进一栋房子，就神奇地知道所有的管道工程。因此不能指望 ML 盒子神奇地知道如何分析恶意软件，它必须经过训练，而这种训练需要更多数据。

　　例如，不能直接训练 ML 盒子使用网络数据查找恶意软件。必须为此建立模型，如果希望依靠它查找恶意软件，就需要对恶意软件有一个很好的定义；否则，系统如何知道何时发现了恶意软件？可以将恶意软件定义为"所有不在批准列表上的软件"，这样不需要太多训练。但这仍是 ML 盒子需要使用的恶意软件简单定义。

　　有了数据和定义，现在来研究驱动这一过程的方法。不是教计算机如何学习，而是建立在统计基础上。随着时间的推移，ML 使用统计数据来修改自己的行为。数据可以改变行为。对抗性机器学习(Adversarial Machine Learning，AML)攻击就是专注于向机器学习盒子提供错误的数据，以扭曲其工作方式。

不那么聪明的人工智能

如果能在研究人员发现恶意文件之前就抢先检测到，那就太好了。在知道某些人是坏蛋之前找到是一个伟大的目标。电影《少数派报告》讲述了人们尝试这种方法的故事，但这种方法效果不如人意。

遗憾的是，同样的方法也不适用于计算机(原因有所不同)。Cylance 公司创建了一个名为 PROTECT 的人工智能驱动系统，声称该系统可以检测新的恶意软件。这虽然听起来不错，但澳大利亚的研究人员发现了颠覆这一体系的方法。可以在一个已知的非恶意文件中附加恶意文件的代码。然后 PROTECT 系统会宣布它是非恶意的。恶意软件创建者通常通过稍微修改代码或修改二进制文件来创建变种，逃脱特征检测。研究人员做了类似的事情，发现人工智能其实不那么智能。[1]

这是 AML 的一个例子，被认为是研究人员第一次发现，但其实很可能早已发生。没有结果被公布，不知道恶意软件创建者做了多少次类似的事情。

假设系统通过学习网络流量来寻找恶意流量。攻击者可以找出扭曲这些结果的方法：将正常的域识别为恶意的，恶意的域识别为正常的。这类似于教一个蹒跚学步的孩子说脏话。

另一个需要考虑的因素是，实现机器学习的统计方法几乎和研究人员一样多。问题是，当一种方法奏效时，通常无法知道为何奏效。研究人员会尝试各种方法，直到其中一种"效果最佳"。这通常是指，"这些训练数据和示例数据给出了理想结果。"如果你问，"为什么呢？"幸运的话，答复是一个茫然的表情。这并不意味着得到理想结果的方法在给定真实数据时会起作用。因为方法可能很脆弱，只能使用完美选择的演示数据进行工作。

言归正传。人们正在努力解决这些问题，但这些问题仍在继续，而且很有挑战性。与此同时，新系统的数量增长得比找到解决方案的速度还要快。

最后，每个 ML 盒子应该有两个指标数据：误报率和漏报率。有关这些结果的更多信息，请参阅前面的 14.4.4 节。这是一个重要问题，因为互联网上可用的数据量庞大。遗憾的是，供应商通常不会报告误报和漏报。没有标定这两个值的 ML 盒子是没有用处的，可能会产生误导。

总之，虽然机器学习在网络安全方面大有可为，但在使用专门工具之前有一些事情需要考虑。

---

1 Cylance 工程师已在其产品中解决了这一问题。

意外的教训

多年前,市场上出现了一种价格不菲的儿童玩具。这是一个毛茸茸的小家伙,带有语音识别系统和回放功能。可以训练它识别诸如"你想要饼干吗?"和"你叫什么名字?"之类的短语,然后小家伙会记录下你想让它回应的内容。当时的想法是,父母可以为孩子编辑一些正能量的问答,例如这样"你想做什么?"玩具会回应"让我们一起打扫你的房间!"

有趣的是,有工程师参观了放置这些玩具的地方。他们对这些玩具进行了编程,把回答识别为需要回答的问题。然后,让这些玩具互相交谈,最后这些对话结果不太可能是你希望孩子听到的。后来听说,有一个甚至被用来向夜店里的人求婚(显然,相当成功)。

作为一个启示,请记住,设计师对人工智能或 ML 应用的设计初衷可能并不是它们实际的使用方式。这可能是个问题也可能不是个问题,但设计师在设计时应该试着跳出(玩具)盒子思考。

第 15 章

↗↗

图解、可视化和错觉

可视化的目的是深入了解，而不是美化。

——Ben Shneiderman

人们喜欢图片。因为可以更快、更好地处理视觉数据。[1]就如婴儿更喜欢图画书而不是文字。那么，网络安全可视化的问题是什么？

电视和电影让人们误以为，每一个安全工具都必须有可以快速移动图形的漂亮屏幕。安全分析师们将观察屏幕，发现最新的事件，并以闪电般的速度做出反应。正如第 13 章中所讨论的，娱乐节目会扭曲人们对现实的期望。

由于许多原因，图解和可视化在工具、演示和报告中尤为突出。图解普遍，以至于人们经常不停地考虑这种可视化是否真的有用。这些东西说明了眼前的问题，还是只是很美观？我们并不反对美观，但在选择网络安全工具或约会时，美观很少能很好地替代明智的选择。读完本章后，我们希望你开始更关注图解是如何被使用和滥用的。

正如本章开篇所言，当可视化不能为观众提供有意义的见解时，就会被滥用。可视化应该有助于观察者，而不是阻碍他们。很少有网络安全工具的设计者和开发人员评估可视化效果。真正的用户了解视觉效果吗？有视觉效果，会比没有视觉效果更有效吗？这些假设往往被认为是理所当然的。

"图解"和"可视化"这两个词经常在闲聊中互换使用，都用于信息的图像展示。一般来说，可视化表示数据，图解表示思想、概念和过程。柱状图就是一种可视化，显示 DNS 解析工作原理的动画就是一种图解。

本章涵盖一些关于网络安全图解和可视化的常见误区。最坏的情况是，糟糕的图解会误导分析人员，或将注意力转移到问题的错误部分，浪费宝贵的时间和精力。好的图解可以说明问题，并将工作和金钱集中在正确问题上。

---

1 见[1]。

15.1 误区：可视化和公告板本质上普遍有用

大型网络安全会议吸引了大量供应商参展。2020 年，RSA 年度大会有超过 650 家参展商宣传和展示他们的产品和服务。几乎每个展台都展示了数据可视化或软件公告板。

可视化是一个模型，使我们能够对数据进行汇总，并看到规律或异常情况。人们耗费巨资创建 AI 和 ML 程序，以识别在简单的可视化中可以看到的重复问题。如果做得好，数据可视化可以让那些不懂数据的人也能解读复杂的信息，创造公平的竞争环境。任何人都可以看到同一张可视化域名的图，然后说："那里，有一个域很奇怪。"而制作计算机程序来持续模仿人类的能力则需要花费大量的时间、精力和金钱。

如果可视化做得不好，也会混淆问题。可视化的目的是交流并帮助观众理解信息或回答特定问题。一些提供态势感知，另一些显示合规性、库存、威胁、事件和风险。

从饼图讨论开始。饼图不是显示数据中的项目数，而将项目表示为占整体的百分比。它忽略了正在查看的数据量的背景，而将每一部分描述为总数据量的百分比。

图 15.1(a)显示了五个恶意软件家族。看起来几乎每个切片都是相等的，但没有量角器来测量每块是不是 72 度以验证相等性，这只是一种猜测。根据饼图，也无法确定每种类型的恶意软件的数量。可能有很多恶意软件，也可能很少。除非饼图上标注了这些信息，否则我们无法根据每一块来确定。

图 15.1(b)采用了制作饼图的相同数据，并将其显示为柱状图。现在我们不需要量角器来判断这五个家族的大小，我们还可以看到每个恶意软件家族的样本数量。还可以看到，DanceOff 恶意软件的样本最多。

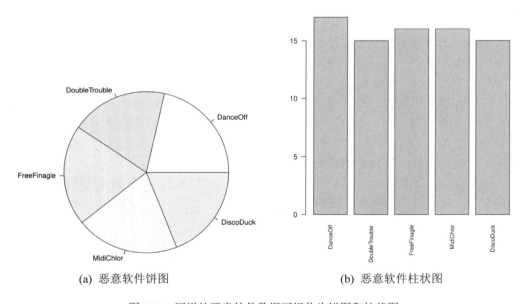

(a) 恶意软件饼图   (b) 恶意软件柱状图

图 15.1 同样的恶意软件数据可视化为饼图和柱状图

饼图通常只有在显示吃了多少馅饼和还有多少没吃时才有用，如图 15.2 所示。否则，可能会混淆信息。如果目标是说明百分比并隐藏实际数据，那么饼图可能是最好的选择。

图 15.2　饼图的正确用法

当然，使用柱状图也可以模糊信息。图 15.3(a)就是一个例子。

图 15.3(b)更糟。这个图的 y 轴上甚至没有标签。我们根本无法确定图中所示恶意软件的数量；它几乎与饼图一样糟糕，甚至没有说明吃掉了多少馅饼！读者完全不了解数量差异的来龙去脉。隐藏了很多信息，让我们错误推断 DanceOff 恶意软件比 DoubleTrouble 恶意软件多得多。这是吓唬人的好方法，完全是误导。

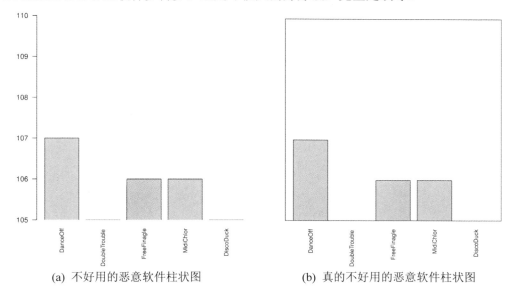

(a)　不好用的恶意软件柱状图　　　　　(b)　真的不好用的恶意软件柱状图

图 15.3　两幅糟糕的柱状图

信息柱状图应如图 15.4 所示。在这个图中，查看者知道有多少恶意软件被检查过，恶意软件类型之间的相对规模是显而易见的，并且有明确的标签。如果我们观察这五种恶意软件，它是有用的。

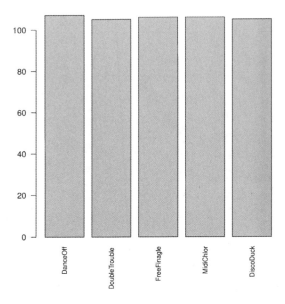

图 15.4   设计合理的柱状图

　　记住，可视化讲述的是数据的故事，就像优秀作者写的小说一样，故事应该引人入胜，通俗易懂。有时故事有多个情节，优秀的小说家会把这些情节串联起来，形成一个连贯的叙事。图 15.5 显示一天中的 TCP 连接数量，在这张图中，情节已经迷失在错综复杂的线条中。不管我们怎么盯着看，都看不出有用的规律。

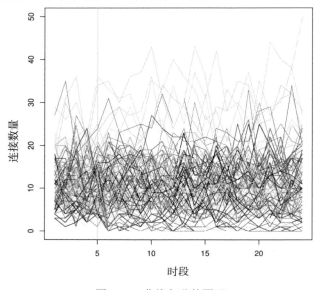

图 15.5   曲线杂乱的图形

同样，图 15.6 也令人困惑。这是一个毫无帮助的并列柱状图、散点图和折线图。类似于图 15.5，该图同时传达了太多信息。作者可能有特别的想法，但最终创造了这个怪物。假设所有数据都需要说明，三张单独的图表可能会更好。

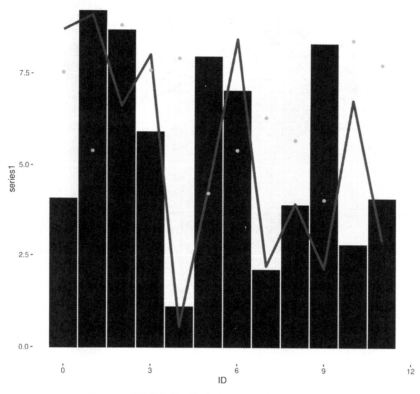

图 15.6　图形变得更加复杂，而且复杂得过头了

人们有时将 2D 柱状图转换为 3D 柱状图，认为这样更美观，更容易理解。遗憾的是，这种变化往往会扭曲数据的视角。当然，如果能将它们全息投影在书中，那还不错。[1]可以旋转它们，检查每列的差异，并大致了解发生了什么。

遗憾的是，纸张是二维的。如图 15.7 所示，我们只能将三维投影到二维上，结果可能是导致混乱或者迷失方向。这张图片试图展示国家、Blocklist 以及它们组合的数量关系。如果不旋转，不能够接近数据，就很难看出其中的规律。Country2 和 Blocklist2 看起来很短，但无法判断其相对大小，因为周围的其他列几乎将其完全遮挡。将其拆分为多个图会更好地说明情况，并看到实际差异。

人们认为创造引人瞩目的视觉效果很容易，并自己动手，但这种方式并不总是有效。

1　见[2]。

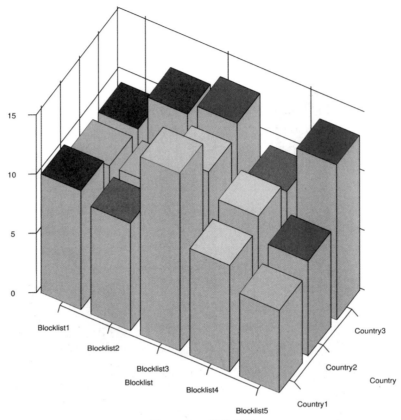

图 15.7   三维柱状图

虽然还不能把 3D 电影放进书中，但人们也喜欢用它们来展示规律。当看到根据事件而变红变绿的屏幕时，很难看到任何可操作的内容。也许有些东西会短暂地变红，但会变回绿色，因为这是一个误报。也许有东西周期性地闪烁着红色，如果有人刚好没看到，他们就会错过警告。此外，如果他们是色盲，屏幕可能看起来是静态的！

根据网络安全数据制作的电影有时很有趣，但不一定有用。同样，过于繁忙的公告板也很有趣。随着情况的变化，人们可以看到闪烁的灯光，但是否为监控人员提供了可操作的信息？当看着这个模板时，监控人员应该能够说："啊哈，就是这样的！"如果闪烁的灯光太过分散注意力，就看不到任何重要信息，就会产生一种虚假的安全感。

有些人的癫痫由反复闪烁的灯光引发，这种病通常通过药物控制。患者可能希望对自己的病情保密，不让周围的人知道。因此，在可怕的那一天，不仅无法充分说明我们试图就新的安全计划提出的观点，还可能引发 CEO 癫痫发作。[1]

要小心过于繁杂的图表、极其繁忙的动画或公告板。记住，这些应该是给眼睛看的模型。有一种说法是，大脑能够通过组合看到的模型来得出结论，而不只是"烟花不错，树很漂亮。"

---

1 这不是假设。当类似的事情发生时，作者中的一位正在一次汇报会现场。

15.2　误区：网络安全数据易于可视化

可视化是解释复杂概念的方法。同时，可视化创建的思维模型可以帮助人们做出决定，或者对所使用的数据有更深入的了解。不应该模糊数据或隐藏重要信息。可视化数字相对简单。遗憾的是，网络安全充满了更难想象的东西。恶意软件就是软件，漏洞是软件程序的问题，隐私是系统中数据的属性。我们无法直接将其可视化，但可以将其属性可视化。例如，我们不能轻松地将不适当的输入验证漏洞 CWE-20 可视化。对于"许可证日志服务漏洞" CVE-2005-0050,[1] 可以列出所有可能触发该漏洞的输入。这并不是很直观，因为没有任何有关漏洞的信息，也不是一个有趣的可视化，只是一个会触发漏洞的文本列表。

或者，我们可以看看每年具有 CWE-20 弱点的漏洞数量。它们在增加吗？保持不变？也许发现了一种发现这些漏洞的新技术，现在每个人都想找到由无效输入引起的漏洞。将这些数据可视化会有所帮助。

图 15.8 显示了每年具有 CWE-20 的 CVE 的数量。这一数字在 2017 年达到峰值，此后一直在小幅下降。这有什么原因吗？2017 年 CWE-20 存在哪些漏洞？这种可视化显示了峰值出现的时间，但没有解释原因。从 MITRE 的数据看，没有明显的原因，但确实建议进行进一步的研究。

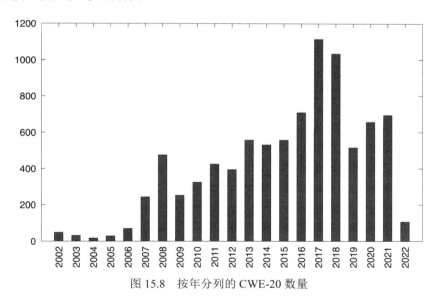

图 15.8　按年分列的 CWE-20 数量

可视化通常是为了表达一个故事而精心设计的。网络安全中有一个专门的领域致力于可视化。[2] 更重要的是，交互式可视化可以非常有效地帮助人们探索和学习数据集，

1　见[3]。

2　IEEE 网络安全可视化研讨会(VizSec)是该社区的一个聚会场所，2022 年已是第 19 届。参见[4]。

但要有效地设计和部署却困难得多。在网络安全领域,并非所有数据都能轻松直观地抽象成静态可视化,更不用说交互式可视化了。

15.1.1 误区:可视化互联网地理位置很有用

在第 2 章和第 13 章中,探讨了 IP 地址标识唯一机器的误区。这个误区的延伸是误认为每个 IP 地址都有一个单一的、静态的地理位置。这被称为互联网地理定位或 GeoIP。一些免费的商业数据库试图跟踪 IP 地址的正确位置,但有时只能跟踪到国家粒度。

公告板和其他图形通常假定这种说法是正确的。例如,可以显示攻击在地理位置上的起源。僵尸网络可能包括一个集中的命令和控制服务器以及遍布全球的受害者。

有些网络是相对静态的。例如,普渡大学的主校区不太可能从印第安纳州的 West Lafayette 搬迁出去。因此,分配给普渡大学的 IP 地址应该在印第安纳州。然而,普渡大学在其他城市也有校区,GeoIP 数据库可能不知道普渡大学的一些 IP 实际上在印第安纳州的 Fort Wayne。

IP 地址可能在给定的地理位置,也可能不在。无论电视节目和电影暗示什么,GeoIP 都不是精确的。这充其量只是一种有根据的猜测,而且常常是错误的。与街道地址不同,与 IP 地址相关的位置会发生变化。虽然这是一种很好的可视化方法,但它基本上无用或完全无用。它无法告诉我们 IP 地址的地理位置,除此之外,也无法告诉我们攻击者的位置。这只是一张漂亮的地图,上面画了几条线。攻击者可能坐在命令和控制服务器前,也可能不在。

当然,僵尸网络并非全部由中央命令控制服务器控制。有些使用 P2P 网络。

一种常见的尝试是可视化流量路径。BGP 是将流量从一个组织路由到另一个组织的路由协议,因此我们应该能够看到流量经过哪些国家并创建地图。

组织并不总是只在一个国家,有很多跨国组织,所以说一个组织的自治系统(AS)只在一个国家是错误的。

15.1.2 误区:可视化 IP 和端口清晰易懂

流量通过端口连接到服务器,端口被分配给各种服务。网络流量有一对端口(一个用于加密流量,一个用于未加密流量),电子邮件发送有端口,DNS 流量有端口。端口由互联网编号分配机构(IANA)根据 RFC 6335[1]分配。

如果对访问我们系统的流量感兴趣,就需要知道这些流量访问的是哪些端口。是访问 80 端口还是 443 端口(网络流量)?是访问 25 端口(电子邮件)吗?如果一个系统突然开始接收端口 25 上的流量,而运营商对此一无所知,那就需要进行调查。网络上新

---

1 见[5]。

启用的邮件服务器可能会出现问题。

图 15.9(a)显示了繁忙网络中一小时内访问 IP 地址的流量。该映像上的 IP 地址太多，几乎不可能确定哪个端口与哪个 IP 地址相关联。

想象一下，如果那张照片是动态的。我们可以看到事情是如何一分钟一分钟地变化的，而不是一次一小时的数据。动画快照更像图 15.9(b)。

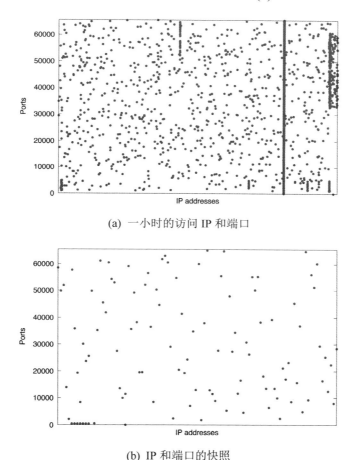

(a)　一小时的访问 IP 和端口

(b) IP 和端口的快照

图 15.9　IP 和端口的两个图示

图像上的 IP 地址仍然太多，可以看到同一端口上同时有多个连接，但由于显示的是所有端口，无法确定涉及的是哪些端口。

端口连接通常是短暂的。动画显示这些连接意味着我们会错过动画中的短暂连接。将这些连接与 IP 地址相匹配也很棘手，因为图像中没有 IP 地址，而且显示的端口太多，因此没有用处。

这种形式的可视化显示了一次有多少 IP 地址连接到多个端口。没有可操作的信息，没有任何模式说明网络安全问题。这只是流量，流量随时会发生。

　　如果我们盯着这张照片看足够长的时间，可能会认为看到了数据中的规律。这张图片其实是使用端口的随机数生成的。但是，会陷入"聚类错觉"，混淆了流量的随机性和一定存在规律的想法。

　　新的可视化技术层出不穷。人们喜欢制作图片，也喜欢用工具根据数据制作图片。如果有人盯着可视化图片看了足够长的时间，最终会看到梵高的一幅画；这是一句玩笑话。可视化可能非常有用，但要记住它们的局限性。

第 16 章

↗↗

寻求希望

> 以昨天为鉴，以今天为乐，以明天为盼。永远不耻下问最重要。
> ——阿尔伯特·爱因斯坦

本书已经接近尾声。如果你没有跳章节阅读，应该读到了关于人类偏见、认知问题、混淆概念和偏差错误等许多内容。总的来说，有些内容令人警惕，有些令人惋惜，虽然本书并不能涵盖所有方面。作为网络安全专业人士，如何在有这么多误解的情况下对安全前景保持乐观？

需要强调的是，我们是人类。作为一种生物而言，总体我们做得不错，但也有错误和失败的历史。人类祖先可能会对剑齿虎说："过来吧，小猫咪！"然后把它们毁灭。有些人——常常手拿啤酒——告诉周围的人，"嘿，看我怎么做！"结果是灾难。"嗯，我想知道这个按钮是干什么的？"也给人类带来了不少伤害。诸如此类的负面历史不少，但总体来说还是不错的，人类已经发明了激光、人造钻石、基因图谱、苏格兰威士忌、巧克力熔岩蛋糕、μ介子断层扫描、超音速飞行、抗生素、心脏移植、在其他星球上着陆的机器人，以及为每个人配备的不仅能够全天候访问宠物视频还可以打电话的便携式迷你超级计算机——智能手机。

本书讨论的问题都可以通过认真教导、谨慎合理的方法来避免或减轻。本书所描述的常见的坑，大多数人和组织机构都成功地避免了——甚至没有采取任何专门的防护措施。**这是个好消息，也是令人充满希望的理由；我们并非都注定要遭受失败。**

"所有进入这里的人，放弃希望吧！"但丁在他的《神曲》中写道，这句话出现在地狱的入口。第 3 章中提到了针对用户的误区，即永远无法获得安全，所以何必给自己添麻烦呢？当专业人员面对无休止的威胁时，也会以选择同样的方式躺平。安全是一项持续的挑战，有些人会感叹事情似乎永远不会好转。对这点不敢苟同，我们可以在斗争获得快乐，在安全和隐私保护方面取得成功可以获得回报。谨慎行事，避免让员工焦头烂额，并将自我健康管理作为保持希望和乐观的关键。

也可以在实践中避免本书提到的问题。通过阅读本书并熟悉这些问题，你已经迈出了重要的一步。下一步是思考如何做出决策，以及在哪些方面可以加入检查，从而更加确信自己不会犯下大错。研究表明，使用根据经验精心设计的检查表非常有助于避免错误。优秀的飞行员可证明这一点。忽视检查表的飞行员，往往无法一直保持飞行执照有效或保证自身安全。教育也可以在认知、避免过多误解以及确定能力界限方面发挥重要作用。

你可能会注意到，书中只有部分误区阐述了技术原理。例如，第 2 章中讨论了 VPN 不一定会让你匿名。许多误区阐述的都不是技术。有些是关于决策，比如"因为你能做，所以你应该做"(第 1 章)和"所有糟糕的结果都是糟糕决策的结果"(第 7 章)。对人类行为的误解是反复出现的主题，尤其是在第 3、4 和 5 章中。

在可能情况下，建议采取耐心和宽容的态度。努力思考各种可能性，避免混乱、误解和极端后果。准备工作通常比补救更简单，成本更低。想象一下，恐怖分子部署的炸弹上的时钟滴答作响，只剩下 7 秒了。你告诉技术人员："切断红线！"结果听到回复是："我是色盲，你在雇用我时就知道这一点！"此时能做的补救措施是有限的，而且是一个关键节点，员工也可能同归于尽。

虽然有"宽恕比批准更容易获得"这样的话。但尽量避免出现这种情况，因为这是不正确的。如果你是一名经理或主管，不要营造或鼓励这种氛围。同样，"快速行动，打破常规"似乎是初创企业成功的一个公式，但这不是追求质量、安全、保护隐私的合适方式。如果你在这些领域工作，希望你会自然而然地对同事说，"让我告诉你如何做得更好"，而不是"不，你不能那样做！"或"我们会在下一个版本中再考虑这一点。"要成为一个受欢迎的专家，而不是一个严厉的看门人或特立独行的规则破坏者。这对所有参与者都是共赢的局面。

要成为一个有价值的团队成员，倾听并提供建议。拥有一个团队，尤其是一个拥有不同经验和观点的团队，可以带来关于该做什么的观点和质疑。如果你欢迎讨论和提问，就不太可能成为自己错误观念的受害者。

虽然本书已经揭示了一些误区，但未来并不是一个没有误解的世界。只要有人，就会有误区和误解，这是不可避免的。相反，光明的未来在于网络安全领域的人们能够发现新的误区，了解起源，并进行有效纠正。本书揭示了一些陷阱，帮助你在探索过程中避免陷阱。你现在有能力站出来并帮助消除这些误区。如果误区继续存在，损害网络安全，记住我们是同命运共患难的团队。另外强烈建议你购买本书籍，送给你的上司、直接和间接的工作汇报人，还有咖啡馆偶遇的人。本书不能保证它会消除每一个偏见和错误，但这是朝着正确方向迈出的一步！

在这最后一章中，我们将把书中的主题串联起来，帮助你做好应对世界的准备，寻求希望。即使这是一条坑坑洼洼的崎岖道路，但网络安全之路仍可通行。我们需要你！

16.1　创造一个消除误区的世界

消除误区是一回事，预防是另一回事。积极主动地预防入侵无疑比不断地对入侵做出反应要好。这同样适用于消除误区。

想想终端用户对技术如何运作的误解。有些人认为自己太平常或微不足道，不会受到攻击。其他人则认为，购买某一特定品牌的智能手机就能确保安全。如何防止这些误区？

好的网络安全心理模型将帮助人们避免关于风险和后果的误区。心理模型是世界如何运作的内在表征，包括物理模型和数字模型。心理模型可以解释某人对单击链接或提交表单所感知风险和后果的思考过程。一个人是否能描述 TCP 三方握手并不重要，重要的是要了解他们的单击如何会造成危险。

第 8 章中讨论了一些类比如何助长误区。对用户进行培训时，尽可能减少在描述复杂的网络安全时使用不精确类比。选择非专家更容易理解的术语和描述，麻烦的类比没有必要。

接下来是领导层的误区。虽然有些是关于技术工作原理，但很多误区都与理解网络安全在风险决策中的作用有关。第 3 章中解释了董事会如何将合规与安全混为一谈。在第 6 章中，研究了网络安全决策如何影响公司之外的其他人。第 13 章中谈到了 SOC 员工是魔术师的误区。领导层似乎持有两种相互矛盾的理念：科技奇才可以解决任何问题，而网络安全则是一个吞金不止的野兽。领导者及其所支持的文化可带来巨大希望，但前提是他们必须了解其假设的前因后果。

最后，还有网络安全专业人士自己的误区。本书的大部分章节都集中在这一类别上，包括漏洞管理、恶意软件分析和数据可视化相关的误区。

本书讨论了对系统如何工作和对人们的行为做出假设的危险性。系统架构师在设计可信系统时也会做出假设。经验丰富的安全分析师也注意到了这一点，他们认为在整个设计过程中，必须明确识别和跟踪所有假设。[1]假设也会被敌人注意到，他们通常会利用系统隐含假设。例如，系统设计人员一直认为，如果没有授权，内存中的数据就不会被改变。但 Rowhammer 漏洞展示了一种在没有访问权限的情况下修改内存内容的能力。[2]

从非技术的角度看，如果谦逊地承认误区和误解是生活的一部分，就能更好地打破误区。妄加评论和指责别人并不会让安全工作变得更好。你可以在 30 秒内说出这个领域里十几个自负的人。从某种意义上说，技术、知识就是力量，但精英主义无助于创造一个安全的世界。如何消除误区与信息的有效性密切相关。一个粗鲁、颐指气使、刚愎自用的人会比一个富有同情心的人遇到更多的阻力。

获得希望的另一种方式是"支持"。误区并不是单独从一个人身上出现并延续下来

1　见[1]。

2　见[2]。

的。顾名思义，误区被广泛认可，并在人群中广为传播。破除误区的人也应该联合起来，专业协会和会议是交流思想和走出误区的途径之一。在学术界，学生和教师经常聚在研究小组中讨论他们的研究和新想法。然后，他们撰写论文，让同行在发表前进行评审。这两者都是识别和消除误区的机会。在工业领域，开发人员和工程师也可以使用设计和代码评审来消除彼此之间的误解。不仅要问"这是正确的吗？"还要问"我们是否预设任何假定？"

16.2　文档的重大价值

对过去的决定、当前的事实和未来的事件做出假设时，就会产生许多误区。在第3章中，讨论了在设计软件和服务时假设用户拥有一流技术的误区。

文档是避免假设导致误解的一种方法。当新人看到你的代码时，他们是否需要猜测代码的作用？当面对泄露的凭证时，SOC 是否必须在没有证据的情况下立即做出新的决定，确定最佳应对方式？缺乏文档会导致因误解而出错的情况。

软件工程师接受与软件开发和使用相关的技术文档培训。这是软件开发生命周期的核心部分。文档的范围从需求到测试计划再到用户手册。如果做得好，这些文档就能记录下开发过程中做出的选择。例如，在谷歌，设计文档记录了做出某些决定以及考虑或拒绝的原因选项。

对大多数组织来说，如果有软件开发业务，也只是全部业务的一部分。知识管理也是其他业务部门的核心需求。Confluence 和 Wiki(维基网站)是记录典籍知识的一种方式，可以帮助员工学习内部流程和工具。在其他领域，书面报告是安全相关功能的输出，如恶意软件分析或取证调查报告。

文档的另一个关键领域是记录已定义的威胁模型。设想公司发生了这样一起事件：一名员工从内部文件服务器上打印了公司产品的秘密配方并带回家。CISO 得知这一事件后，下令不再允许员工打印。三年后，新的 CISO 需要员工恢复打印文档以供离线参考，却不明白为什么禁止打印。没有任何记录在案的威胁模型会导致有价值的知识产权面临风险。

注意，创建良好的文档是至关重要的，仅凭文档并不能避免所有陷阱。为什么？首先，文档必须是相关的、最新的，并且易于参考。其次，文档需要由合适的人阅读。除非了解这样做的必要性，而且文件量可以控制，否则可能无法做到这一点。最后，仅凭文档并不能创造安全文化；但能促进安全文化的形成。相关人员即使阅读了文档，但保存在记忆中的文档内容可能很少。即使你自己写了文档，也可能需要十年的时间才能回过头来提醒自己，"为什么我们又选择了 MD5？"

这不仅是安全文档，也是一般的 IT 文档。你知道文件服务器在哪里吗？域名服务器呢？Web 服务器是否使用了集中器？

想象一下这种情况。刚开始工作时，你会收到一份文档，解释 Web 服务器如何使用循环 DNS 进行轮流查询。时过境迁，IT 部门选择了一种新的广泛流行的集中器来管理 Web 服务器流量。旧方式不再使用，然而在新的集中器中发现了一个漏洞，导致服务器很容易受到攻击。你却一无所知，因为不知道 IT 部门改变了什么。最糟糕的情况是，该漏洞已被利用，而你完全措手不及。有文档，但你手头上没有。

假设你以新任网络安全主管的身份入职一家新公司，然后发现该公司正在使用过时版本的主机监控系统，于是你的第一项工作就是把系统立即升级到新版本。你没有阅读有关该系统的文档，不知道几个旧系统需要旧版主机监控系统，而且无法与其他任何系统配合使用。如果有文档，你就会明白为什么以前的工作人员会做出这些决定，并以不同的方式管理升级。事实上，你可能会让一些系统受到攻击，这对新任的网络安全主管来说不是最好的选择。

公司是在成长和变化的，假设一开始做出的决定总是正确的想法是不可取的。这意味着你的文档就像一头不断成长的野兽，需要不断投喂(图 16.1)。这也意味着删除旧文档是个坏主意。了解决策流程通常可以帮助你在未来做出更好的决策。

图 16.1　喂饱文档野兽

有些决定看似显而易见。问题是，"显而易见"往往只是对你而言显而易见，对其他人未必如此。所有决策都应该连同重要的"为什么"一起写下来。如果不写下来，你可能会发现自己凌晨两点接到要求解释的电话，或者更糟糕的是，凌晨两点有人出现在你家门口，按响门铃，吵醒整个屋子的人要求解释。为保证睡眠，强烈建议留下记录。

16.3　综合误区与建议

在本书的众多具体误区和误解以及随后的专题章节中，可归纳一些具有共性的大类，即综合误区。也就是说，一些常见主线包含了许多具体的陷阱，这些主线甚至可能会在未来产生新的误区，因此了解这些元误区很有帮助。

16.3.1　综合误区

综合误区 1：网络安全很容易实现。在现实世界中，网络安全比大多数人理解或承认的要复杂得多，如图 16.2 所示。技术的多样性和威胁的不断变化，以及复杂多变、难以预测的用户和攻击者，使得网络安全变得困难重重。新闻报道、电视和电影常常轻描淡写地美化网络安全。开发人员和设计人员对环境和用户的假设使他们的产品产生偏差，而用户常低估自己面临的风险。

图 16.2　网络安全十分复杂

综合误区 2：网络安全是一种终极状态。如果能实现终极安全，事情就会变得简单。遗憾的是，没有任何产品、服务或大师能将网络风险永远降为零。网络安全是一项持续的追求，需要全身心地投入。许多误区都是基于这种"我们只需要"的心态。网络安全是一个过程，而不是一种产品。

综合误区 3：网络安全注定失败。每年，人们都会列出网络安全趋势清单。这些清单充满了对事情将变得更糟的预测(例如勒索软件攻击不断增加)，却很少关注在保护人们及其设备方面已经取得了多少进步。如果能避免本书所述的陷阱，情况可能会更好。与其关注负面因素，指责用户的人为过失，不如增强人们的能力，提供适合的网络安全，帮助他们安全地实现主要目标。

综合误区 4：我可以知道在网上该相信什么。令人惊讶的是，这组谬论竟然如此普遍。人们会相信下载的软件没问题，不包含恶意软件。人们会相信网上的简历和个人资料。人们会单击声称提供奖品的电子邮件中的链接，并向非洲王子汇款以取回被没收的黄金。即使是最精明的人也可能成为骗局的牺牲品。培训和提高对威胁的认识会有所帮助，某些情况下，软件会帮助过滤掉最恶劣的骗局，但切记不要百分之百地依赖它！

16.3.2　建议

误区和误解的解决方案和对策取决于具体因素。这些在本书中都有详细描述。不过，我们可以归纳出一些避免误解最重要的最佳实践。如果你忘记了针对个别误区的对策细节，请记住以下一般建议。

建议 1：不要过度概括。当我们考虑到网络安全中使用案例、人员和情况的多样性时，就能避免"每个人"都有某种行为或"所有"设备都一样的误区。诸如"总是""每个人""从不"和"没有人"等词语同样存在问题。仔细考虑陈述的准确性。用更现实、更精确的语言取代过于宽泛的措辞。

建议 2：以人为本。本书中的许多误区都归结于人性的优缺点。Robert Glass 在他的 *Facts and Fallacies of Software Engineering* 一书中写道："每个人都口口声声说人是重要的。从表面上看，几乎每个人都认为人胜过工具、技术和流程。然而，我们的行为却并非如此"。技术不能解决网络安全问题，甚至不是安全的最重要部分。

由此推论，技术并不能解决所有问题！有效的网络安全不仅是简单地知道要安装和配置什么，还需要了解整个使用环境、风险、威胁、用户群体、法律和财务限制。正如 Robert H. Courtney Jr.在他的第三定律中所表达的那样："管理问题没有技术解决方案，但技术问题有管理解决方案。"[1]

建议 3：放慢速度。在现实的网络安全世界中，我们必须小心放慢脚步，仔细而谨慎地思考。这并不是自然而然能做到的。有意识的脑力劳动需要深思熟虑，但安全和隐私保护值得额外的付出。放慢速度的最佳时机是在压力和危机来临之前，例如，

---

1 参考[3]。

在开发项目的规划阶段，或者在创建和演练事件响应手册的过程中。

建议 4：不断学习。我们不断地发现新事物，新技术不断推向市场，聪明人不断提出新想法。旧观念会随着新环境和新经验的出现而逐渐消失。想最大限度地提高效率，就需要不断学习，包括摒弃旧观念。要警惕从社交媒体上学习，或从表妹的闺蜜的前配偶的网络管理员那里了解信息——这些都是传播新误区的主要途径。[1]重点关注ACM、USENIX 和 ISSA 等非营利性专业协会出版的权威刊物、举办的研讨会和课程。请注意，好的科学和工程的标志是愿意根据新的证据改变方法；声称拥有绝对的、永恒不变的事实是政治和宗教，而不是网络安全！

16.4　避免其他陷阱和未来陷阱

本书涵盖了集体经历中常见的误区和误解，是反映当今技术和思想的时间快照。我们知道，本书并没有完整、详尽地列出所有陷阱。随着网络安全的发展，新的问题还会出现。如果本书大获成功，我们将对今后的版本进行相应的修订。如果你认为我们遗漏了一些重要内容，请给我们留言。

除了本书介绍的具体领域，我们还希望你学习如何识别和质疑可能遇到的误区和误解。我们在上一节中分享的四条建议对消除其他误区和误解同样有效。

16.5　结束语

希望本书能让你批判性地思考，网络安全的艺术和科学在屈服于误区和误解时是如何被扭曲的。将这一点付诸实践的机会并不缺乏。现在，你必须鼓足干劲和热情，通过良好的网络安全实践来实现安全保障和隐私保护。

祝你好运！

---

1 这并不是说你从这些来源听到的一切都是假的。相反，要核实所了解的情况，从可能有问题的来源了解到的情况更要反复核实。